视频 GIS 及其在人群状态智能感知与分析中的应用

宋宏权　刘学军　张兴国　闫国年　著

科学出版社

北京

内 容 简 介

视频已成为感知地理环境细微变化的重要数据来源。本书针对如何在地理空间挖掘视频数据中丰富的时空动态信息这一问题，设计了地理视频数据模型，提出了视频数据地理空间化方法，以人群状态智能感知为例，系统阐述了地理视频在智能感知与分析地理环境时空动态变化中的作用和重要性。

本书可供大专院校和科研院所从事地理信息科学研究等相关专业的研究生及科研人员阅读，还可供政府管理部门及事业单位有关科研及技术人员参考使用。

图书在版编目（CIP）数据

视频 GIS 及其在人群状态智能感知与分析中的应用 / 宋宏权等著. — 北京：科学出版社，2021.11

ISBN 978-7-03-070641-6

Ⅰ. ①视… Ⅱ. ①宋… Ⅲ. ①视频系统-地理信息系统-研究 Ⅳ. ①P208.2

中国版本图书馆 CIP 数据核字（2021）第 232223 号

责任编辑：任 静 / 责任校对：胡小洁

责任印制：吴兆东 / 封面设计：迷底书装

科 学 出 版 社 出版

北京东黄城根北街 16 号

邮政编码：100717

http://www.sciencep.com

北京中科印刷有限公司 印刷

科学出版社发行 各地新华书店经销

*

2021 年 11 月第 一 版 开本：720×1 000 B5

2022 年 1 月第二次印刷 印张：14

字数：282 000

定价：108.00 元

前　　言

地理信息系统(Geographic Information System, GIS)是一种特定的十分重要的空间信息系统。GIS 发展至今，已经成为研究空间信息获取、管理、查询、分析、共享、应用和可视化表达的理论与方法，并已广泛应用于资源管理、应急救援、智慧城市等各个领域，是发展迅猛的新兴交叉学科，具有广阔的社会应用前景。

地理空间表达一直是地理信息科学领域研究的重要内容，也是地理信息科学研究面临的一个重大挑战。地理空间表达是一个空间认知、信息转换与信息传输的交互过程。从远古至今，地理空间表达形式经历了由自然语言、文本、地图到 GIS 的演变过程。由于现实地理世界具有复杂多样、三维立体、时空动态等特性，目前对于地理空间的表达依然是抽象的二维地图占主导地位，造成了社会公众与地图间的语义差。为解决语义差问题，出现了虚拟地理环境、地理增强现实、地理超媒体等多种地理空间表达方式。

视频具有表达直观、信息丰富、动态实时等特点，如何将视频数据应用于 GIS 的地理空间表达已成为国内外研究的热点，具有空间参考的地理视频得到了国内外学者的关注。将视频与 GIS 进行有机集成，可实现视频的形象表达与 GIS 的抽象表达相统一，在一定程度上弥补了目前地理空间表达方式的不足。但目前对地理视频的研究主要是将视频数据作为空间数据的一种属性或实现视频数据与空间数据的交互索引，未充分利用视频数据中丰富的时空动态信息。随着空间信息、多媒体、计算机视觉、网络通信等技术的发展，以及传感网、物联网、云计算、大数据等新技术的出现，实现视频数据中时空动态信息的识别与解析并与 GIS 平台进行有机集成，是目前地理信息科学领域对地理目标进行实时动态监测、协同分析与模拟亟待解决的问题。

本书回顾了国内外有关地理超媒体、地理视频、智能视频分析、视频 GIS 的研究进展，根据目前研究中存在的问题及当前技术发展，设计了地理视频数据模型，并基于地理视频数据模型实现了集地理视频采集、编辑、管理、发布等功能为一体的软件系统。通过对二维地理视频数据模型的扩展，实现了地理视频对三维地理场景的增强表达。网络地理视频丰富了传统多媒体 GIS 的表达方式，能为用户提供内容丰富、交互性强的地理场景，可应用于公路、街道、河流等设施的可视化理解与管理，在地理教育、旅游宣传等领域具有推广和普及价值。

统一视频数据与空间数据的地理参考是进行视频数据与 GIS 平台协同分析的基础。鉴于此，本书介绍了研究团队开发的视频数据地理空间化模型，实现了视频数据与空间数据地理参考的统一，进而可应用于对视频数据的地理协同分析。

利用地理空间化处理后的地理视频，本书以人群状态智能感知为例，设计了地理环境下的人群特征提取与人群行为分析方法。提出了一种可跨相机的自适应人群密度估计方法，在地理空间构建人群密度估计模型，解决了不同监控设备之间人群图像的尺度多样化问题，克服了模型的场景依赖性，提高了人群密度估计模型的构建效率。提出了基于视频与 GIS 的地理环境下群体行为模式分析方法，解决了以往人群运动状态监控基于图像空间，无法感知人群的真实运动状态这一难题。设计了基于视频与 GIS 的群体异常行为检测方法，能够识别人群骤聚、骤散、运动趋势突变、运动速率突变、逆向行走等群体异常行为，可为突发事件的预防提供技术支撑。构建了基于贝叶斯网络的监控盲区人群状态推演模型，解决了因监控相机在人群活动区域的稀疏、离散、无重叠布设导致的难以获取监控盲区人群状态的问题。研发了区域人群特征智能感知系统，并成功进行了应用，该系统可为安保人员的布控、设施规划、人群疏导、商业策略等提供决策依据。

最后，本书简要介绍了地理视频/视频 GIS 技术在交通状态智能感知、高分辨率道路机动车排放清单研制等领域的应用，并展望了未来视频 GIS 发展急需解决的关键问题。

在本书编写和出版过程中，得到了河南省地理学优势学科建设工程、国家自然科学基金项目(41401107、41401436、41871316、40771166)、国家“十二五”科技支撑计划课题(2012BAH35B02)、河南大学“青年英才”支持计划、河南省自然科学基金项目(202300410345)、信阳师范学院“南湖学者奖励计划”青年项目的联合资助。同时感谢河南大学地理与环境学院硕士研究生王尧斌、王梦强在本书编写过程中给予的帮助。在此，我们谨对所有关心与支持本书编写、出版的领导、专家和同行们表示衷心感谢。

由于作者水平有限，书中难免会出现疏漏及不足之处，恳请读者不吝指正。

目　　录

前言
第 1 章　绪论 …… 1
1.1　GIS 发展状况 …… 1
1.2　地理超媒体 …… 3
1.3　地理视频 …… 4
1.4　智能视频分析 …… 8
1.5　视频与 GIS …… 12
1.6　章节安排 …… 16
参考文献 …… 17
第 2 章　地理视频数据模型与应用 …… 22
2.1　地理视频数据模型 …… 22
2.2　基于 Web 的地理视频系统 …… 25
2.2.1　总体设计 …… 25
2.2.2　功能设计 …… 27
2.2.3　数据库设计 …… 31
2.2.4　系统实现 …… 36
2.3　地理视频对三维地理场景的增强 …… 51
2.3.1　三维地理视频数据模型 …… 51
2.3.2　三维地理视频数据处理与组织 …… 51
2.3.3　原型系统 …… 54
参考文献 …… 56
第 3 章　监控视频数据地理空间化方法 …… 58
3.1　基础理论 …… 58
3.1.1　相机模型 …… 58
3.1.2　相机标定 …… 60
3.1.3　三维图形绘制技术 …… 61
3.2　基于单应变换的视频数据空间化 …… 62

3.3 监控视频与2D地理空间数据互映射 …… 65
3.3.1 2D互映射模型 …… 65
3.3.2 2D互映射算法 …… 67
3.3.3 监控视频的2D互映射实验 …… 68
3.3.4 监控视频的2D互映射特性 …… 71
3.4 监控视频与3D地理空间数据互映射 …… 73
3.4.1 3D互映射模型 …… 73
3.4.2 3D互映射算法 …… 75
3.4.3 监控视频的3D互映射实验 …… 76
3.4.4 监控视频的3D互映射特性 …… 77
3.5 基于地理空间数据的互映射方法 …… 79
3.5.1 映射矩阵计算 …… 79
3.5.2 算法设计 …… 81
3.5.3 实验分析 …… 82
3.5.4 不确定性分析 …… 85
3.6 基于特征匹配的半自动化互映射方法 …… 86
3.6.1 灭点计算及线性特征提取 …… 86
3.6.2 融合灭点与线性特征信息的匹配方法 …… 89
3.6.3 实验分析 …… 92
参考文献 …… 97
第4章 人群监控与模拟研究 …… 99
4.1 人群监控与管理 …… 99
4.2 人群基本特征 …… 100
4.2.1 人群密度 …… 100
4.2.2 人群速度 …… 101
4.2.3 人群流量 …… 102
4.2.4 不同场所的人群特征 …… 103
4.2.5 人群状态类型 …… 105
4.3 人群分析方法 …… 106
4.3.1 人群特征数据采集 …… 106
4.3.2 人群流动分析 …… 107
4.3.3 人群分析应用 …… 109
4.4 人群流动建模与模拟 …… 110

4.4.1 宏观模型模拟……111
4.4.2 微观模型模拟……111
4.5 基于视频的人群状态分析……112
4.5.1 人群密度估计……112
4.5.2 群体行为理解……115
4.6 人群分析研究现状……116
参考文献……117

第 5 章 人群特征提取技术……123
5.1 可跨相机的人群密度估计模型……123
5.1.1 低密度人群估计模型……123
5.1.2 高密度人群估计模型……124
5.1.3 自适应人群密度估计……125
5.2 人群运动特征提取……126
5.2.1 光流法原理概述……127
5.2.2 Lucas-Kanade 光流算法……127
5.2.3 GIS 环境下的光流场计算……129
5.3 人群特征提取实验……130
5.3.1 视频的地理空间映射结果分析……130
5.3.2 人群密度估计结果分析……131
5.3.3 人群运动矢量场结果分析……135
参考文献……138

第 6 章 人群行为模式分析……139
6.1 群体运动模式分析……139
6.1.1 群体运动模式的分类……139
6.1.2 群体运动模式的判断……142
6.2 群体运动趋势分析……148
6.3 群体运动速度估算……153
6.4 群体异常行为分析……156
6.4.1 群体异常行为类型……156
6.4.2 矢量场分析……156
6.4.3 群体异常行为检测……159
6.5 实验结果分析……165
参考文献……169

第 7 章 区域人群特征的时空分析 …… 170
7.1 群体行为模式的 GIS 表达模型 …… 170
7.2 区域人群状态推演模型 …… 174
7.2.1 贝叶斯网络模型 …… 174
7.2.2 人群流动系统的贝叶斯网络模型 …… 175
7.2.3 人群状态推理贝叶斯网络模型构建 …… 176
7.3 区域人群状态的推演实验 …… 181
7.3.1 实验区概况 …… 181
7.3.2 贝叶斯网络构建 …… 182
7.3.3 推演结果分析 …… 186
7.4 人群状态的时空格局演化特征实验 …… 191
7.4.1 实验数据来源 …… 191
7.4.2 时空演化分析 …… 192
7.5 区域人群状态智能感知系统 …… 195
7.5.1 系统总体设计 …… 195
7.5.2 系统功能设计 …… 196
7.5.3 开发运行环境 …… 197
7.5.4 系统工作流程 …… 197
7.5.5 系统实现 …… 198
参考文献 …… 202

第 8 章 视频 GIS 在交通与环境领域的应用示例 …… 203
8.1 交通状态智能感知 …… 203
8.2 高时空分辨率机动车排放清单编制 …… 207
8.3 视频 GIS 未来展望 …… 215

第1章 绪　　论

1.1 GIS发展状况

地理信息系统(Geographic Information System, GIS)是地理学、测绘学、计算机科学、遥感科学、环境科学、管理学等多学科结合的理论和技术。GIS是一种用于获取、存储、查询、分析和显示地理空间数据的计算机系统。地理空间数据是用于描述位置和空间要素属性的数据，地理信息是地理空间数据所蕴含和表达的地理含义。处理和分析地理空间数据的能力是GIS区别于其他信息系统的重要特征。

GIS与其他信息系统类似，除了地理空间数据，还需以下组成部分：

(1)硬件。GIS的硬件包括用于数据处理、数据存储、输入/输出的相关设备。如用于报告和地图打印的打印机与绘图仪；用于空间数据数字化的扫描仪与数字化仪；用于野外数据采集的GPS等移动设备。

(2)软件。GIS软件是整个系统的核心，用于执行地理空间数据输入、处理、数据库管理、空间分析与数据输出等任务的计算机程序与应用。如利用C++、Visual Basic、C#或Python等编写的应用于GIS中空间数据分析程序。

(3)应用人员。GIS应用人员包括系统开发人员及其最终用户，其业务素质与专业知识是GIS工程及其应用成败的关键。GIS应用开发是一项软件工程，包括需求分析、目标确定、可行性分析、总体设计等。最终用户在使用GIS系统时，不仅需要对GIS技术有足够的了解，而且需具备有效、全面和可行的组织管理能力。

(4)应用模型。GIS应用模型是为相关领域建立的运用GIS进行特定分析的解决方案，其构建与选择是系统应用成败的关键因素。虽然现有GIS软件为解决各种地理问题提供了有效的基本工具，但对于某特定应用目的，须构建相应的专业应用模型才能达到目标要求。如选址模型、人口扩散模型、噪声评价模型、水土流失模型、大气污染物扩散模型等。

随着计算机技术的发展，GIS萌芽于20世纪60年代，经过60多年的发展，已日趋成熟。作为传统学科与现代技术相结合的产物，GIS的含义已从最初的系统(system)扩展为科学(science)与服务(service)。地理信息科学的提出使人们对地理信息的关注从技术层面逐渐转移到理论层面，地理信息服务的出现也使人们对地理信息的关注从理论和技术转到社会化与应用，并广泛应用于自然资源管理、环境管理、应急管理、规划管理、精准农业、犯罪分析、市场分析等各领域，且已成为各级政府常规运作必不可少的工具。

20世纪60年代，计算机获得了广泛应用，并很快被应用于地理空间数据的存储与处理。1962年，加拿大学者Roger Tomlinson提出利用计算机处理和分析大量的土地利用数据，以实现地图的叠加、量算等操作，并于1972年建成了世界上第一个地理信息系统，即加拿大地理信息系统(CGIS)。与此同时，美国、英国也开始了有关GIS项目的研究。

GIS的发展可分为5个阶段：20世纪60年代是地理信息系统的萌芽开拓期，主要致力于地理空间数据处理，开发了一些地理信息系统软件包。70年代为地理信息系统的巩固时期，注重于地理信息的管理研究，并使一些商业公司活跃起来，GIS软件开始形成市场，如ESRI公司开发的ArcInfo软件。80年代为地理信息系统技术大发展与推广应用时期，地理信息系统的应用从解决资源管理与基础设施规划转向更加复杂的空间决策支持分析，地理信息系统应用日益广泛，并成立了相应的研究机构。同时，我国地理信息系统的基础研究与应用研究也取得了突破性进展。90年代地理信息系统应用得到了巨大发展，GIS已成为一种通用的地理信息技术工具被广泛应用，一方面地理信息系统成为许多部门的必备工具，另一方面社会对地理信息系统的认可度更高，需求迅速增加，使其应用更广泛和深入，成为现代社会基本的服务系统。进入21世纪，随着遥感、全球定位系统、地理信息系统、互联网、物联网、大数据和人工智能等现代信息技术的发展及其相互渗透，逐渐形成了以地理信息系统为核心的集成化技术系统。另外，由于虚拟现实、增强现实等技术的出现，使得地理信息表达更符合人的认知特点，也促进了地理信息技术的发展和应用推广。

随着地理信息系统技术的发展，当前的地理信息系统正向集成化、产业化、网络化和社会化方向发展。自GIS技术萌芽发展至今，因其具有强大的空间分析功能，已成功应用于众多领域，且已成为众多领域必需的关键技术。如资源管理、土地利用规划、自然灾害评估、水文、气象、农业、林业、城市规划、交通、旅游等领域。以下几类应用已经完全融入人们的日常生活中，随着社会的发展，GIS技术的应用领域将会继续扩大。

(1)利用在线地图网站查找位置与相关信息，如高德地图、百度地图、搜狗地图等。

(2)基于位置的服务允许手机用户搜索附近的银行、餐馆、出租车，追踪朋友、儿童和老人等。

(3)手机/汽车导航系统可以为驾驶员提供最佳的路线规划方案并实时更新路况信息。

(4)移动资源管理工具可实时跟踪和管理现场人员的位置和资产移动状态。

1.2 地理超媒体

地理空间表达是对地球表层及近表层的描述，是人类认知地理环境与人类社会交流、传递地理信息的重要媒介，一直是一个非常重要的研究领域。GIS 作为地理空间表达的一种新技术，长期以来将地理实体表达为离散对象或场，是对现实世界的高度抽象和简化，尽管取得了相应的研究成果，但具有其局限性。一方面，在 GIS 发展早期，受限于传统地图学范式及应用需求、软硬件条件，在对地理现象与地理空间进行抽象表达的基础上，发展了要素模型与场模型。抽象以对信息的综合、忽略及损失为代价，由于尺度的问题，部分地理要素细节被综合与省略，这种抽象虽具有其合理性，但不直观且不利于对地理对象细节的表达，易造成人类对现实世界的空间认知与利用 GIS 进行的空间认知的不一致。另外，早期 GIS 的地理空间表达方式主要考虑专业领域的应用，其目标用户为专业 GIS 人员。随着 GIS 技术与应用的不断发展，GIS 已成为大众化与社会化所必需的技术。所以，GIS 研究已不能仅局限于面向专业的 GIS 行业人员，须面向不具备 GIS 理论知识的社会公众。但如果以经过大量抽象的地理表达面向社会公众，将导致公众对空间认知与理解的障碍，并可能阻碍 GIS 的社会化应用进程。

由于现实地理世界的复杂性，常见的地理信息虽适合于专业人员，但对于普通公众仍较为抽象，不利于对地理现象细节的表达。为解决此问题，须研究更为接近于人类空间认知特点的地理表达方式。随着多媒体数据与定位数据获取设备的日益普及，为直观地表达地理信息，相关学者将超媒体技术引入 GIS 领域，出现了包含位置信息的地理超媒体。从 20 世纪 70 年代开始，国内外学者就开始了对多媒体数据与 GIS 的集成研究。随后多媒体技术逐步被引入 GIS 领域，提出了多媒体或超媒体地图(如早期的英国 BBC Domesday 项目)、多媒体 GIS、地理超媒体概念与技术框架等技术与方法。超媒体是利用超文本组织与管理多媒体信息，如图形、图像、文字、声音、视频、动画等多媒体数据。在采集多媒体数据的同时采集位置数据，并存储在相应的数据中，用于对特定位置或特定设施进行更为直观的表达。地理超媒体同时面向专业应用和大众化应用，成本相对低廉，包括静态图片、视频与全景照片。如在拍摄照片时记录拍摄位置，通过电子地图或 GIS 对这些可定位照片建立索引，可实现基于位置标签的海量图片库快速查询。

多媒体地图已有 40 余年的发展历程，将地图作为多媒体载体，支持数据查询、超文本链接、热点交互等形式，实现地图与多媒体资源的用户交互。近年来，多媒体地图通常是对GIS的进一步扩展，即利用多媒体数据对地理实体的属性进行描述，并通过空间查询与属性查询来获取多媒体数据。目前，已有多个GIS软件支持直接使用多媒体，如ESRI公司ArcGIS Pro、ArcGIS Online等支持多种形式的多媒体资源显示。

纵观40年来国内外地理超媒体的研究进展，可将其划分为两类：①在现有GIS软件中增加多媒体链接，将多媒体数据作为地理视频的一种特殊属性，即为GIS软件中的地理实体添加图片、声音、视频、网页等多媒体数据链接，用户点击后可识别多媒体类型并进行播放与显示；②基于超文本数据模型建立电子地图与多媒体数据间的单向或双向导航链接，其代表性应用是多媒体电子地图。

1.3 地理视频

视频是一种将序列静态图像以电信号的形式进行捕捉、记录、处理、存储、传输与重现的技术。当每秒连续播放24帧以上图像画面时，由于视觉暂留造成人眼无法辨别单幅静态图像，而是呈现平滑连续的动态视觉效果，这些连续动态的画面即为视频。视频作为一种常见的媒体，具有多维、动态与实时的特点，一直是国内外技术研究和产品开发的热点。视频数据记录了地理环境的细微动态变化，具有时空属性，兼具信息分辨率高、表达直观和空间关系传递准确等特点，不仅获取方便，而且可进行具有真实感的地理空间表达，将视频数据与GIS相结合已成为地理信息科学领域的研究热点。然而，在超媒体地图和地理超媒体框架中，视频数据仅作为空间实体的一种属性进行存储和调用，没有建立视频和空间数据之间通信、交互、索引等关系，普通视频数据不支持用户的交互，对普通视频数据的应用是单向体验过程，用户只是作为被动的角色去浏览观看视频，造成了视频所蕴含的丰富时空信息不能得到有效利用。视频有着形象直观、蕴涵信息丰富、具有时空维结构等优点，而地理数据具有空间位置、可量测、空间关系明确等优点。如何集成视频数据和地理数据，建立二者之间的通信、交互与索引，实现视频信息与地理信息的互操作，国内外学者进行了一些探讨与研究。

地理视频(GeoVideo)是将视频数据与地理空间数据进行集成，获得具有空间参照的视频影像。常规地理数据包括位置、时间和属性信息，是对现实地理世界的抽象、概括描述；而视频是直观、生动、具体的，是对现实地理世界的形象描述。地理视频结合传统地图和视频的优点，能够帮助人们更直观地认知和理解地理空间，是地理空间信息可视化的新方式。自20世纪70年代以来，国内外学者对视频与GIS的集成进行了研究。1978年麻省理工学院的Andrew Lippman教授，在美国国防部高级研究计划署的资助下，首次将视频数据与空间数据集成，开发了动态、交互式超媒体地图。这是一个早期超媒体系统的例子，用户通过超媒体电影地图即可虚拟游览阿斯本城市。该系统由一个陀螺稳定器、四个16毫米的停格胶片摄影机及一个编码器组成，这些仪器固定在汽车上，编码器每隔10英尺触发相机拍照。当汽车行驶在城市道路上时，相机拍摄汽车行驶方向的前方、后方及侧面的城市景观。数据采集完成后对非连续的城市景观图片进行组合，获得具有多视角的正射景观图像，用户可在一个视点来观看多个视角的景观，同时可以查看不同时间该位置所对应的视频影像。基于此原理，Faka等(2019)通过同步采集视频与GPS数据，结合地形、路网与太阳位置数据，提出了一种用于检测道路路网中的太阳直射路段方法，可服务于道路网的太阳直射暴露评估与车辆导航。

Berry在2000年提出视频制图(video mapping)系统框架，并设计了数据外业采集、处理与应用的概念框架和技术方案。视频制图系统是GIS数据可视化的一次飞跃。利用该框架，多媒体GIS不需要费时单调地为图像编码地理坐标，使复杂的图像搜集、图像索引、网络发布等过程，通过简单的记录、索引和回放即可实现。其原理是将精确的GPS数据和时间数据，通过调制解调记录在相机录像带的一个音频声道中，当影像播放时，可以从视频录像带中获得GPS信息，并将其连接到数字地图加以显示和访问。

Hwang等(2003)通过对象跟踪技术构建了视频元数据，进而实现了空间位置与视频影像的映射。Joo等(2004)又提出在对视频地理对象进行查询和表现的基础上，实现视频和GIS之间的交互。以视频影像元数据概念作为切入点，利用半自动图形对象追踪摄影测量技术来提取对象轮廓边界，并建立包含坐标、属性、轮廓等的视频影像元数据，进而实现了空间位置与视频影像的映射，即GIS与视频影像的交互操作。但是，对离实际像素点远的特征点估计效果不佳。

Kim等(2003)在分析二维GIS、三维GIS和虚拟现实等地理空间表达失真的基础上，提出了地理视频的概念，并建立了GeoVideo原型系统。认为视频地理信息系统(VideoGIS)属于多媒体GIS范畴，GeoVideo是VideoGIS的原型，GeoVideo将视频自身作为一个GIS系统，通过视频本身可进行地图浏览、查询、编辑、空间分析等操作。Kim建立了一个GeoVideo概念模型，通过视频帧的空间位置和方位等信息，建立了三维地图和视频帧之间的关联映射关系。其原理是在媒体服务器端把视频流传送给媒体播放器，当点击视频时，鼠标点坐标和帧数通过后台通道传送给GeoVideo服务器端，GeoVideo服务器端根据传回的地理坐标、相机参数等在三维数据库中确定选择的物体，并将其传送至GeoVideo播放器，以文本或地图的形式在视频上显示。

Pissinou等(2001)从三维拓扑和方向的关系出发，提出了地理视频中地理实体的时空模型及其表现方法，在GIS环境中动态地模拟飞行器状态，并用于解决实际问题。Hwang等(2003)提出了用于位置相关服务(LBS)的MPEG-7元数据方案。认为视频地理信息系统的主要功能是通过计算空间实体的三维空间位置来查找相应的影像和视频片段，并通过旅游信息和酒店预约等实例验证了该方案的可行性。Lee等(2003, 2006)提出了移动制图系统4S-Van设计，其组成包括全球定位系统(GPS)、电荷耦合器件(CCD)、惯性导航系统(INS)等。Liu等(2005)提出了用于导航的视频GIS系统框架，并讨论了其原理、网络传输、编码等内容，实现了地图与视频在3G移动网络中的交互查询。Navarrete等(2002，2006)提出了基于视频片段地理索引的超视频(HyperVideo)概念及其地理语义描述信息框架，将地理空间信息和视频影像集成，建立了视频片断地理索引，并生成了可在GIS环境中调用的超视频。Mills等(2010)将视频数据与GPS数据融合，实现了视频与空间位置的交互查询，并将其应用于灾后重建的变化监测。Milosavljević等(2010)与Sourimant等(2012)利用增强现实技术，通过相机标定等操作，将监控视频数据与地理空间数据进行配准，实现了视频数据与三维GIS数据的叠加系统。Lewis等(2011)在通过分析现有视频与GIS集成研究的基础上，定义了一个在GIS约束下空间视频数据模型的棱锥数据结构，可用于二维与三维GIS分析与可视化，并通过案例验证了其可行性。

随着空间信息技术、计算机视觉技术、网络通信技术等的发展，具有空间参考的地理视频得到了我国学者的关注。如将视频与地理信息集成分别应用于铁路、公路的可视化管理(唐冰等，2001；李郁峰等2004；孔云峰，2007)，设计了基于地图的车载移动视频监控系统(丰江帆，2007)，便携式可定位视频系统的研发(吴勇等，2010)，地理视频数据模型设计及网络环境下地理视频的应用(孔云峰，2009, 2010a；宋宏权等，2010a, 2012)等。另外，相关学者对视频影像的可量测性也进行了相关研究，可实现道路两侧实景影像的量测(李德仁等，2008)，并通过Web服务封装实现了网络环境下的视频影像量测(韩志刚，2011)。

与此同时，一些商业公司也开始注重视频GIS的研发，并成功开发了能够采集处理具有地理参照的视频系统，经过处理可将视频数据集成在GIS环境中，实现视频与空间数据的交互。美国Red Hen Systems公司研制了多个多媒体地图解决方案(http://www.redhensystems.com/)，为用户提供具有地理参照的视频与图像(图1.1)，可以实现在地图上查看相机的路径，当视频播放时，地图上实时显示当前播放视频帧所对应的空间位置，并可对视频进行播放、暂停、拖放等操作，已成功应用于工业、环保、军事及设施管理等方面。由英国BlueGlen公司研发的CamNav Mapper，是基于GPS编码技术的视频制图系统，与MediaMapper有着相似的功能，能够用于导航等领域。另外还有ImageCat公司的Views、Video Mapper

公司的 VideoMapper 系统、IBI 组织的 RouteMapper 系统、日本岩根研究所的 VideoGIS 影像地理信息系统等，均实现了视频和地理空间位置的集成，并提供了从数据采集、处理到应用的系统研发。著名 GIS 软件如 ArcGIS、Skyline 等在其最新版本中分别加入了视频图层(video layers)、地面影像(video on terrain)等内容，OGC 也发布了面向 GIS 的 GeoVideo Web Service 草案。

图 1.1 视频地图系统

对于地理视频的研究，国内学者也进行了相关探索。唐冰等(2001)提出了铁路沿线视频与地理信息的集成方案，并重点讨论了里程校正与数据库设计。李郁峰等(2004)论述了实时采集压缩线路视频数据、视频文件索引信息生成、采集点公里路标数据获取等技术，并设计开发了专用的线路视频播放器，最后通过铁路线路视频数据验证了该方案的可行性。丰江帆等(2007)等分析了目前移动视频监控中存在的问题，指出基于空间定位信息的移动视频监控是今后的发展方向。并构造了一个基于 GPS 与 GIS 的车载移动视频监控系统，详细论述了该系统的结构设计、工作原理及其主要功能，对使用的关键技术进行了分析和总结，最后探讨了该系统存在的问题，并展望了该系统的发展前景。

孔云峰(2007)总结了国内外视频数据和空间数据整合的研究进展，将公路地理信息与视频影像集成，为公路管理提供了空间位置与视频影像相融合的超媒体信息。在地理视频数据组织方面，建立了地理位置(XY)、公路里程值(M)和视频帧(T或F)之间的映射关系，实现了公路位置、里程与视频影像的集成，进而实现了公路位置、里程与视频影像之间的相互检索和交互操作，满足了公路视频GIS的基本需求。郭浩等(2008)设计了一个地理视频数据采集系统，对视频数据和地理空间信息进行了有机集成，可自动生成视频对应的空间信息视频索引文件。丰江帆(2007)认为：视频GIS是将地理信息与视频影像实时自动集成，生成空间位置与视频影像相融合的空间视频信息。他主要从以下三方面阐述了视频GIS的关键技术：①基于ASF格式，保持空间属性的原始信息，将不同的媒体信息置于统一的容器中，通过公共的时间轴实现媒体间的同步，最后达到可定位的视频直播；②使用自适应传输和错误恢复再同步方法，改善了多媒体传输质量，保证了在流媒体接收端空间数据和视频、音频信息的同步；③利用视频本身的空间信息与电子地图相关联，通过映射匹配算法，自动提取视频的空间特征并建立特征之间的关系描述，实现了对物理视频数据的检索。

国内外学者对地理视频理论与技术的相关研究，为视频地理信息系统的研究、开发与应用奠定了一定基础。但是，大多研究是在单机环境下实现的，随着网络多媒体技术的逐步成熟，基于开放的地理信息服务标准，开发面向服务架构的网络地理视频应用成为可能。孔云峰(2009)讨论了地理视频的基本概念和数据模型，并提出了地理视频数据模型的实体－关系图，同时在网络环境下进行了地理视频的应用开发。随着地理超媒体概念、框架、系统与应用的研究进展，孔云峰(2010b)、宋宏权等(2010b, 2010c)讨论了基于Web服务的地理多媒体数据模型和描述方式，并进行了网络环境下地理超媒体系统的设计开发，以大学校园和公路地图为例，开发了超媒体GIS原型系统，同时在回顾地理视频与视频GIS相关研究进展的基础上，提出了地理视频数据模型和视频GIS框架设计，包括地理视频的描述方法、数据处理流程，以及网络视频GIS技术标准、系统设计与实现技术方案等内容。吴勇等(2010)针对视频技术及定位技术，提出了将视频与定位信息有机结合形成可定位视频，并研发了实时地理视频采集软硬件系统。

1.4 智能视频分析

随着城市化进程的加快与社会经济的快速发展，人们的安全需求越来越高，监控相机数量呈指数级增长，覆盖范围越来越广。传统视频监控主要提供视频获取、存储与回放等简单功能用于记录已发生事件，对异常行为的监控主要依赖于监控人员监看视频，难以及时发现异常行为并做出反应，无法实现对相关异常行为进行智能化预警和报警。因此，迫切需要发展智能视频分析技术。目前，各大城市安装布设了大量监控摄像头，构建了极为庞大的视频监控网络，瞬间可产生海量的视频数据，如何从海量视频数据中高效提取有用信息，是智能视频分析技术急需解决的问题。智能视频分析技术是采用图像处理、模式识别与计算机视觉等技术实时分析视频图像序列，识别被监控场景中的内容，实现对异常行为的自动化检测。用户可以根据视频内容分析功能，通过在不同相机场景中预设不同的报警规则，若目标在场景中违反预定义规则，系统会自动发出报警，监控工作站自动弹出报警信息并发出警示，用户可通过点击报警信息，实现报警的场景及时重组并采取相关措施。

视频监控是安全防范的重要组成部分，监控的目的是利用较短时间从被监控场景中获取尽可能多的有价值信息。视频监控技术的发展可分为模拟视频监控系统、数字视频监控系统和智能视频监控系统 3 个阶段。模拟视频监控技术是 20 世纪 70 年代发展起来的，一般利用同轴电缆传输前端模拟相机的视频信号，由模拟显示器进行显示，利用磁带录像机来完成存储功能。因磁带录像机存储容量小，线缆式传输限制了监控范围等问题，随着数字编码与芯片技术的发展，20 世纪 90 年代出现了数字视频监控系统。数字视频监控系统可容纳更多的相机并存储更多的视频数据，使得相机及视频数据得到海量提升，监控相机的大规模布控成为可能。由于安全形势日益严峻，且随着数字视频监控技术的进一步发展，世界各国对视频监控系统的需求空前高涨，布设了海量级的监控摄像头，可获取海量视频数据用于实时报警与事后查询，但对于以人为主的使用对象而言，为大规模海量视频数据的内容理解带来了重大挑战。为解决对海量视频数据的智能化处理与分析，智能视频监控系统应运而生。其核心是基于计算机视觉的视频内容理解技术，通过对原始视频图像的背景建模、目标检测与跟踪等系列算法分析与处理，进而理解视频场景中的目标行为与事件，并按照预先设定的安全规则，及时发出报警信号。智能视频监控系统较于传统视频监控系统的最大优势是可实现自动地全天候实时分析与报警，彻底改变了传统监控系统中由安保人员完成对监控场景进行监视与分析的模式。另外，智能视频监控系统可实时分析与识别监控场景中的异常行为，在安全威胁发生前提醒安保人员关注监控画面并采取相应措施，克服了传统视频监控系统事后分析的缺陷。

如何从原始视频数据中提取符合人类认知的语义信息是智能视频监控研究的主要内容。一般来讲，智能视频分析研究主要是对视频图像进行目标检测跟踪、目标分类识别与行为分析等处理流程。

目标检测是从视频图像采集终端获取图像序列中提取运动前景或感兴趣目标，即确定当前时刻目标在当前视频帧的位置与大小。因此目标检测是智能视频分析技术的基础，其结果好坏可直接影响后续目标跟踪、目标分类与识别等的性能。目标检测可分为基于背景建模的目标检测与基于目标建模的目标检测。基于背景建模的方法通过分析视频图像的底层特征，构建背景模型进而分割出运动前景，并提取运动前景的位置、大小、形状等信息，同时随时间不断地更新背景模型。构造鲁棒的背景模型是基于背景建模运动目标检测算法的关键，已有大量方法用于构建背景模型，如帧间差分、均值滤波(David et al., 2013)、中值滤波(Cucchiara et al., 2003)、最大值最小值滤波(Liu et al., 2012)、线性滤波、基于聚类的方法(Butler et al., 2003)等。基于背景建模的方法要求感兴趣目标保持运动，且背景保持不变，因此主要应用于固定相机监控场景，难以应用于背景变化的场景。基于目标建模的检测方法是对大量训练目标进行训练学习并构建分类器，基于多个尺度在图像上进行滑动窗口扫描并判定各窗口是目标还是背景，进而得到该图像中所有感兴趣目标的大小和位置(黄凯奇等，2015)。基于目标建模的目标检测方法不受场景的限制，可应用于移动监控场景下的目标检测，且检测结果不需要再进行个体分割。

目标跟踪是为了确定感兴趣目标在视频序列中的连续位置，用于获取运动目标的活动时间、位置、运动方向、运动速度、大小、颜色、形状与纹理等。目标跟踪是计算机视觉领域研究的一个基本问题，是智能视频监控的一个重要环节，具有广泛的应用价值。目标跟踪可记录感兴趣目标的历史运动轨迹与运动参数，是进行高层次的目标行为分析与理解的基础。根据应用场景可将其划分为单场景目标跟踪与跨场景目标跟踪两类。单场景下的目标跟踪又分为单目标跟踪与多目标跟踪。单目标跟踪方法可总结为两类：一种是在目标检测的基础上，对前景目标进行表观建模，然后根据一定的跟踪策略，确定目标的当前最佳位置，如基于特征点(Porikli et al., 2006)、基于轮廓(Isard et al., 1996)或基于核等算法；另一种是基于检测的跟踪，即目标跟踪与目标检测同时进行，基本思路是将跟踪问题看作前景和背景的二分类问题，通过学习分类器在当前帧搜索得到与背景最具区分度的前景区域，此方法已成为目标跟踪算法的主流，代表性算法有基于在线特征提升(Santner et al., 2010)与基于多示例学习(Babenko et al., 2009)等跟踪算法。多目标跟踪是指对单个监控视频中的多个目标进行跟踪,但目前还存在较多的挑战,如目标的自动初始化、目标间的遮挡推理及联合状态优化导致的巨大计算量(Rasmussen et al., 2001)等。多场景目标跟踪是在多相机监控网络下为每个运动目标建立唯一的身份标识，进而保证对目标进行全局的持续跟踪，分为重叠场景与非重叠场景的目标跟踪。对于重叠场景的目标跟踪问题，由于由多个相机从不同视角观测相同区域，其空间关系为跨场景目标的持续跟踪提供了有利条件(Khan et al., 2003)。非重叠场景目标跟踪因各场景间的监控盲区造成不同相机观测同一目标的时间及其位置是不连续的，即非重叠场景的目标跟踪存在严重的时空信息缺失，是阻碍非重叠场景目标跟踪的重要难题。相关学者提出了多相机网络拓扑估计与跨相机目标在识别方法(陈晓棠, 2013)用于解决非重叠场景目标跟踪存在的信息缺失问题。

目标分类识别是为了对监控场景的目标进行分类并识别目标的身份，是在目标检测的基础上进行高级行为分析与理解必须解决的问题。作为高层计算机视觉应用的基础，已在很多领域得到了广泛的应用，且在人类生活中扮演着越来越重要的角色，如动态目标跟踪、海量图像数据检索等。近些年来，随着计算机技术的发展与实际应用的需求，提出了大量的目标识别算法，使目标识别技术取得了较大的进步。目前，有关目标识别的方法主要包括词袋模型与深度学习模型。词袋模型最初产生于自然语言处理领域，通过对文档中单词出现频率的建模来对文档进行描述与表达。Csurka 等在 2004 年首次将词袋的概念引入计算机视觉领域，开展了大量有关词袋模型的研究，并形成了由特征提取、特征聚类、特征编码、特征汇聚于分类器分类组成的目标分类框架(黄凯奇等, 2014)。深度学习模型的基本思想是通过有监督或无监督的方式学习层次化的特征表达，进而对目标进行从底层到高层的描述，如自动编码器(Bourlard et al., 1988)、受限玻尔兹曼机、深度信念网络等深度学习模型。由于图像获取过程中光照条件、拍摄视角、距离等差异，物体自身的非刚体变形及其他物体的部分遮挡，导致物体的实际表现特征具有较大变化。虽然当前超级计算机的计算能力很强，但其目标分类与检测的大多数工作仅局限于小规模数据库上的简单识别问题，远低于人类视觉系统可轻松识别各类物体的能力，急需发展速度快、精度高、鲁棒性强的计算机目标识别与分类系统。

行为分析是利用计算机视觉技术检测与分析图像或视频中特定目标的行为。与目标检测与分类相比，行为分析是在其基础上实现更高层次的理解，是计算机视觉领域需解决的最终目标之一。行为分析可分为姿态识别、行为识别和事件分析，其目的是解析监控场景中目标的语义特征信息。行为分析方法可划分为静态姿态识别方法、运动行为识别方法即复杂事件分析方法(黄凯奇等，2015)。静态姿态识别方法主要有图像目标分类和姿态模型表达两种。基于静态图像的人的行为识别虽具有简单的优势，但由于缺少时空动态信息，对于动作转移等行为的描述，如“坐下”“站立”等，仅依赖于一张图像是无法达到分类与识别目的的。所以，静态姿态识别目前通常是作为简单行为识别的一种方法，可为运动行为分析提供基础信息，而人的时空动态行为分析需采用基于视频的行为识别方法。人体运动是一个极为复杂的系统，具有较大的自由度与非线性特点。利用人体运动的时空动态信息来分析人的行为是人体行为分析研究的主要方向，可分为时空特征方法和时序推理方法。时空特征方法主要是在特征层面考虑运动信息，即将一个包含运动信息的视频序列定义为时空维度的三维立方体，进而基于时空三维立方体来提取人体的行为特征。此类方法主要面向人体简单的行为，如基于时空体模型(Bobick et al., 2001; Willems et al., 2008)、局部特征(Laptev et al., 2003)与时空轨迹(Lv et al., 2006; Huang et al., 2012)等方法。基于时空特征的方法主要是从基于提取的时序特征来识别人体的运动行为，并未考虑时序间的关联性，从而难以识别更复杂的人体行为。复杂行为识别在简单行为识别的基础上考虑简单行为间的时序关联，可分为统计模型方法(Nguyen et al., 2005)和句法模型方法(Zhang, 2011)。事件是指在特定条件或外界刺激下引发的行为，是较为复杂的行为分析，包括对目标、场景及行为前后关联的分析。事件分析可通过对目标较长事件的分析给出语义描述，根据事件的复杂程度，事件分析可分为多人交互行为及群体行为分析。

当前的视频监控系统多采用“井”字窗格视图，各相机方位各异、相互独立，难以提供大范围的视频视图，加大了区域实时监控场景理解的难度。而地理空间数据不仅可定位、可量测，而且可呈现统一的宏观视野。因此，将地理空间数据引入视频监控领域，有利于克服监控视频自身的局限性。同时，对地理信息科学而言，虽然当前地理空间数据的精度日益提高，更新也趋于频繁，但仍存在实时信息不足的问题。伴随着监控视频的广泛应用，实时、高清、海量的监控视频可作为传统地理空间数据的有益补充。监控视频与地理空间数据的互映射，可达到相互增强的目的。

1.5　视频与 GIS

视频数据具有实时动态、表达真实、信息丰富、内容多样、三维空间等特点，是一类天然的地理空间数据。传统的多媒体 GIS 是将多媒体数据作为特殊的地理属性，通过超链接等方式将地理信息和多媒体信息集成。地理视频虽克服了地理超媒体中将视频作为空间实体属性进行静态调用的局限，建立了视频和空间数据之间通信、交互、索引等关系，但未充分利用与解析视频中丰富的时空动态信息。

为此，Kim 等(2003)提出了视频 GIS(VideoGIS)这一概念，认为视频 GIS 是多媒体 GIS(MediaGIS)的一个实例，而地理视频可看作视频 GIS 的原型，并讨论了在设计地理视频时应注意的问题，包括 GIS 数据库的应用，制作视频数据库的效率，基于 Web 与移动应用的运行环境及可伸缩性。Lewis 等(2011)对空间视频(spatial video)与 GIS 的链接与集成进行了深入研究，认为空间视频是对当前各种视频格式的扩展，并对 OGC 地理视频服务规范(草案)中的二维视域模型进行了扩展，提出了三维视域理论模型 ViewPoint，并以二维 ViewPoint 模型为例，讨论了相机标定模型、相机几何方程及参数计算方法。以爱尔兰 Maynooth 市为例，通过采集与存储视频全部或部分帧的位置、时间、高度、方位等空间信息，讨论了基于二维 ViewPoint 模型的数据检索与分析方法，并开发了空间视频播放器(spatial video player)。

三维建模一直是 GIS 领域研究的重要内容，利用具有丰富时空动态地理信息的视频与 GIS 结合进行三维建模研究已成为视频 GIS 的重要研究课题。相关学者将视频与 GIS 进行有机集成，实现了对视频中地理实体的可量测。Botner 等(2011)集成高清视频与 GIS，设计并实现了一个用于道路资产管理、道路状况评估及比较的视频 GIS 系统。该系统基于 GIS 中的线性参考模型，将道路的里程数与视频帧对应起来，使其具备三维坐标(X, Y, Z)信息，播放视频时可对道路基础设施进行水平或垂直方向的三维测量与定位。Akbarzadeh 等(2006)基于多相机系统与 GPS/INS(intertial navigation system)，实现了用于城市模型三维重建的数据采集系统，可实现利用视频进行自动化的实时三维城市模型重建。Hakeem 等(2006)提出了一个估算移动相机轨迹的模型，该模型采用已知 GPS 位置的图片为参考，利用运动恢复结构(structure from motion，SFM)等技术恢复相机的运动轨迹，为进行地理参考下的视频三维建模提供了新思路。

随着视频 GIS 研究的进一步深入，Mordohai 等(2007)基于计算机视觉，提出了室外场景的自动三维重建方法。通过采集视频、GPS 及 INS 数据并进行实时处理，生成详细的具有几何结构、外观纹理及地理坐标的三维模型。Xiao 等(2008)基于低空飞行器拍摄视频，提出了基于语义层次的场景理解与对象跟踪方法，其关键思路是参考遥感影像对视频帧进行地理校正(Geo-registration)，获取视频帧各像素的地理空间坐标。基于校正后的视频，根据外观与三维形状约束，进行建筑物、植物及道路的标识，进而实现视频的场景理解。Milosavljević 等(2016)利用增强现实技术，将视频监控系统与 GIS 进行有机集成，实现了监控视频与三维地理场景的融合与互增强，并开发了原型系统。

对于视频 GIS 的研究，国内学者也进行了一些探索，且在某些技术和研究领域已处于世界领先水平。刘学军等(2007)提出了视频 GIS(VideoGIS)的概念与技术框架，认为视频 GIS 是指对获取的具有空间定位信息的视频数据进行传输和管理，并在单帧影像解析的基础上进行空间量测和空间实体三维建模的技术系统。视频 GIS 在充分发挥视频数据获取多样性、建模与分析灵活性的基础上，能够为用户提供一个自然、真实、实时的地理世界环境。分析了视频 GIS 具有真实性、动态性、数据易获取、易更新、互动性、实时性等特点。在此基础上，提出了视频 GIS 技术体系框架，并详细阐述了视频数据采集、视频数据压缩、视频数据无线传输、视频时空数据模型和视频构建与检索、视频影像量测和空间三维量测等技术。视频 GIS 与数字硬盘录像设备、视频传输设备、远程控制设备等有机整合，以地理信息系统为终端应用界面，在交通、电力、电信、水利、邮政、教学、军事、旅游、公安等诸多领域具有潜在的应用价值。

由武汉大学李德仁院士团队研制开发的道路移动测量系统，是当今测绘界最为前沿的技术之一，代表着未来道路电子地图测图领域的发展趋势。其原理是：在机动车上装配全球定位系统(GPS)、视频系统(CCD)、惯性导航系统(INS)或航位推算系统等先进的传感器和设备，车辆在高速行驶过程中，快速采集道路及其两旁地物的空间位置数据和属性数据(李德仁等, 2008)。韩志刚(2011)在孔云峰(2009)与宋宏权等(2010)的地理视频研究基础上，扩展了内外方位元素等地理空间参照并提出了地理立体视频，讨论了地理立体视频 Web 服务原理和系统设计，以河南大学金明校区为例，开发了地理立体视频 Web 服务原型系统，实现了 Web 环境下基于位置的视频查询与视频影像测量。同时，数据同步存储在车载计算机系统中，经过编辑与后处理形成各种专题数据。另外，该系统还具有汽车导航等功能，可用于道路状况、道路设施、电力设施等的实时监控，以迅速发现变化，实现对原图的及时修测。该系统主要用于线性地物地图测图制图领域，并在军事、勘测、电信、交通管理、城市规划、堤坝监测、电力设施管理、海事等方面有着广泛的应用前景。由立德空间信息技术股份有限公司研发的视频监控 VGIS 平台以电子地图为平台，集成视频监控管理、指挥调度等业务系统，实现视频监控点专题数据的地理空间立体展现，能够在地图上精确标注监控点位信息，实现视频数据的快速调取、查询定位。当发生案件时，电子地图自动定位报警地点，快速打开周边监控视频，便于公安指挥人员快速制定行动预案。视频监控 VGIS 平台的建设，实现了监控点位准确上图、实时视频数据快速调取。同时，通过平台与视频监控平台的无缝集成，充分结合公安实战应用需求，能够定制开发个性化视频监控应用功能模块。

刘学军等(2017)重新总结定义了视频 GIS，认为视频是一类天然的地理信息和场景地图，视频 GIS 是以处理、分析、表达和管理视频/地理视频数据为特征的 GIS，能体现视频具有定位、量测、3D 建模、虚实融合等特征。视频 GIS 与传统 GIS 相比有其独特优势。传统 GIS 是通过对地理空间的抽象与简化来表达地理信息的，能准确地定位抽象地物实体的地理位置，可量测距离和方位，并能判断计算空间关系。视频数据表达的是真实地物景观，能从微观的角度表达地理空间，并且视频数据容易获取。空间数据与视频数据集成产生了地理视频，地理视频充分发挥了二者的优势，能从宏观和微观两方面表达地理空间，并能使空间数据的抽象性与视频数据的直观、形象等特点相互补充。空间数据对视频的补充使人们能更好地理解视频数据的空间特征；视频对空间数据的补充，使人们能通过视频认知其对应地理空间的真实场景，使人们身临其境地认知地理环境。

从地理认知与地理空间表达的角度看，三维 GIS、虚拟现实、虚拟地理环境、地理增强现实等技术都是为了更形象、生动、直观地描述、表达地理空间。虚拟现实是电脑模拟产生的一个三维空间虚拟世界，能够为用户提供关于视觉、听觉、触觉等感官模拟，使人们的感觉如身临其境，并且能够任意无限制地观察三维空间内的地物，其特征是：人们能沉浸在虚拟的三维空间内与其交互。三维 GIS、虚拟地理环境是使用虚拟现实、GIS 等技术模拟产生的三维虚拟地理空间，是对现实地理空间的虚拟表达，在该环境下，人们以“化身人”的身份与其实现协同、知识共享和认知。增强现实是由用户看到的真实场景和叠加于真实场景之上的虚拟场景构成，虚拟场景对真实场景起增强作用，提高人们对真实场景的认知与理解。与这些技术相比，视频 GIS 克服了传统二维 GIS 的抽象性、虚拟 GIS 建模的复杂性、航空航天摄影的俯视性等不足。视频 GIS 将具有动感的视频影像和地理信息相融合，从人类视觉的角度出发，以主动便捷的数据获取方式为人们了解客观世界提供了新途径。同时，极大丰富了 GIS 在数据获取和视频浏览、建模分析方面的能力。与传统 GIS 对地理空间的抽象、静态、综合表达相比，视频 GIS 为人们提供了具有高度真实和身临其境感的地理环境感知方式。

现有研究主要从计算机视觉出发研究相关问题，在所构建的相关模型中，通常将相关具有明确物理含义的参数隐藏起来，以方便该学科后续的相关研究。当前基于单应矩阵的映射方法，存在交互、点位精度和空间分布要求高等问题，难以满足监控视频与地理空间数据在映射自动/半自动化、实时性方面高层次的应用需求。这里，自动/半自动化是指尽可能减少用户交互过程，如点位选择。实时性是指系统能够根据实时相机参数进行映射，主要面向 PTZ 相机。同时，现有研究更侧重于视频监控领域的需求，即前景目标位置、轨迹在 GIS 中的展示，而忽视了地理信息科学领域对监控视频在数据获取、表达和应用方面的需求。

目前的视频 GIS 研究局限于以下几方面内容的研究：①将视频数据作为空间数据的属性，采用超链接方式静态调用视频文件；②将视频数据与 GPS 数据融合实现视频与空间数据的交互；③将视频数据投影至二维平面，实现视频图像与二维或三维地图中某个侧面的叠加，或实现实景影像的简单量测。

现有视频与 GIS 的集成具有如下特点：从时间上看，专利逐年递增，表明该领域的市场前景得到肯定，发展势头良好。从技术特点看，①以视频与 GPS 定位信息的融合为主；②GPS 信息与视频信息融合方式主要采用叠加、基于时间轴关联等；③功能上则是实现视频播放与电子地图的联动及视频检索。但存在以下不足：①研究存在定位方式单一(GPS 信息)；②定位参数不足(未涉及相机姿态、相机内参等)的特征，仅能满足简单的视频检索和查询，无法实现基于视频的几何测量、三维建模等；③表现方式以视频播放与电子地图交互为主，未充分利用视频中丰富的时空动态信息。

视频数据本身作为空间数据，具有表达直观、信息丰富、动态实时等特点，而目前的研究并没有充分利用视频所蕴含的丰富信息，对视频 GIS 的研究只是将视频数据作为空间数据的属性，或将视频数据与 GPS 数据融合实现视频与空间数据的交互调用，对地理场景中动态目标的可定位实时监控与分析的研究较少涉及。同时，视频的时间属性也还没有得到充分利用，例如地理空间信息重要应用领域之一的动态监控，需要将地理空间信息与监控对象、监控区域的视频或模型信息相结合，以支持复杂地理环境下诸如重点目标、重点区域的可定位实时监控。智能视频分析可实现对视频场景中特定地理实体的检测、跟踪与行为理解，但主要侧重于对单个视频场景或少量非重叠视频场景的应用，由于大量监控摄像头的布设及海量视频数据的产生，将智能视频分析技术与 GIS 有机集成，将非空间化的智能视频监控信息空间化，借助 GIS 强大的空间分析功能，发展地理环境协同下的视频 GIS 空间分析技术与方法，研究复杂地理场景下动态地理目标的协同监控与区域性感知，并实现集视频感知监控与地理环境协同分析于一体的感知监控平台是一个亟待解决并具有现实意义的研究课题。

1.6 章节安排

本书是作者结合近年来主持或参与的视频 GIS 研究课题，研究了包括地理视频数据模型、监控视频与地理空间数据互映射、基于视频 GIS 的人群特征智能感知方法等内容，并对视频 GIS 在交通与环境领域的应用，以及未来在视频 GIS 技术与应用需要解决的问题与需要开展的研究工作进行了展望。章节内容安排如下：

第 1 章，绪论。简要阐述了本书内容的研究背景和意义，回顾了地理信息系统的概念、组成、发展概况及其应用，分别对地理超媒体、地理视频、智能视频分析、视频与 GIS 等研究领域的国内外研究现状进行了分析。

第 2 章，地理视频数据模型与应用。设计了地理视频数据模型，基于此研发了 Web 地理视频编辑与发布系统，并在河南大学金明校区进行了应用，将二维地理视频数据模型扩展至三维，并开发了原型系统，实现了地理视频对三维地理场景的增强表达。

第 3 章，监控视频数据地理空间化方法。鉴于目前地理视频主要以属性或专注于与空间数据的交互索引，无法充分利用视频中丰富的时空动态信息。本章以摄影测量学、计算机视觉、三维图形绘制技术等为基础，从地理信息科学的视角构建了监控视频与二维/三维地理空间数据的互映射模型，包括视频数据空间化的单应变换、监控视频与二维地理空间数据互映射、监控视频与三维地理空间数据互映射、基于地理空间数据的互映射方法，以及基于特征匹配的半自动化互映射方法等内容。

第 4 章，人群监控与模拟研究。总结了人群基本特征的基本理论及有关人群的研究方法，对国内外人群建模与模拟、基于视频的人群监控等方面的研究进展进行了分析与总结，指出了当前有关智能人群监控与管理存在的问题及本书要解决的问题。

第 5 章，人群特征提取技术。本章将视频数据映射至地理空间，设计了一种可跨相机的自适应人群密度估计方法，实现了基于地理视频的人群密度估计模型的普适化应用，并通过实验数据验证了其可行性。另外，利用光流法计算人群活动区域的光流场，并将其映射至地理空间，实现了人群运动矢量场的可度量，并对实验结果的真实性进行了验证。

第 6 章，人群行为模式分析。基于第 5 章提取的人群特征，提出了地理环境下群体行为模式分析方法，对群体运动模式、群体运动趋势、群体运动速度、群体异常行为等群体行为模式的分析方法进行了详细介绍，并在南京市夫子庙步行街景区对各种群体行为模式的识别效果进行了验证。

第 7 章，区域人群特征的时空分析。监控区域相机的布设大都离散、无重叠，无法感知未布设相机区域的人群状态，针对此问题，本章设计了人群状态推演模型，利用已有人群特征与群体行为模式数据，推演整个区域人群状态的空间格局，通过分析多时段人群状态的时空格局，得到了该区域人群状态的时空分布模式，并进一步分析得出了形成人群状态时空模式的原因，可为警力布控、设施规划、商业策略制定、人群疏导等提供依据。另外，基于本书介绍的技术理论与方法，设计开发了区域人群特征智能感知系统，并以南京市夫子庙步行街景区为试验区，验证了本系统应用于人群状态与行为感知的可行性。

第 8 章，视频 GIS 在交通与环境领域的应用示例。简要介绍了视频 GIS 技术在交通状态信息智能感知、高时空分辨率机动车排放清单编制等方面的应用示例，并展望了视频 GIS 技术在今后的发展方向与主要研究任务。

参考文献

陈晓棠. 2013. 非重叠场景下的跨摄像机目标跟踪研究. 北京: 中国科学院大学

丰江帆, 张宏, 沙月进. 2007. GPS 车载移动视频监控系统的设计. 测绘通报, (2): 52-54

丰江帆. 2007. 视频 GIS 关键技术研究. 南京: 南京师范大学

郭浩, 孔云峰. 2008. 视频 GIS 数据采集系统的设计与实现. 地理空间信息, 6(2): 81-84

韩志刚. 2011. 地理超媒体数据模型及 Web 服务研究. 开封: 河南大学

黄凯奇，陈晓棠，康运锋,等. 2015. 智能视频监控技术综述. 计算机学报, 20(6): 1093-1118
黄凯奇，任伟强，谭铁牛. 2014. 图像物体分类与检测算法综述. 计算机学报, 37(6): 1225-1240
孔云峰. 2007. 一个公路视频 GIS 的设计与实现. 公路, (1): 118-121
孔云峰. 2009. 地理视频数据模型及其应用开发研究. 地理与地理信息科学, 25(5): 12-16
孔云峰. 2010a. 地理视频数据模型设计及网络视频 GIS 实现. 武汉大学学报(信息科学版), 35(2): 133-137
孔云峰. 2010b. 基于 Web 服务的地理超媒体系统设计开发与应用. 地球信息科学学报, 12(1): 76-82
李德仁，郭晟，胡庆武. 2008. 基于3S集成技术的LD2000系列移动道路测量系统及其应用. 测绘学报, 37(3): 272-276
李郁峰，朱金陵. 2004. 铁路线路视频数据采集系统设计与开发. 铁路计算机应用, 13(12): 4-6
刘学军，胡加佩，王美珍等. 2017. 视频 GIS 数据采集与处理. 现代测绘, 40(1): 1-5
刘学军，闾国年，吴勇等. 2007. 侧面看世界—视频 GIS 框架综述//中国地理信息系统协会 GIS 理论与方法专业委员会 2007 年学术研讨会暨第 2 届地理元胞自动机和应用研讨会论文集, 广州: 205-210
宋宏权，陈郁，孔云峰. 2010a. 应用 Adobe FMS 与 AIR 的视频GIS设计与实现. 地理空间信息, 8(2): 93-95
宋宏权，孔云峰. 2010b. Adobe Flex 框架中的视频 GIS 系统设计与开发. 武汉大学学报(信息科学版), 35(6): 743-746
宋宏权，孔云峰. 2010c. Flex 框架下网络视频 GIS 设计与实现. 测绘科学, 35(5): 208-210
宋宏权,刘学军，闾国年等. 2012. 基于视频的地理场景增强表达研究. 地理与地理信息科学, 28(5): 6-9
唐冰，周美玉. 2001. 基于视频图像的既有线路地理信息系统. 铁路计算机应用, 10(11): 31-33
吴勇，刘学军，赵华等. 2010. 可定位视频采集方法研究. 测绘通报, (1): 24-27
Akbarzadeh A, Frahm J M, Mordohai P, et al. 2006. Towards urban 3d reconstruction from video//Third International Symposium on 3D Data Processing, Visualization, and Transmission, Chapel Hill: 1-8
Babenko B, Yang M H, Belongie S. 2009. Visual tracking with online multiple instance learning//IEEE Conference on Computer Vision and Pattern Recognition, Miami, USA: 983-990
Berry J K. 2000. Capture ‘where’ and ‘when’ on video-based GIS. GeoWorld, 9: 26-27
Bobick A F, Davis J W. 2001. The recognition of human movement using temporal templates. IEEE Transactions on Analysis and Machine Intelligence, 23(3): 257-267
Botner E J, Hoffman M S. 2011. Digital video-GIS referenced system for spatial data collection and condition assessment to enhance transportation asset management// Eighth International

Conference on Managing Pavement Assets, Santiago, Chile

Bourlard H, Kamp Y. 1988. Auto-association by multilayer perceptrons and singular value decomposition. Biological Cybernetics, 59(4):291-294

Butler D, Sridharan S, Sridharan S. 2003. Real-time adaptive background segmentation// International Conference on Acoustics, Speech, and Signal Processing, Hong Kong, China: 341-344

Csurka G, Dance C R, Fan L, et al. 2004. Visual categorization with bags of keypoints//8th European Conference on Computer Vision, Prague, Czech Republic: 1-22

Cucchiara R, Grana C, Piccardi M, et al. 2003. Detecting moving objects, ghosts, and shadows in video streams. IEEE Transactions on Pattern Analysis & Machine Intelligence, 25(10): 1337-1342

Curtis A, Mills J W. 2012. Spatial video data collection in a post-disaster landscape: The Tuscaloosa Tornado of April 27th, 2011. Applied Geography, 32(2): 393-400

David C, Gui V. 2013. Automativ background subtraction in a sparse representation framework// 20th International Conference on Systems, Signals and Image Processing, Bucharest, Romania: 63-66

Faka A, Kalogeropoulos K, Roumelis S, et al. 2019. Exposure of the road network to direct sunlight: A spatiotemporal analysis using GIS and spatial video. Annals of GIS, 25(1): 9-17

Hakeem A, Vezzani R, Shah M, et al. 2006. August Estimating geospatial trajectory of a moving camera//18th International Conference on Pattern Recognition, Hong Kong, China, 2: 82-87

Huang K, Zhang Y, Tan T. 2012. A discriminative model of motion and cross ratio for view-invariant action recognition. IEEE Transactions on Image Processing, 21(4): 2187-2197

Hwang T H, Choi K H, Joo I H, et al. 2003. MPEG-7 metadata for video-based GIS applications// International Geoscience and Remote Sensing Symposium, Toulouse, France, 6: 3641-3643

Isard M, Blake A. 1996. Contour tracking by stochastic propagation of conditional density. Lecture Notes in Computer Science, 1064: 343-356

Joo I H, Hwang T H, Choi K H. 2004. Generation of video metadata supporting video-GIS integration//International Conference on Image Processing, Singapore: 1695-1698

Khan S, Shah M. 2003. Consistent labeling of tracked objects in multiple cameras with overlapping fields of view. IEEE Transactions on Pattern Analysis and Machine Intelligence, 25(10): 1355-1360

Kim K H, Kim S S, Lee S H, et al. 2003. The interactive geographic video//International Geoscience and Remote Sensing Symposium, Toulouse, France: 59-61

Kyong H K, Sung S K, Sung H L, et al. 2003. GEOVIDEO: The video geographic information system as a first step toward media GIS//Proceedings of the ASPRS 2003, Alaska

Laptev I, Lindeberg T. 2003. Space-time interest points//9th International Conference on Computer Vision, Nice, France: 432-439

Lee S Y, Kim S B, Choi J H, et al. 2003. 4S-Van: A prototype mobile mapping system for GIS. Korean Journal of Remote Sensing, 19(1):91-97

Lee S Y, Kim S B, Choi J H, et al. 2006. Design and Implementation of 4S-Van: A mobile mapping system. ETRI Journal, (3): 256-273

Lewis P, Fotheringham S, Winstanley A. 2011. Spatial video and GIS. International Journal of Geographical Information Science, 25(5): 697-716

Liu Q, Choi K, Yoo J J, et al. 2005. A scalable videoGIS system for GPS-guided vehicles. Signal Processing: Image Communication, 20(3):205-218

Liu Z, Huang K, Tan T. 2012. Foreground object detection using top-down information based on EM framework. IEEE Transactions on Image Processing, 21(9): 4204-4217

Lv F, Nevatia R. 2006. Recognition and segmentation of 3-D human action using HMM and multi-class AdaBoost//Computer Vision-ECCV 2006, Springer Berlin Heidelberg: 359-372

Mills J W, Curtis A, Kennedy B, et al. 2010. Geospatial video for field data collection. Applied Geography, 30(4):533-547

Milosavljević A, Dimitrijević A, Rančić D. 2010. GIS-augmented video surveillance. International Journal of Geographical Information Science, 24(9): 1415-1433

Milosavljević A, Rančić D, Dimitrijević A, et al. 2016. Integration of GIS and video surveillance. International Journal of Geographical Information Science, 30(10): 2089-2107

Mordohai P, Frahm J M, Akbarzadeh A, et al. 2007. Real-time video-based reconstruction of urban environments//The International Archives of the Photogrammetry, Remote Sensing and Spatial Information Sciences

Navarrete T, Blat J. 2002. VideoGIS: Segmenting and indexing video based on geographic information//Agile Conference on Geographic Information Science, Mallorca, Spain: 1-9

Navarrete T. 2006. Semantic Integration of Thematic Geographic Information in a Multimedia Context. Department de Tecnologia. Barcelona: University PompeuFabra

Nguyen N T, Phung D Q, Venkatesh S, et al. 2005. Learning and detecting activities from movement trajectories using the hierarchical hidden Markov models//IEEE Computer Society Conference on Computer Vision and Pattern Recognition, Kauai, USA : 955-960

Pissinou N, Radev I, Makki K. 2001. Spatio-temporal modeling in video and multimedia geographic information systems. GeoInformatica, 5(4): 375-409

Porikli F, Tuzel O, Meer P. 2006. Covariance tracking using model update based on lie algebra//IEEE Computer Society Conference on Computer Vision and Pattern Recognition, New York, USA, 2006: 728-735

Rasmussen C, Hager G D. 2001. Probabilistic data association methods for tracking complex visual objects. IEEE Transactions on Pattern Analysis and Machine Intelligence, 23(6): 560-576

Santner J, Leistner C, Saffari A, et al. 2010. PROST: Parallel robust online simple tracking// IEEE Computer Society Conference on Computer Vision and Pattern Recognition, San Francisco, USA: 723-730

Sourimant G, Colleu T, Jantet V, et al. 2012. Toward automatic GIS-video initial registration. Annals of Telecommunications, 67(1):1-13

Willems G, Tuytelaars T, Gool L V. 2008. An efficient dense and scale-invariant spatio-temporal interest point detector//The 10th European Conference on Computer Vision, Marseille, France: 650-663

Xiao J, Cheng H, Han F, et al. 2008. Geo-spatial aerial video processing for scene understanding and object tracking//IEEE Conference on Computer Vision and Pattern Recognition, Anchorage, USA: 1-8

Zhang Z. 2011. An extended grammar system for learning and recognizing complex visual events. IEEE Transactions on Pattern Analysis and Machine Intelligence, 33(2): 240-255

第 2 章　地理视频数据模型与应用

2.1　地理视频数据模型

视频具有数据量大、信息丰富、有时空二维结构等特点。对视频地理空间位置的描述是应用地理视频的关键与基础。如何对视频数据和地理空间数据进行集成，是视频 GIS 首先要解决的问题。地理空间数据与视频数据的集成与交互方式主要包括以下三个方面(图 2.1)：①通过空间位置对视频影像进行索引查询，传统处理方法为当选取 GIS(2D/3D)环境下的空间数据时，以链接的方式静态调用相关视频文件；②通过视频数据查找空间信息，即当观看视频影像时，在 GIS 环境下能够查看其对应的位置和属性；③实现空间数据和视频影像的交互，即当观看视频时，在 GIS 环境中可以查看其对应的地理位置，同时可以通过空间数据索引查找该位置对应的视频片段(视频帧)。

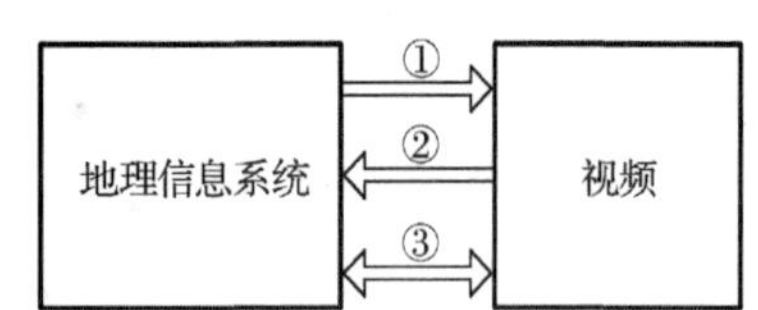

图 2.1　GIS 与视频数据的集成交互方式

视频数据具有多种格式和标准，但均可将视频数据抽象为视频片段和视频帧，所有的视频片段均由多个连续的视频帧组成。视频片断具有特定的空间轨迹，每帧均具有明确的地理位置、相机镜头的位置和方向(孔云峰，2009)。通过对视频帧地理位置的描述，可以建立空间位置与视频片断(帧)之间的时空映射关系(图 2.2)。利用地理坐标表示视频帧的地理位置，用时间/帧来表示视频影像的当前播放时刻，通过对二者之间映射关系的描述建立空间位置与视频片段(帧)之间的对应关系。其中，t_i 表示视频帧(秒)，x_i、y_i 表示地理坐标，z_i 表示高程， m_i 表示线性设施的参照值，z_i 和 m_i 值为可选。根据实际应用要求，对视频的描述可进一步扩充，如相机位置、方向、姿态、移动速度等。

根据以上分析，参考孔对地理视频数据模型的讨论，本书采用如下方式组织地理视频数据，如图 2.3 所示。地理视频可概括为视频片段、视频帧和视频轨迹。视频片段具有特定的空间轨迹和元数据描述，如编号、名称、长度、分辨率、录制日期等。视频片段由多个连续的视频帧组成，每帧具有特定的相机位置(x，y，z)、相机方向(方位角、仰角、俯角)及其他参数。我们利用 XML 文档存储描述视频帧对应的空间位置及语义信息；用空间数据线图层描述视频轨迹，将视频元数据存储为轨迹图层的属性。用户可通过视频轨迹及属性两种方式检索地理视频，从而实现地理视频的索引、交互等基本功能。

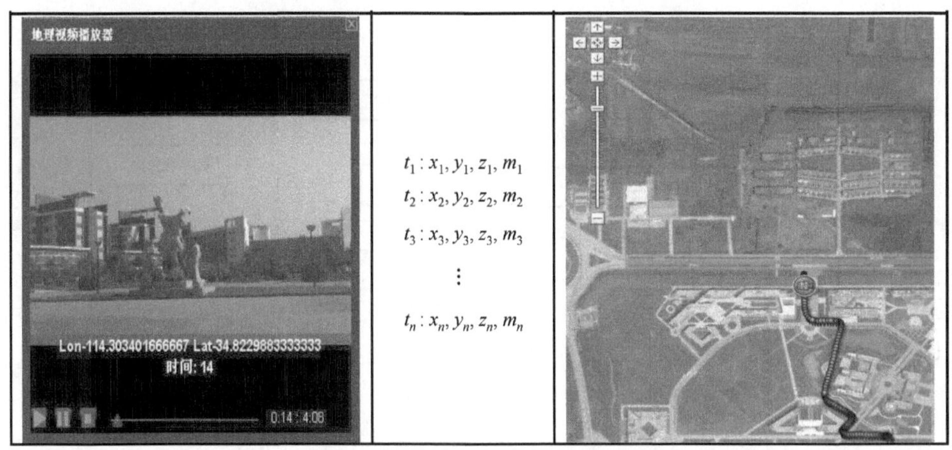

图 2.2　视频帧及其空间位置坐标对照

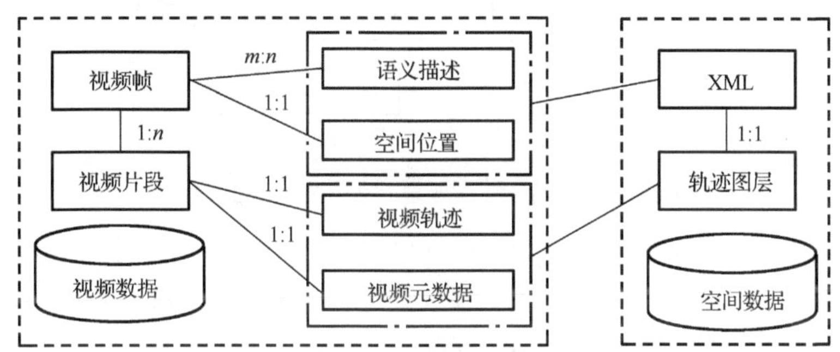

图 2.3　地理视频概念数据模型

XML (extensible markup language) 是 W3C 为适应网络应用而制定的一种可扩展的标记语言，XML 具有很强的数据交换能力，可以用来描述视频帧及其对应的地理位置的映射关系。本书基于 XML 设计实现对地理视频数据模型的描述，最终实现了视频数据与空间数据在逻辑和物理上的统一。

采用 XML 格式描述地理视频，每个 XML 文件为一棵有向树，且只有一个根结点 GeoVideo (图 2.4)。根结点有两个子结点，其中一个为语义描述结点 (semantic descriptions)，用来描述各视频片段的语义信息，各视频片段的信息显示由其子元素开始时间 (BeginT) 与结束时间 (EndT) 控制。根结点的另一个子结点为地理视频时空映射关系集 (locational reference)，映射关系集由若干映射关系

(Locational-Ref)构成，映射关系用来描述视频帧、空间位置等参数之间的关系。根据具体应用需要，可对其进一步扩展，如添加相机方向、姿态等参数(详见 2.3 节)。

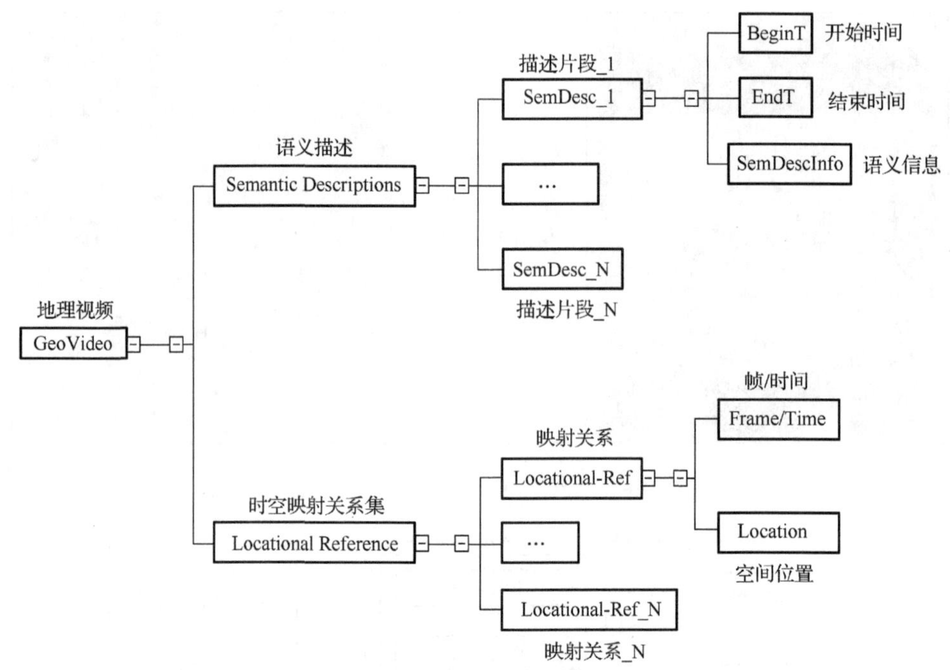

图 2.4　XML 格式地理视频描述树形结构

根据应用需要对地理视频的描述可以选择多种格式，如文本、自定义 XML、KML、GML、GeoRSS 等(表 2.1)。本研究分为地理视频编辑和地理视频应用两个阶段对视频的位置进行描述。在地理视频编辑阶段采用 KML 格式，地理视频应用阶段采用 KML 与 TT XML 两种方式(表 2.1)，其中 TT XML(timed text markup language)是用来编码转换时间同步信息的 W3C 标准，可用于处理视频字幕等。

在地理视频编辑阶段的 KML 格式视频位置描述可解释为(表 2.1)：coordinates 代表位置，begin 与 end 代表时间信息，即在视频播放到第 1.00 秒到 2.00 秒之间时，其对应的位置为东经 114.362°，北纬 34.810°。地理视频应用阶段的视频位置描述可作如下解释：其中 KML 格式解释为该视频轨迹为“河南大学线”，从第 0.00 秒到 1.00 秒视频帧所对应的位置为东经 114.362°，北纬 34.810°，此时间段内所对应的语义描述为“环境与规划学院”；TT XML 解释为该视频轨迹为“河南大学线”，在视频片段第 0.00 秒至 5.00 秒视频片段所对应的地物语义描述为“环境与规划学院”，在第 0 秒视频所对应的地理位置为东经 114.362°，北纬 34.810°。

表 2.1　地理视频片段描述示意

地理视频编辑阶段	地理视频应用阶段	
KML	KML	TT XML
<?xml version="1.0" encoding="utf-8"?> <kml xmlns="http://www.opengis.net/kml/2.2"> <Folder><name>video1.flv</name><Placemark> <Point><coordinates>114.362, 34.810</coordinates> </Point> <Timespan> <begin>1.00</begin> <end>2.00</end> </Timespan> </Placemark>...</Folder></kml>	<?xmlversion="1.0"encoding="utf-8"?><kml xmlns="http://www.opengis.net/kml/2.2"><Folder><name>河南大学线</name> <Placemark> <description>环境与规划学院/description> <Point><coordinates>114.362, 34.810</coordinates></Point><Timespan><begin>0.00</begin><end>1.00</end></Timespan></Placemark>... </Folder></kml>	<?xml version="1.0" encoding="utf-8"?><tt xmlns="http://www.w3.org/2006/04/ttaf1" ><head> <metadata><title>河南大学线</title> <videourl>http://127.0.0.1/henu/20081022.flv</videourl><duration>125</duration><recorddate>2009-10-2215:30</recorddate><keyplaces>河南大学北门、环境与规划学院... </keyplaces></metadata></head> <body><div id="captions"><p begin="0" end="5">环境与规划学院/p> ...</div> <div id= "coord inates"><xyt><t>0</t> <x>34.810</x><y>114.362</y></xyt>... </div></body></tt>

利用上述方式描述地理视频，能够实现对地理视频的检索、定位、交互等功能。除了用以上方法设计描述地理视频模型外，还可以利用线性参照等方式关联视频和空间数据，利用线性参照可获取某点的视频片段和视频帧等内容，在视频播放的过程中，线性参照地理视频数据模型能根据其插值结果得到相应位置对应的视频帧或时间等信息。

2.2　基于 Web 的地理视频系统

2.2.1　总体设计

地理视频数据采集、数据编辑、数据管理是视频 GIS 的基础。视频 GIS 应当提供这几个基本功能。通过数据采集系统获得视频数据、视频轨迹数据和相机参数。对原始数据进行格式转换和编辑，并整理成符合地理视频数据模型的标准化数据。再采用视频文档、数据库表格、GIS 图层、文本文档等形式管理地理视频和元数据信息。

随着 Web 技术、WebGIS 技术和数字多媒体技术的日益成熟，采用基于 Web 服务的网络视频 GIS 是目前网络应用开发模式的主流。地理视频数据的网络发布是网络视频 GIS 应用开发的一个重要环节。通常将地理视频数据放置在 Web 虚拟目录中，通过 URL 获取地理视频数据。考虑到视频数据量很大，且地理描述格式多样，将地理视频数据发布为 Web 服务，通过服务接口实现视频与空间数据的整合，将方便地理视频数据的检索、调用和资源共享。

因此，从数据处理流程方面，可将本系统的功能划分为：地理视频采集系统、地理视频编辑系统、地理视频管理系统、地理视频发布系统和地理视频应用系统(图 2.5)。采集系统用于采集视频和 GPS 轨迹。数据编辑系统用于数据格式转换、视频剪辑、轨迹创建、元数据生成等，获得适合网络环境的标准化数据集。地理视频管理系统用来管理地理视频数据，将多媒体数据、空间数据、文本数据等有效地管理起来，支持数据存储、查询、检索和读取。一般地，采用地理信息系统管理并显示空间数据，并能与地理视频相互通信。地理视频发布系统用来发布地理视频，提供数据资源的 URL 或 Web 服务 API 调用。系统的设计遵循面向服务架构的软件体系结构，总体框架自下而上划分为数据层、服务层、业务层和表示层(图 2.5)。

系统底层是以数据库为支撑的基础数据层，主要用来对空间和非空间数据进行存储、访问和管理，并为应用系统提供数据服务，包括视频数据、空间数据和语义描述数据等。首先，通过地理视频采集系统采集地理视频源数据，在地理视频编辑与发布系统中对其进行处理、编辑，分别得到适于网络传输的视频数据和符合地理视频数据模型标准的语义描述数据，并编辑生成地理视频空间元数据。完成后，分别将其存储在视频数据库、语义描述库和空间数据库中。

服务层用于发布系统底层数据库数据，包括视频数据、XML 语义描述数据和空间数据。视频服务器用来发布视频数据库中的视频数据；Web 服务器用来发布语义描述库中的语义描述数据；空间数据服务器用于发布空间数据。发布后，分别得到视频流媒体服务、语义描述服务和空间数据服务。

业务层的功能包括地图基本操作、地理视频检索、地理视频跟踪播放等。在 Adobe Flex 框架下开发网络地理视频客户端，聚合视频流媒体服务、语义描述文档服务和空间数据服务生成地理视频服务。

在表示层，用户可在多种操作系统平台下，利用安装有 Flash Player 的普通浏览器(如 IE、FireFox、Chrome 等)，即可在网络环境下访问地理视频服务，并以具有良好体验的 Flash 文档供用户访问地理视频。

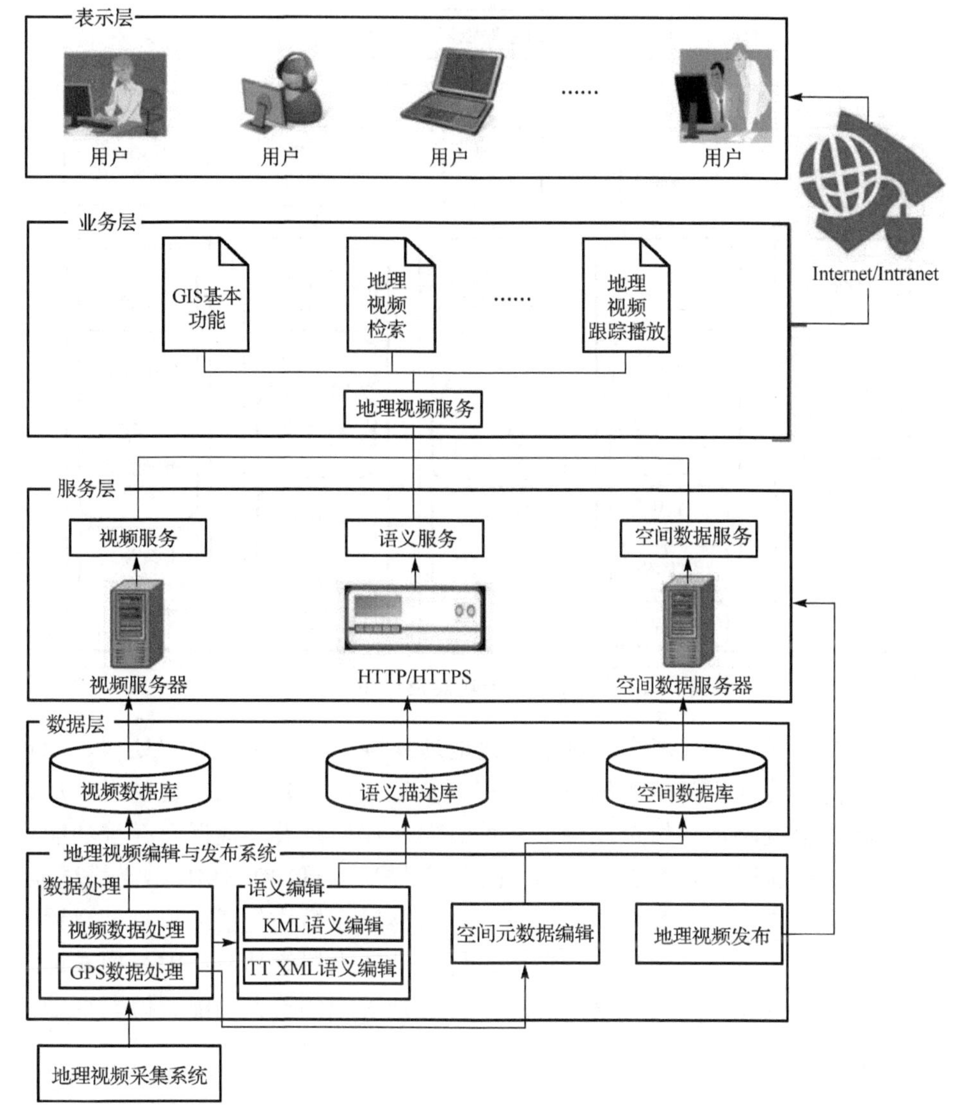

图 2.5　系统总体架构图

2.2.2　功能设计

本系统由地理视频编辑与发布系统及 RIA 模式地理视频网络客户端两部分组成。其功能模块包括：地理视频数据预处理、地理视频轨迹编辑、地理视频语义描述编辑、地理视频智能发布及 RIA 模式地理视频客户端五部分(图 2.6)。

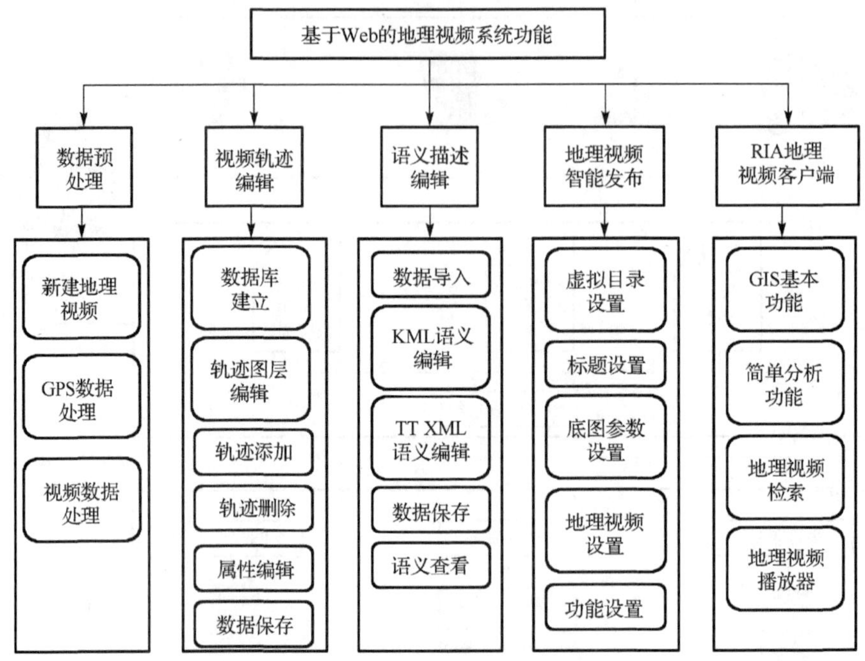

图 2.6　系统功能模块图

其中，地理视频预处理模块包括新建地理视频工程、GPS 数据处理、视频数据处理等功能；地理视频轨迹编辑包括视频轨迹数据库建立、轨迹图层添加、轨迹图层删除、轨迹添加、轨迹删除、属性编辑、属性查看、数据保存等功能；地理视频语义描述编辑包括数据导入、KML 语义描述编辑、TT XML 语义描述编辑、数据保存、语义描述查看等功能；地理视频智能发布模块包括虚拟目录设置、标题设置、底图参数设置、地理视频参数设置、功能设置等功能；RIA 模式地理视频客户端包括 GIS 基本功能、简单分析功能、地理视频检索功能、地理视频跟踪播放等功能。

1. 地理视频预处理

地理视频数据处理模块是用来处理地理视频原始数据的，地理视频原始数据包括视频影像原始数据及其对应的 GPS 轨迹数据。此模块可处理 GPX、NMEA、KML、CSV 等格式的 GPS 数据，以及 AVI、WMV、MPEG 等格式的视频数据。

首先，建立一个地理视频数据信息文件，其扩展名定义为.geov(自定义)，采用文本编码方式。其内容包括要处理的 GPS 轨迹数据及其对应视频数据的存储路径、GPS 轨迹数据格式、视频数据格式、数据采集时首帧本地日期时间及 UTC

时间，同时还包括视频的帧速、分辨率、视频时长、相机参数等信息。地理视频信息文件建立完成后，将其导入 GPS 数据处理模块，系统根据导入的地理视频信息文件读取要处理的 GPS 轨迹数据参数，生成时间匹配后符合地理视频数据模型的 KML 文档，并可在 Google Earth 中查看其视频轨迹。同时，将该地理视频信息文件导入视频数据处理模块，系统读取地理视频信息文件中相应的视频数据参数，将其转换为适于网络发布与传输的 FLV 格式，并可将其在 Adobe FMS 中发布得到 RTMP 视频流媒体服务，也可通过 HTTP 协议对其访问。

2. 地理视频空间元数据编辑

地理视频空间元数据用于描述地理视频的属性信息，如视频轨迹编号、视频轨迹名称、数据采集时间、编辑人、视频 URL、语义描述 URL 等。利用空间轨迹数据来描述地理视频元数据有两大优点，即可通过空间和属性两种方式来检索地理视频。其功能包括空间元数据库建立、地理视频图层添加、视频轨迹要素添加、视频轨迹属性编辑等。编辑完成后可将其保存为 MXD 地图信息文档，利用 ArcGIS Server 发布得到 WMS、WFS、KML 等标准空间数据服务，网络地理视频客户端可访问此空间数据服务，并能够读取其空间与属性信息，进而实现地理视频的空间和属性查询检索。

3. 地理视频语义描述编辑

地理视频数据预处理完成后，生成的 KML 视频描述数据只有时间和空间位置数据。为了让人们更形象、直观地认知视频影像中的场景内容，需对地理视频添加语义描述。该模块是在 Flex 框架下运用 Google Maps For Flex API 聚合视频流媒体服务、KML 描述服务以及 Google 地图服务，并集成地理视频播放器开发而成的。该地理视频播放器能够读取 KML 格式 GPS 轨迹，通过匹配 GPS 数据与视频数据的时间(秒/帧)，实时以字幕的形式显示当前视频播放时间及其对应的空间位置，并在地图上实时地显示当前视频帧所对应的位置。同时视频与地图之间可以相互索引，拖动播放器界面的拖放按钮，地图上的动态图标将跳至该视频帧所对应的空间位置，点击地图上相应的 GPS 轨迹点，视频播放器将跳至该点对应的视频帧位置。用户可通过观看视频、地图、遥感影像等来为地理视频添加语义描述内容。语义描述编辑完成后，用户可导出 KML 或 TT XML 两种格式语义描述文件，可将其存放在相应的虚拟目录下得到其网络 URL，或将多个语义描述文件包装为 Web 服务。

4. 地理视频智能发布

地理视频智能发布模块用来发布已编辑完成的地理视频数据。该模块集成了地理视频客户端模块，鉴于地理视频客户端内容较多，将在下节内容中作专门讨论。在地理视频智能发布模块下，通过设置地理视频客户端所需参数，如显示标题、空间数据服务参数、视频流媒体服务参数、语义描述服务参数等，最后将用户设置的各参数以 XML 配置文件的形式写在客户端对应位置。发布完成后，用户可在多种操作系统环境下利用安装有 Flash Player 的浏览器访问地理视频服务，同时可通过路线编号、路线名、关键地点等属性对地理视频进行模糊查找，也可以通过选择视频轨迹图层查找地理视频。

5. 地理视频客户端

RIA 模式的地理视频客户端是直接面向用户的表示层，用户利用安装有 Flash Player 的普通浏览器即可应用地理视频。本模块是基于 ESRI 公司发布的开源 Flex Viewer 浏览器进一步开发而成。其主要功能包括 GIS 基本功能、地理视频检索功能、地理视频播放器等，并将其与地理视频编辑与发布系统进行集成设计开发了地理视频智能发布向导模块。

(1) GIS 基本功能模块包括对地图的一些基本操作及简单的空间分析等功能，如地图的放大、缩小、全图、漫游、鹰眼、地图打印保存、图层控制、底图类型选择、添加删除标签、距离量测、面积量测等功能。

(2) 地理视频检索功能模块主要用于对地理视频的检索，包括空间与属性两种方式查询地理视频。用户可在搜索栏通过轨迹名称、轨迹编号、关键地点等多种属性对地理视频模糊查询，也可以通过地理视频的空间轨迹图层进行空间查询，查询结果以列表的形式显示供用户查看选择。

(3) 地理视频播放器是整个系统设计与开发的关键，地理视频不同于普通视频，地理视频播放的过程中不仅要求显示视频影像的内容，而且要求与地图、遥感影像等空间数据产生交互，使视频播放的当前视频帧与其对应的空间位置实现实时动态匹配，同时要以字幕的形式显示当前视频帧的空间位置或语义描述等属性。如何设计较为完善的地理视频播放器是一个难点，本系统中的地理视频播放器是在 Flex 框架下，结合 ArcGIS Server for Flex API，聚合视频流媒体服务、空间数据服务和语义描述 XML 服务，最终形成地理视频服务(图 2.7)。

本系统设计的地理视频播放器能够读取 KML/TT XML 等格式的语义描述文件，实时动态地在地图、遥感影像等空间数据相应图层显示当前视频帧对应的位置，并以字幕形式显示地理视频的语义描述信息。地理视频跟踪播放过程中可对其进行拖放，实时动态图标将跳至该拖放位置所对应的空间位置。同时，可通过选择视频轨迹的任意路段索引其对应的视频片段，地理视频播放器将跟踪播放此视频片段。设计地理视频播放器的过程中定义了视频 URL、语义描述 URL、空间位置、时间等公共属性，用户可以根据需要对其进一步扩展、调用或集成。当播放地理视频时，能够实时向外部传递空间位置和时间信息，进而实现与地图、遥感影像等的交互。另外，本地理视频播放器定义声明了 Web 服务标记，通过其 WSDL 属性可解析 WSDL 文档，获取地理视频服务的视频 URL、语义描述 URL、视频轨迹图层等参数信息，实现地理视频的交互应用。

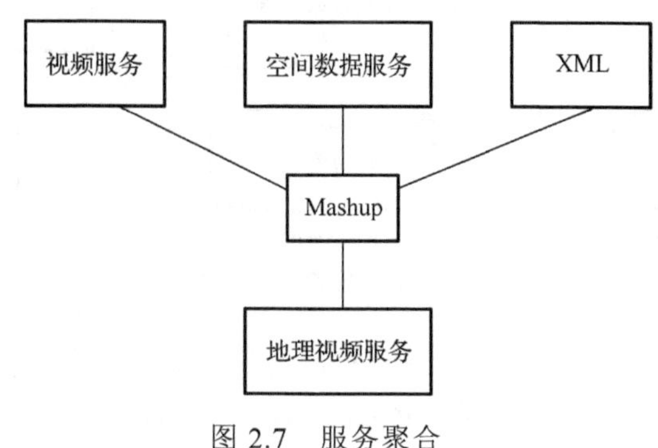

图 2.7　服务聚合

2.2.3　数据库设计

1. 系统数据库模型设计

数据是 GIS 系统的血液，视频 GIS 也不例外。本系统用到的数据包括空间数据、视频数据、视频语义描述数据等多种格式。如何组织、管理视频 GIS 数据是系统成功与否的关键。利用 ESRI 公司的 Geodatabase 面向对象空间数据库模型对空间数据进行存储、管理。对于视频数据可利用 Oracle 数据库的 InterMedia 模块管理，语义描述数据可利用支持 XML 数据类型的数据库系统来存储、管理。为验证地理视频数据在网络环境中的应用可行性，采用了文件的方式来管理视频数据与语义描述数据。多种数据库之间的关系图如图 2.8 所示，通过视频轨迹图层可定位该视频轨迹对应的视频数据与语义描述数据，从而建立视频数据及其描述数据之间的关联，或将其描述为 Web 服务供用户调用(图 2.8)。

2. 空间数据库设计

Geodatabase 是 ESRI 公司研发的一种建立在数据库管理系统(DBMS)基础之上的面向对象空间数据模型，采用标准关系数据库技术表达地理信息的数据模型，支持在标准的数据库管理系统表中存储和管理地理信息，支持多种数据库管理系统结构和多用户访问，并且大小可伸缩。Geodatabase 支持小型单用户数据库，同时支持工作组、部门和企业级的多用户数据库。

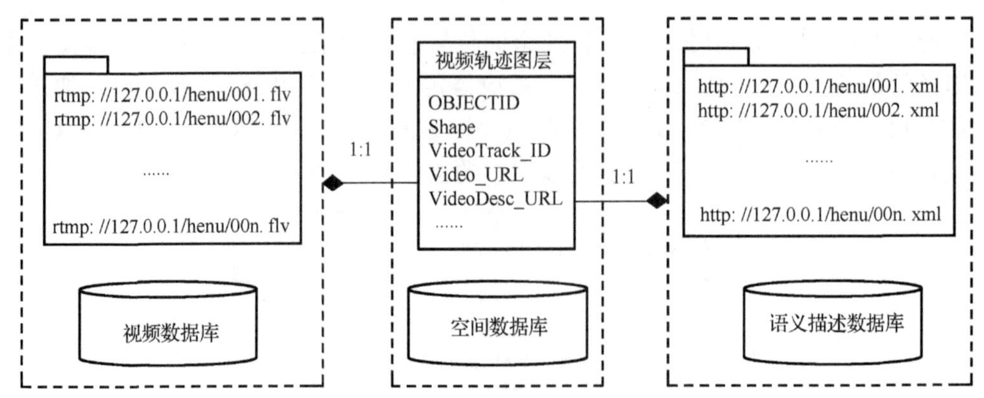

图 2.8　地理视频数据库模型图

本系统涉及的空间数据包括基础地理空间数据和视频轨迹图层空间数据，所有空间数据均利用 Personal Geodatabase 存储管理。基础地理数据除了做底图显示外无其他特殊要求，故不再对其详细赘述。地理视频轨迹图层不仅用于在底图中显示其空间轨迹，还可用来描述各地理视频的视频轨迹编号、视频 URL、语义描述 URL、途经地点等属性信息，可通过空间与属性两种方式对地理视频进行检索。地理视频轨迹存储为 Geodatabase 中的线状要素类(feature class)。每条地理视频轨迹相当于线型要素类中的某一线要素。其属性表字段设置如表 2.2 所示。属性表通过本空间数据库，可运用图形与语义两种方式查询地理视频。

表 2.2　视频轨迹线图层

字段名	类型	描述
OBJECTID	Integer	记录 ID 号
Shape	LongBinary	长二进制线对象
VideoTrack_ID	Text(25)	视频轨迹编号
VideoTrack_Name	Text(50)	视频轨迹名称
Record_Date	Text(50)	录制日期
Size	Float	视频文件大小(字节)
Duration	Float	持续时间(秒)
Video_URL	Text(128)	视频文件地址
VideoSemDesc_URL	Text(128)	语义描述 XML 地址
KeyPlaces	Text(128)	关键地点
Memo	Text(1024)	概述

地理视频轨迹图层编辑完成后，可通过 ArcGIS Server 等空间数据服务器发布，生成符合 OGC 等标准的 WMS、WFS、WCS、KML 等标准空间数据服务

(图 2.9)，将空间数据发布后得到多种标准格式的空间数据服务。用户可以根据需要调用所需的空间数据服务，访问空间数据，即可实现对地理视频轨迹的查询、检索、资源定位等。

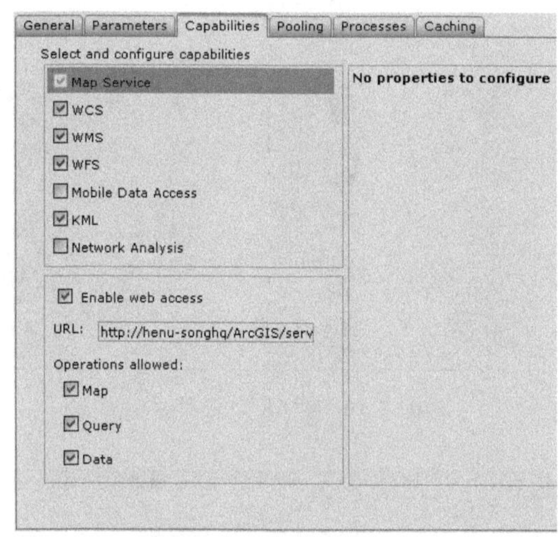

图 2.9　空间数据服务

3. 视频数据库设计

视频数据以文件的方式存储在相应位置，可以是服务器的虚拟目录，也可以是流媒体视频服务器的应用目录下，每个视频文件均对应一个视频网络 URL，通过该 URL 即可访问该视频，也可将多个视频文件描述为 Web 服务供用户访问调用。

视频数据处理完成后，将其放在 Adobe FMS 流媒体视频服务相应目录下，我们采用的是 FMS 2.0 版本，也可以用其他版本，如 3.5 版本等。安装完成后，安装目录下的文件及文件夹结构(图 2.10)，其中 applications 文件夹是用于建立视频服务应用的目录，本系统主要是在该目录下建立视频流媒体服务。

例如，在 applications 文件夹下建立 HENU/streams/_difinst_三级文件夹目录，即建立了一个视频流媒体应用目录，在该目录下若存储一个文件名为 henu.flv 的 FLV 视频文件，则访问该文件的 URL 为“rtmp://218.196.194.105/HENU/henu.flv”，其中“218.196.194.105”为该服务器的 IP 地址。

通过 FMS 的 Management Console 来管理视频流媒体服务(图 2.11)。包括视频流媒体服务的管理、账户密码管理及服务器设置管理。在界面下能够直观地查看视频流媒体服务信息，包括用户连接数目、服务目录、视频文件属性等信息，同时能够实时监测视频服务器运行状态，连接与断开服务器数据，服务器视频流质量及服务日志等信息。

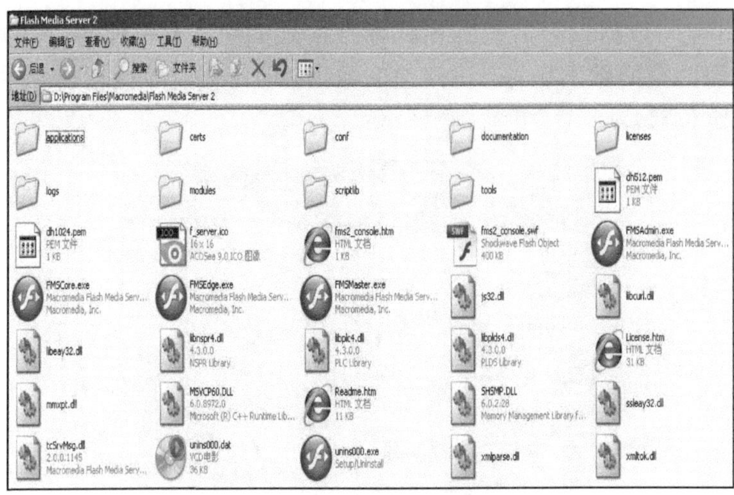

图 2.10　FMS 安装目录

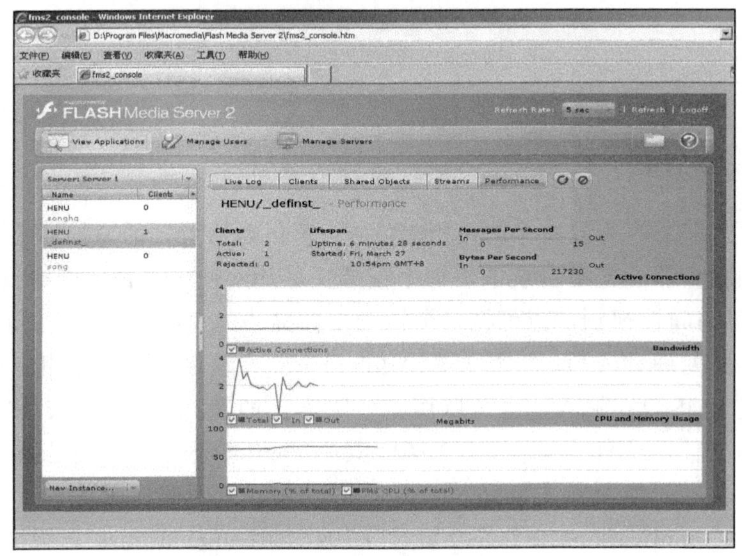

图 2.11　FMS 服务器管理

4. 语义数据库设计

语义描述文件用于描述地理视频的位置和语义描述信息，这里使用的语义描述文件是符合地理视频数据模型的 XML 格式，包括 KML 和 TT XML 两种格式，其中 KML 格式可在 Google Earth 中显示其轨迹(图 2.12)，TT XML 格式的语义描述文件结构(图 2.13)，当地理视频播放时读取其信息与地图等空间数据交换，并实时显示其语义描述字幕。

图 2.12　Google Earth 中 KML 视频轨迹显示

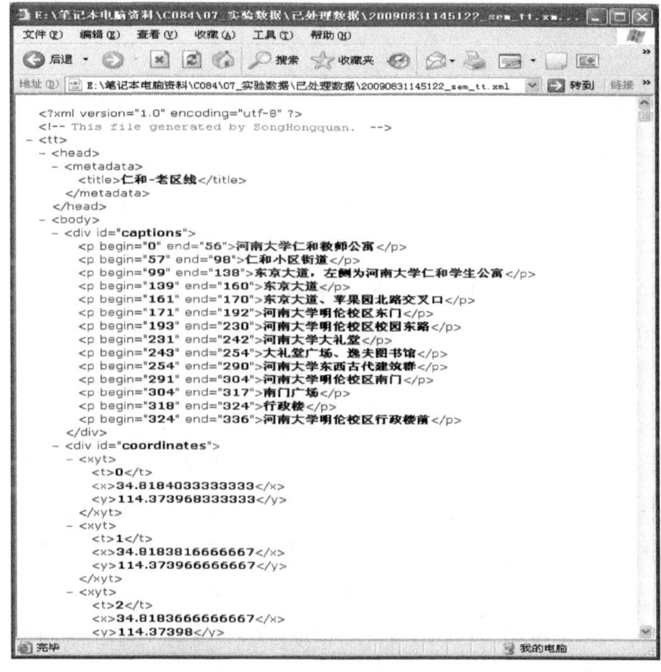


```
<?xml version="1.0" encoding="utf-8" ?>
<!-- This file generated by SongHongquan. -->
- <tt>
  - <head>
    - <metadata>
        <title>仁和-老区线</title>
      </metadata>
    </head>
  - <body>
    - <div id="captions">
        <p begin="0" end="56">河南大学仁和教师公寓</p>
        <p begin="57" end="98">仁和小区街道</p>
        <p begin="99" end="138">东京大道，左侧为河南大学仁和学生公寓</p>
        <p begin="139" end="160">东京大道</p>
        <p begin="161" end="170">东京大道、苹果园北路交叉口</p>
        <p begin="171" end="192">河南大学明伦校区东门</p>
        <p begin="193" end="230">河南大学明伦校区校园东路</p>
        <p begin="231" end="242">河南大学大礼堂</p>
        <p begin="243" end="254">大礼堂广场、逸夫图书馆</p>
        <p begin="254" end="290">河南大学东西古代建筑群</p>
        <p begin="291" end="304">河南大学明伦校区南门</p>
        <p begin="304" end="317">南门广场</p>
        <p begin="318" end="324">行政楼</p>
        <p begin="324" end="336">河南大学明伦校区行政楼前</p>
      </div>
    - <div id="coordinates">
      - <xyt>
          <t>0</t>
          <x>34.8184033333333</x>
          <y>114.373968333333</y>
        </xyt>
      - <xyt>
          <t>1</t>
          <x>34.8183816666667</x>
          <y>114.373966666667</y>
        </xyt>
      - <xyt>
          <t>2</t>
          <x>34.8183666666667</x>
          <y>114.37398</y>
```


图 2.13　TT XML 语义描述

我们采用文件的方式管理语义描述数据，将语义描述文件按一定的命名规则存放在某目录下，并设置该目录为虚拟目录(图 2.14)。设置完成后，每个地理视频语义描述文件对应唯一的网络地址，即可通过网络访问调用相应的语义描述文件。同时，也可将所有的地理视频语义描述文件描述为 Web 服务的方式供用户访问调用。

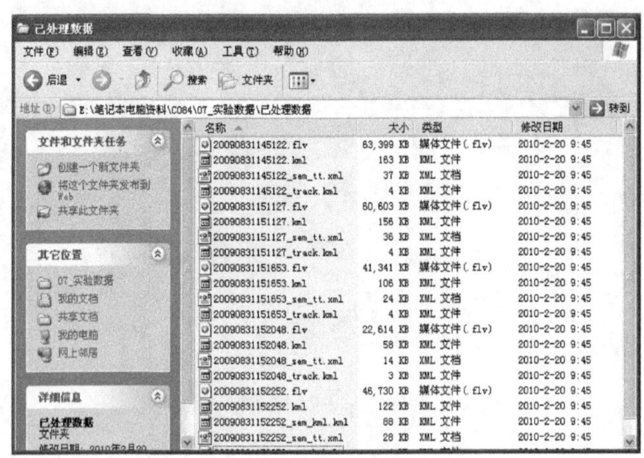

图 2.14　语义描述文件数据组织

2.2.4　系统实现

1. 地理视频编辑

1) 地理视频数据预处理

本系统的数据编辑模块是在微软.NET 框架下集成 Adobe Flex 框架下开发的 RIA 地理视频客户端模块完成的。采集完成后的地理视频原始数据包括视频数据和 GPS 轨迹数据。由于视频格式标准的多样性，如 AVI、WMV、MPEG 等，同样，GPS 数据也具有多种格式，如 NMEA、KML、GPX、CSV 等，因此需要对这些数据进行预先处理。处理完成后，分别生成适于网络传输的 FLV 视频文件，以及符合地理视频数据模型的 XML 文件。

首先，新建一个地理视频信息文件，用于地理视频原始数据的预处理。在系统的“文件”菜单下选择“新建地理视频”菜单项，弹出新建地理视频工程对话框(图 2.15)。分别导入要处理的 GPS 数据和视频数据，系统在数据参数区域提示用户 GPS 数据格式、视频数据格式、视频帧速、视频分辨率、视频时长等参数。数据导入完成后，在数据参数区域设置视频首帧采集时的本地时间和 UTC 时间，用于校正匹配视频时间及 GPS 数据接收时间，使其同步。参数设置完成后，设置地理视频信息文件要保存的路径，最后点击确定按钮生成地理视频信息文件。

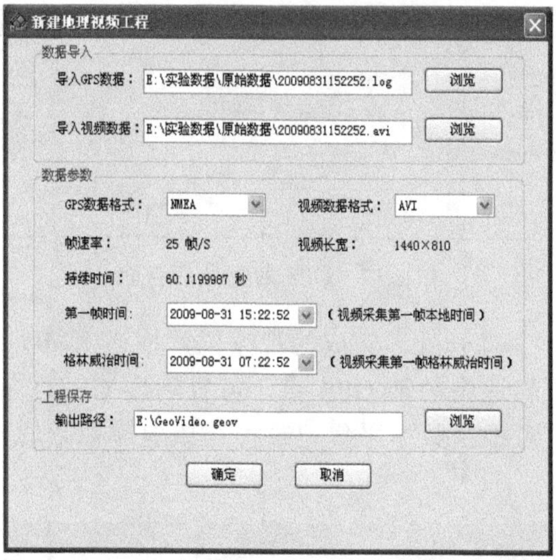

新建地理视频工程

数据导入

导入GPS数据：E:\实验数据\原始数据\20090831152252.log　浏览

导入视频数据：E:\实验数据\原始数据\20090831152252.avi　浏览

数据参数

GPS数据格式：NMEA　视频数据格式：AVI

帧速率：25 帧/S　视频长宽：1440×810

持续时间：60.1199987 秒

第一帧时间：2009-08-31 15:22:52（视频采集第一帧本地时间）

格林威治时间：2009-08-31 07:22:52（视频采集第一帧格林威治时间）

工程保存

输出路径：E:\GeoVideo.geov　浏览

确定　取消

图 2.15　新建地理视频信息文件

地理视频信息文件类似于遥感图像处理时的影像头文件，其中包含了要处理地理视频原始数据的一系列参数(图 2.16)。包括：GPS 数据存储路径、视频文件存储路径、GPS 数据格式、视频数据格式、视频采集时的本地时间及 UTC 时间等。处理 GPS 数据和视频数据时，导入地理视频信息文件，系统根据文件内容读取相应参数信息，并调用相应的代码模块。在 GPS 数据处理模块，导入地理视频信息文件(图 2.17)所示。系统根据路径设置，自动读取地理视频信息文件中 GPS 数据格式，调用相应 GPS 数据格式处理模块。以 NMEA 格式的 GPS 数据为例，介绍地理视频 KML 描述文件的生成，其他格式 GPS 数据的处理与此类似，故不再赘述。本系统能够处理 NMEA、GPX、KML 等多种格式的 GPS 数据。

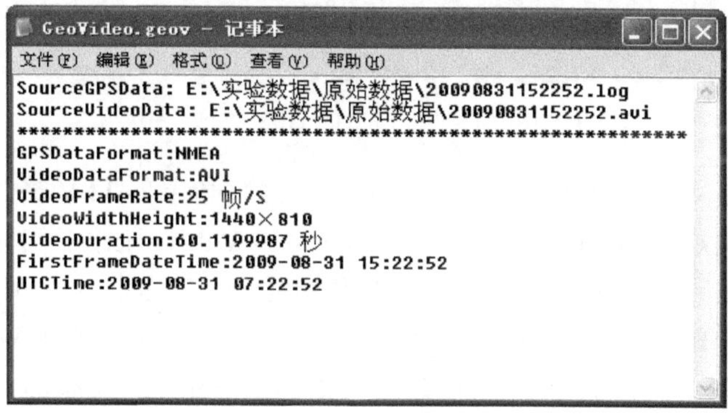
GeoVideo.geov - 记事本

文件(F)　编辑(E)　格式(O)　查看(V)　帮助(H)

SourceGPSData: E:\实验数据\原始数据\20090831152252.log
SourceVideoData: E:\实验数据\原始数据\20090831152252.avi
****
GPSDataFormat:NMEA
VideoDataFormat:AVI
VideoFrameRate:25 帧/S
VideoWidthHeight:1440×810
VideoDuration:60.1199987 秒
FirstFrameDateTime:2009-08-31 15:22:52
UTCTime:2009-08-31 07:22:52

图 2.16　地理视频信息文件

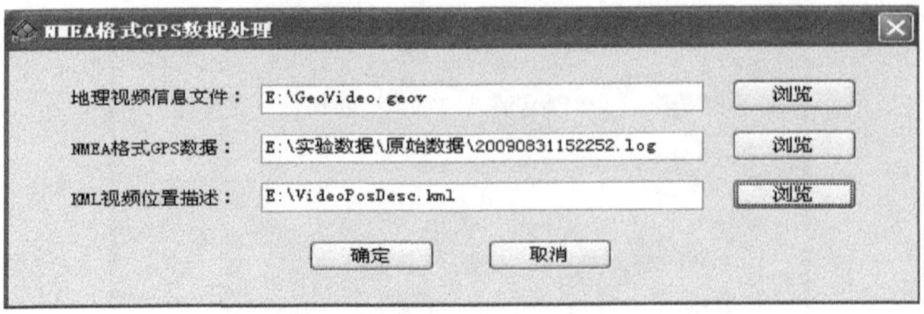

NMEA格式GPS数据处理
地理视频信息文件：
E:\GeoVideo.geov
浏览
NMEA格式GPS数据：
E:\实验数据\原始数据\20090831152252.log
浏览
KML视频位置描述：
E:\VideoPosDesc.kml
浏览
确定
取消

图 2.17　GPS 数据处理界面

在 Google Earth 中打开处理完成的视频位置描述 KML 文件，可查看其轨迹(图 2.18)，点击视频轨迹中的某 GPS 点，可看到该 GPS 点的经纬度、接收时间等信息。同时，用户可根据数据采集记录检查该地理视频轨迹是否正确，时间校正是否准确等信息。

16
经度：114.303405
纬度：34.8228566666667
接收时间：07:23:08
路线：到此处 - 从此处出发

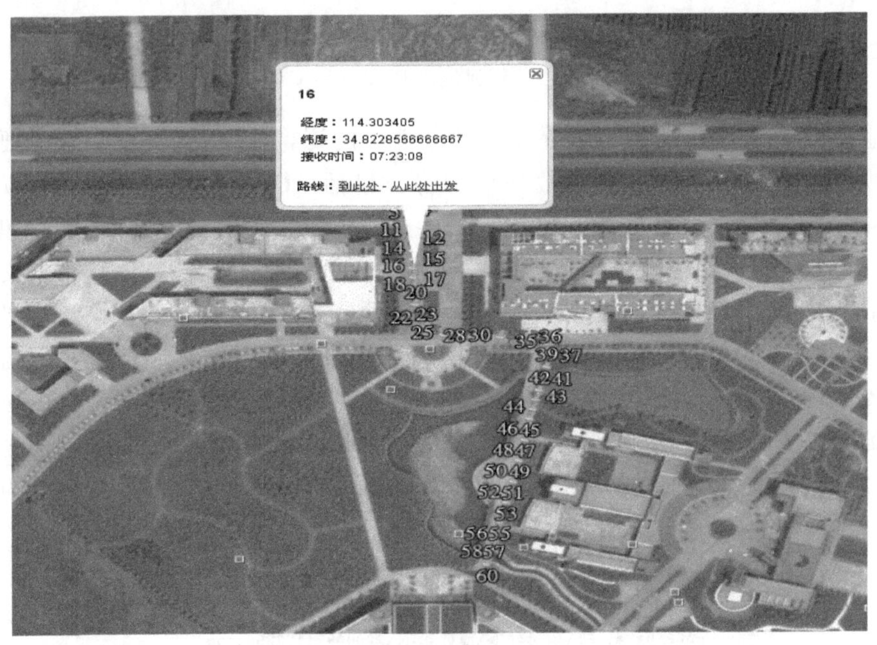

图 2.18　处理后的 GPS 数据

对原始视频文件的处理是将其转换为适于网络传输的 FLV 格式，该功能的实现是在系统中集成 FFMPEG 开源组件完成的。FFMPEG 是一套可以用来记录、转换数字音频、视频，并能将其转化为流的开源程序。它包括了目前领先的音/视频编码库。 FFMPEG 是在 Linux 下开发出来的，但它可以在包括 Windows 等在内的大多数操作系统中编译。此项目是由 Fabrice Bellard 发起的，现由 Michael Niedermayer 主持。能够简单地实现多种视频格式之间的相互转换，例如可以将相机拍摄的 AVI 等格式转换成目前大多数视频网站所采用的 FLV 格式。

视频格式转换模块的界面如图 2.19 所示，导入地理视频信息文件，并设置输出视频的参数，如压缩比特率、声音比特率、帧速、声道、分辨率等参数。参数设置完成后，点击“确定”按钮，系统读取地理视频信息文件中的原视频参数，并将输出视频的参数传递给 FFMPEG，对其参数进行设置，系统自动读取地理视频信息文件中的视频参数信息，并将其传递给 FFMPEG，从而实现视频格式的转换。

2) 地理视频语义描述编辑

地理视频语义描述编辑是指将地理视频根据其对应的地图、遥感影像、记录等内容增加易于用户理解视频场景内容的语言描述，以便用户更容易理解视频场景内容。本系统可编辑生成 KML 和 TT XML 两种格式的语义描述文件。KML 格式的语义描述文件用于在 Google Earth 中查看其空间轨迹，并可检查视频语义描述的准确性(图 2.20)。TT XML 格式的语义描述文件用于地理视频播放器读取，并实时地与地图、遥感影像等空间数据产生交互，同时能够实时地将地理视频的语义描述信息以字幕的形式显示。两种格式的编辑生成方式完全相同，因篇幅限制，只详细介绍 KML 格式的语义描述编辑。

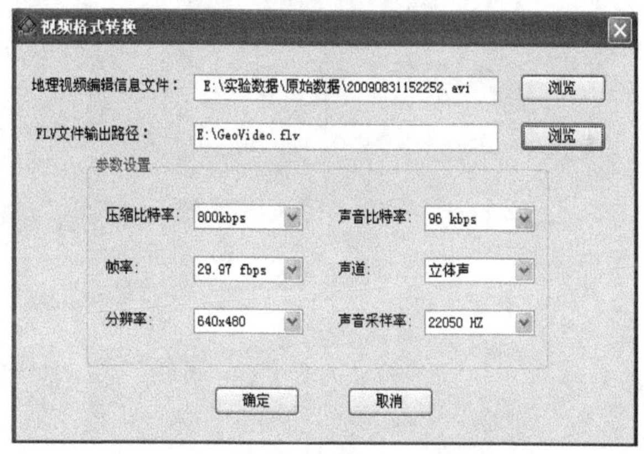

图 2.19　视频数据处理参数设置

KML语义编辑

KML视频描述文件路径：E:\VideoPosDesc.kml　浏览

FLV视频文件路径：E:\GeoVideo.flv　浏览

确定　取消

图 2.20　KML 语义描述编辑参数设置

在系统主界面的地理视频编辑菜单下选择 KML 语义描述编辑菜单项，弹出如图 2.20 所示的语义描述编辑参数设置对话框，分别导入生成的 KML 文件和 FLV 视频文件，并将 KML 内容导入 Microsoft Access 2003 数据库表，用于语义描述编辑的添加、修改和删除数据。数据导入成功后，弹出如图 2.21 所示的编辑界面，左侧区域为语义描述编辑的数据输入输出区，右侧区域为初始地理视频操作区。其中右侧区域是在 Flex 框架下，结合 Google Maps for Flex API，聚合 Google 地图服务、视频数据和视频位置描述 KML 数据，并集成 Flex 框架下开发的地理视频播放器开发而成，并将其编译成 swf 文件嵌入.NET 框架中的 WebBrowser 控件(图 2.21)。

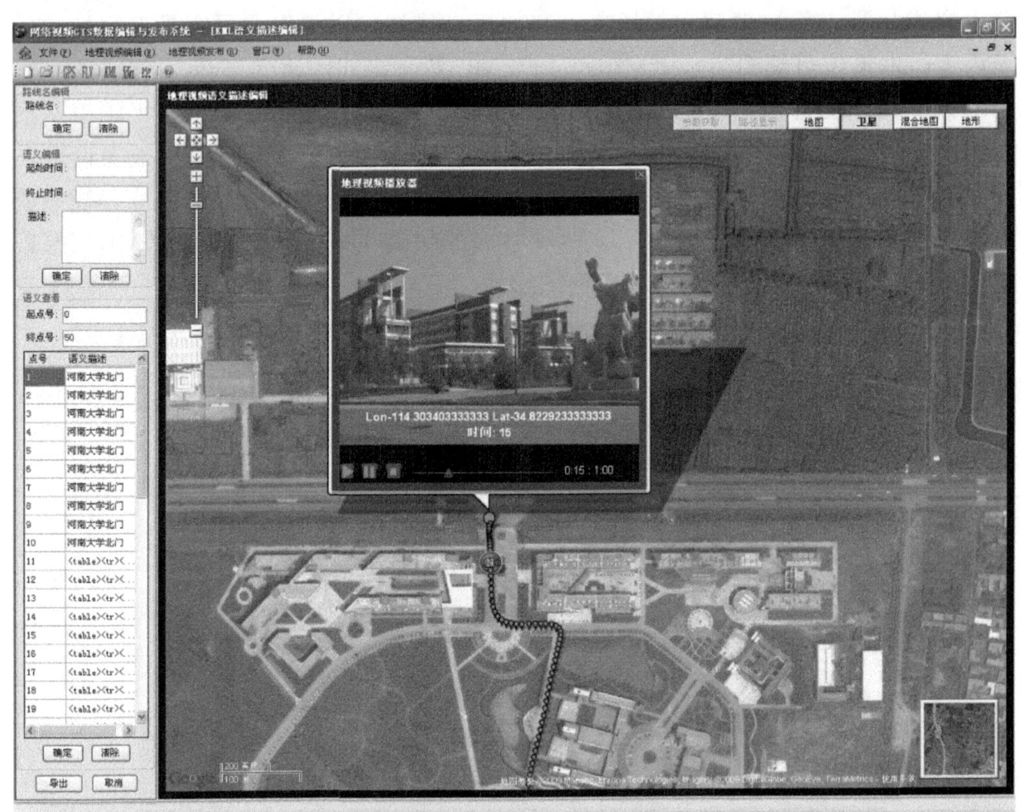

图 2.21　KML 语义描述编辑界面

用户可通过观看视频、遥感影像、地图及数据采集记录等信息，对视频片段所对应的地物实体内容添加语义描述，可编辑视频轨迹路线名、视频片段地理实体内容描述信息等，若发现编辑错误可对其进行修改。语义描述编辑过程中，对地理视频的位置描述、语义描述等所有信息均存放在系统的一个数据库表中

(图 2.22)。语义描述编辑完成后，可将其导出保存为 KML 语义描述文件。图 2.23 是 KML 文件语义描述前后在 Google Earth 中的显示界面，左侧为语义描述前，标签只显示经纬度和接收时间，右侧为语义描述后，标签显示为“河南大学北门”语义信息。对于 TT XML 语义描述的编辑由于篇幅限制，不再做具体介绍。

VideoPosDesc ：表

id	name	description	coordinates	beginT	endT
1	0	河南大学北门	114.30339833333	0	1
2	1	河南大学北门	114.30338333333	1	2
3	2	河南大学北门	114.30338, 34.82	2	3
4	3	河南大学北门	114.30338, 34.82	3	4
5	4	河南大学北门	114.30338166666	4	5
6	5	河南大学北门	114.30338333333	5	6
7	6	河南大学北门	114.303385, 34.8	6	7
8	7	河南大学北门	114.30338833333	7	8
9	8	河南大学北门	114.30339, 34.82	8	9
10	9	河南大学北门	114.30339333333	9	10
11	10	河南大学北门	114.30339666666	10	11
12	11	河南大学北门	114.30339833333	11	12
13	12	<table><tr><td>经度：114.3034</td></tr><tr><td	114.3034, 34.823	12	13
14	13	<table><tr><td>经度：114.3034</td></tr><tr><td	114.3034, 34.823	13	14
15	14	<table><tr><td>经度：114.303401666667</td></tr	114.30340166666	14	15
16	15	<table><tr><td>经度：114.303403333333</td></tr	114.30340333333	15	16
17	16	<table><tr><td>经度：114.303405</td></tr><tr><	114.303405, 34.8	16	17
18	17	<table><tr><td>经度：114.303408333333</td></tr	114.30340833333	17	18
19	18	<table><tr><td>经度：114.30341</td></tr><tr><t	114.30341, 34.82	18	19
20	19	<table><tr><td>经度：114.303413333333</td></tr	114.30341333333	19	20
21	20	<table><tr><td>经度：114.30342</td></tr><tr><t	114.30342, 34.82	20	21
22	21	<table><tr><td>经度：114.303435</td></tr><tr><	114.303435, 34.8	21	22
23	22	<table><tr><td>经度：114.30346</td></tr><tr><t	114.30346, 34.82	22	23
24	23	<table><tr><td>经度：114.303498333333</td></tr	114.30349833333	23	24
25	24	<table><tr><td>经度：114.303551666667</td></tr	114.30355166666	24	25
26	25	<table><tr><td>经度：114.303615</td></tr><tr><	114.303615, 34.8	25	26
27	26	<table><tr><td>经度：114.303681666667</td></tr	114.30368166666	26	27
28	27	<table><tr><td>经度：114.303751666667</td></tr	114.30375166666	27	28
29	28	<table><tr><td>经度：114.303825</td></tr><tr><	114.303825, 34.8	28	29
30	29	<table><tr><td>经度：114.303921666667</td></tr	114.30392166666	29	30
31	30	<table><tr><td>经度：114.30401</td></tr><tr><t	114.30401, 34.82	30	31

记录：40　共有记录数：63

图 2.22　KML 语义描述编辑时数据组织

(a) 语义描述编辑前

(b) 语义描述编辑后

图 2.23　KML 语义描述前后 Google Earth 标签显示

3）地理视频空间元数据编辑

此功能模块是在.NET 框架下集成 ArcGIS Engine 9.3 组件开发的。利用该模块可编辑地理视频轨迹的属性描述信息，如视频轨迹编号、视频轨迹名称、视频 URL、语义描述 URL 等。该模块可将 KML 轨迹数据自动导入 Geodatabase 中进行管理与编辑。其功能包括：空间数据库(personal Geodatabase)建立、视频轨迹图层添加、视频轨迹要素添加、视频轨迹属性编辑、视频轨迹图层删除、视频轨迹要素删除、属性查看等，其主界面如图 2.24 所示。下面对视频轨迹编辑进行介绍，不再介绍简单的空间数据库创建、图层添加等功能的实现。

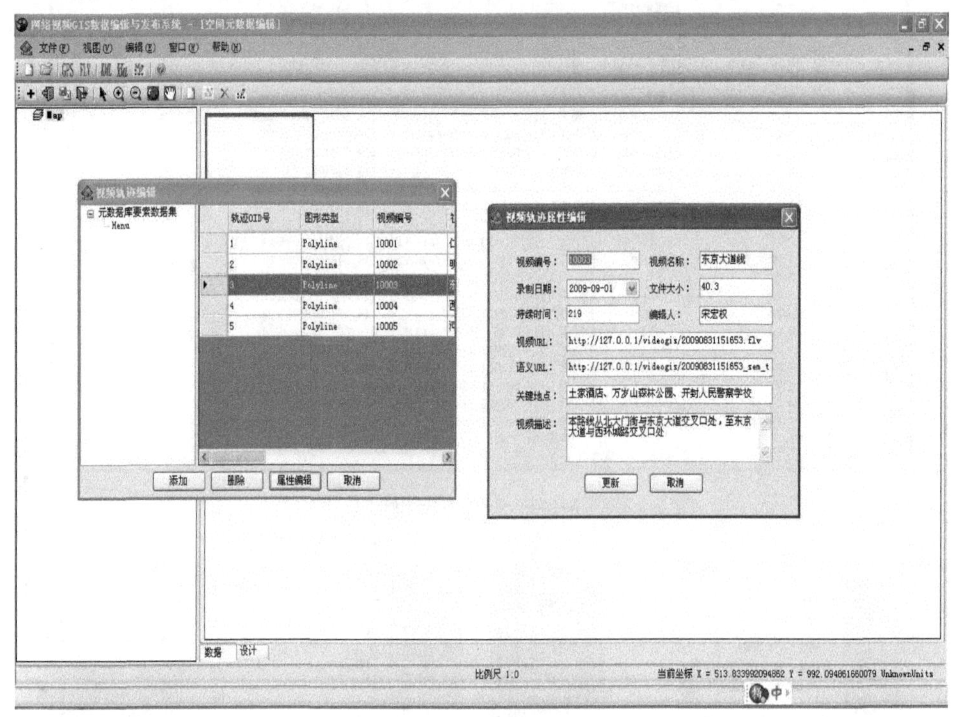

图 2.24　空间元数据编辑主界面

打开要编辑的空间元数据库，数据库中若存在已建好的视频轨迹图层，将会在如图 2.25 所示的视频轨迹编辑对话框左侧显示，点击相应的图层，右侧区域显示相应的属性信息。可通过下面的添加、删除等按钮对视频轨迹线要素进行添加或删除操作。当点击添加按钮时，选择要添加的 KML 轨迹文件，系统将执行以下代码自动读取处理该 KML 轨迹文件，将 KML 轨迹文件转化为线要素并自动导入 Geodatabase 空间元数据库中。执行完毕后，系统提示“您已成功添加视频轨迹！”，并将其显示在 MapControl 控件中(图 2.26)。

图 2.25　视频轨迹编辑

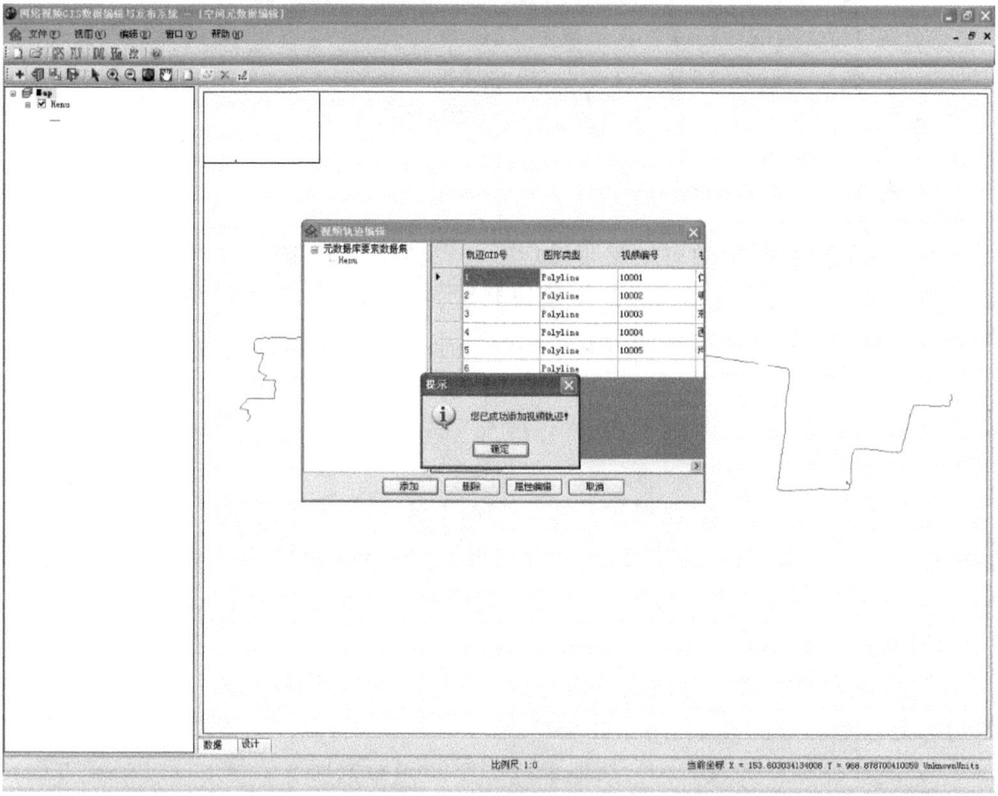

图 2.26　添加视频轨迹

视频轨迹添加完成后，要对其进行属性编辑，视频轨迹编辑对话框中选择要编辑的视频轨迹，点击属性编辑按钮，弹出视频轨迹属性编辑对话框(图 2.27)。分别输入或选择该视频轨迹的属性信息，点击属性编辑对话框中的更新按钮，Geodatabase 中的该视频轨迹的属性信息便更新为设置的属性信息。

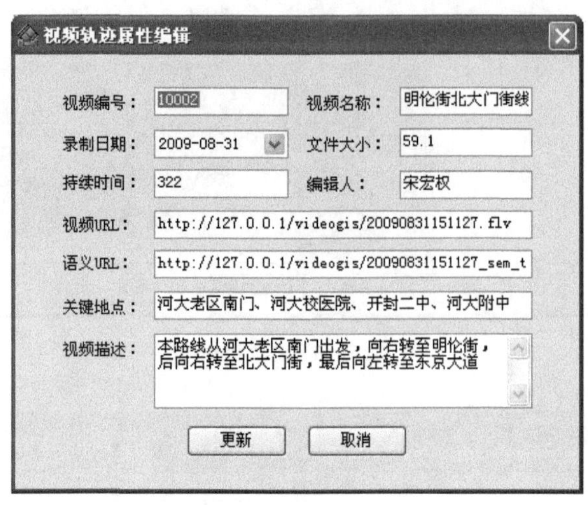

图 2.27　视频轨迹属性编辑

2. 地理视频发布模块

地理视频发布模块是用来发布处理好的地理视频数据的。该模块是在.NET 框架下集成 RIA 模式地理视频客户端模块开发而成。该模块能够智能地聚合多种网络服务，实现地理视频服务的分发。通过简单地设置虚拟目录路径、标题显示、底图参数、地理视频参数等，系统将自动根据用户设置将各参数生成 XML 配置文件，并存放在客户端虚拟目录相应位置，进而实现地理视频服务的发布(图 2.28)。

在系统主界面的“地理视频发布”菜单下选择“地理视频发布”菜单项，弹出地理视频智能发布向导(图 2.28)。分别根据提示设置所需参数，包括以下几步：

(1)地理视频客户端要发布的路径、虚拟目录名称设置(图 2.28(a))。

(2)客户端界面的主标题、子标题设定。

(3)底图参数设置，包括底图服务地址、可控制底图服务地址、底图类型、底图初始显示范围等的设定(图 2.28(b))。

(4)地理视频参数设置，包括地理视频空间元数据服务设置、地理视频查询设置等(图 2.28(c))。

(5)其他功能设置，如量测功能、鹰眼功能等(图 2.28(d))。

(a) 虚拟目录设置

(b) 底图参数设置

(c) 地理视频参数设置

(d) 功能参数设置

图 2.28　地理视频智能发布向导

(6) 完成发布，查看设置的所有参数，若发现有误或想修改，可对其进一步修改，若无误，点击完成按钮即可完成地理视频服务的发布。

在完成地理视频发布时，地理视频智能发布向导中设置的参数，将自动地以 XML 配置文件形式写在 RIA 模式地理视频客户端发布路径相应目录下，客户端将读取配置文件，实现地理视频服务的发布。完成后，用户可在安装有 Flash Player 的多种操作平台下访问应用地理视频。

3. *地理视频客户端*

地理视频客户端是直接面向最终用户的表示层。我们采用 RIA 模式开发地理视频客户端，在 Adobe Flex 框架下，基于 ESRI Flex Viewer 开源地图浏览器，结合 ArcGIS Server API for Flex，运用 RIA、Mashup、Web 服务等技术开发而成。地理视频客户端主要分为 GIS 基本功能模块、地理视频检索模块和地理视频播放器三部分。本节主要讨论地理视频播放器的设计与实现。

RIA 模式的地理视频客户端主界面如图 2.29 所示，界面中共有四个功能按钮，从左至右依次为地图控制、工具、地理视频工具、帮助等，当鼠标在菜单上停留时系统将弹出相应的下拉菜单。其中，地图控制菜单包括地图放大、地图缩小、全景、移动、图层控制、鹰眼查看等功能菜单项；工具菜单包括查找、量测、要素识别、标签、地图打印等功能菜单项；地理视频工具菜单包括地理视频查找、地理视频查看、地理视频跟踪播放等菜单项；其他菜单包括帮助、主页连接转换、关于等菜单项。下面对地理视频客户端的主要功能实现做简要介绍。

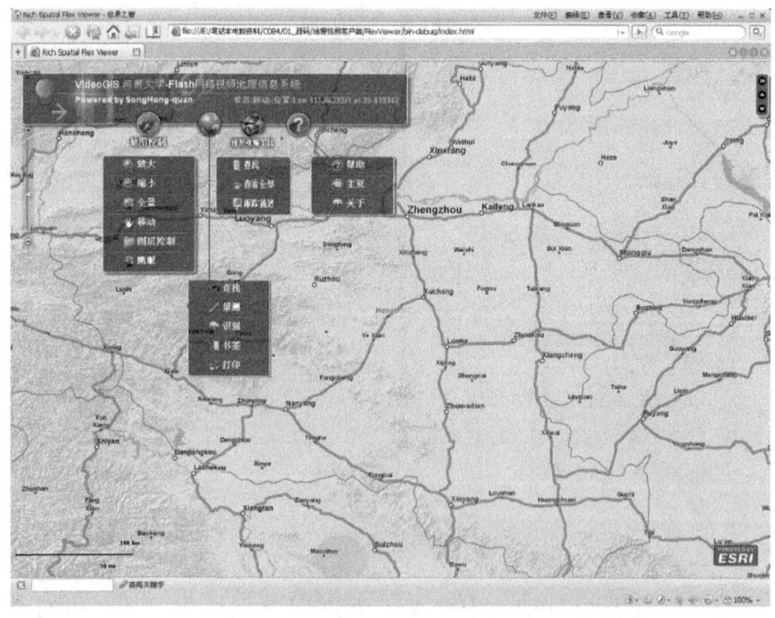

图 2.29　RIA 模式客户端主界面

下面简要介绍地图图层控制、地图打印保存、标签添加删除等功能的操作界面。限于篇幅，其功能代码不再做详细阐述。图 2.30 为图层控制功能界面，利用该模块可控制活动地图图层的显示与否。图 2.31 为地图打印功能界面，可以对当前视图的地图进行打印。图 2.32 为书签管理界面，利用书签可以方便快捷地跳至用户想要查看的视图范围，点击该界面右上角的添加书签按钮，输入“环境与规划学院”，点击添加标签按钮，即可把当前地图视图范围记录下来，界面跳至图 2.32(a)右所示，点击该书签地图将切换至该视图范围。

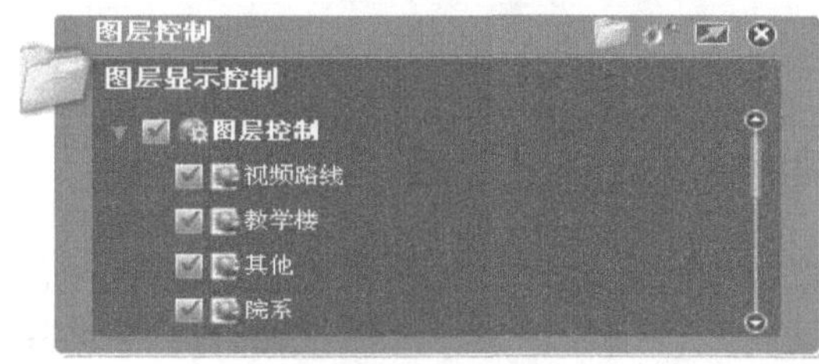

图 2.30　图层控制功能

图 2.31　地图打印功能

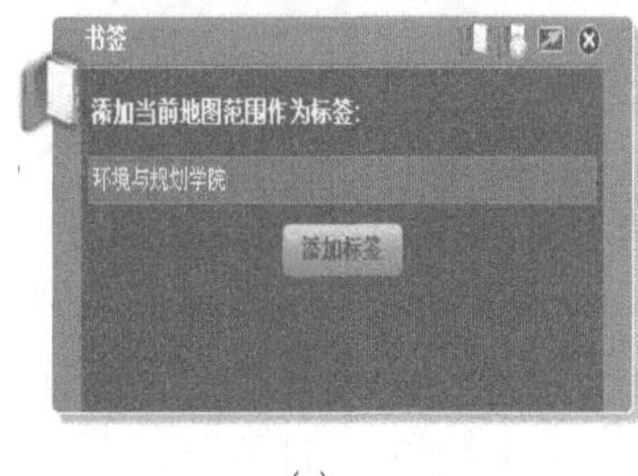

(a)

(b)

图 2.32　书签管理模块

量测功能包括长度和面积量测，如图 2.33(a)所示，选择显示量测结果，定义距离单位，面积单位等参数。在量测工具中可选择多段线、任意直线、多边形、任意多边形等。选择多段线，在地图中绘制多段线，双击结束，所绘制线段上端显示该线段的长度(图 2.33(c))。

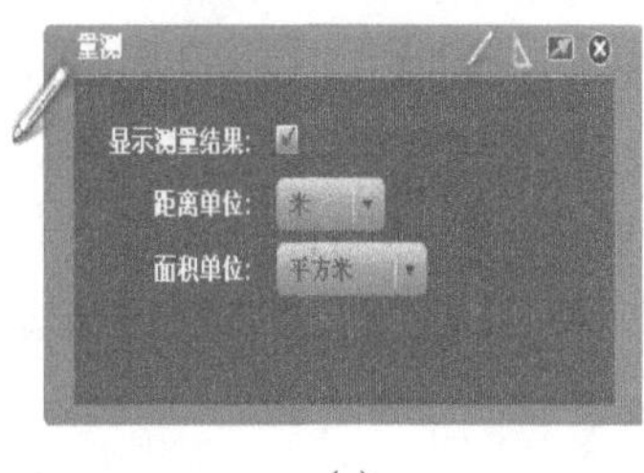

(a)

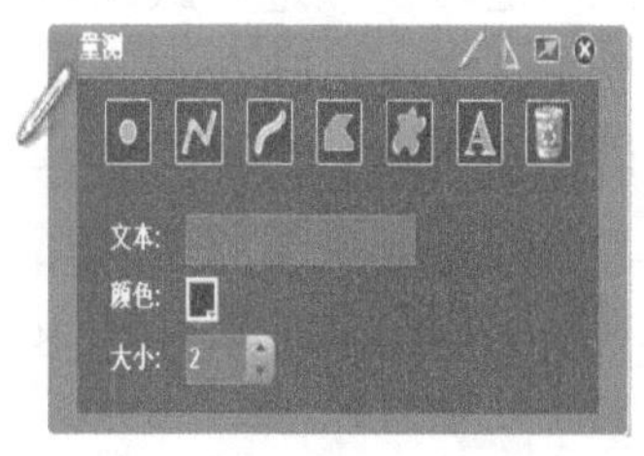

(b)

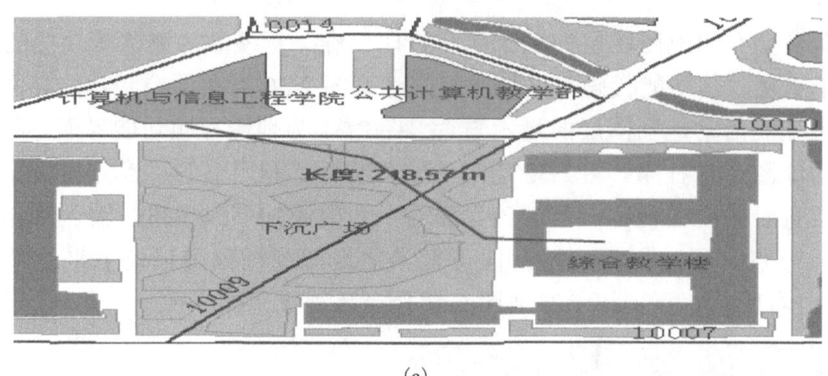

(c)

图 2.33　量测功能

地理视频不同于普通视频，播放地理视频时需读取相应视频帧对应的空间信息，并将其与地图、遥感影像等空间数据交互。拖放视频，地图或影像上的动态图标将跳至视频帧对应的位置，同时当在地图上点击视频轨迹上某点或选择任意路段时，地理视频播放器将播放从该点开始或所选路段对应的视频片段，即能够实现视频与空间数据交互索引。

在 Flex 框架下开发地理视频播放器组件，能够根据视频 URL、语义描述 URL 属性整合视频数据和语义描述 XML 数据，实时地与空间数据交互。

地理视频播放器 widget 模块的界面如图 2.34 和图 2.35 所示。地理视频检索完成后，播放器的最上端显示符合检索条件的地理视频列表。中间部分为地理视频播放显示窗口，在显示窗口的左上角显示当前视频轨迹的名称，显示窗口下方显示其语义描述信息。屏幕显示窗口下方为地理视频播放进度，在两端分别显示当前播放时间与总时间。进度条下方的按钮栏从左至右分别为：轨迹显示控制按钮、空间索引按钮、停止按钮、暂停按钮、循环播放按钮、清除选择路段按钮、字幕显示控制按钮。最下方为地理视频检索区域，可通过多个字段进行模糊查找，查找结果以列表的形式显示在最上方，并显示其对应的属性信息，用户可以根据需要选择所需的地理视频进行跟踪播放。

地理视频播放时，实时动态地在地图上显示当前视频帧对应的空间位置，并将其对应的语义描述信息显示为字幕。在地理视频跟踪播放过程中，可对其进行拖放，地图上图标将跳至拖放时刻视频帧对应的空间位置。同时，可以对地理视频进行空间索引视频片段，选择视频轨迹任意路段，地理视频播放器将播放浏览所选路段对应的视频片段(图 2.35)。

图 2.34　地理视频跟踪播放

为了证明本系统运行的可行性和稳定性，作者采集了河南大学明伦校区及金明校区道路两旁视频影像与 GPS 轨迹，构建了河南大学网络视频地理信息系统(图 2.36)。采集数据所用工具包括：GPS 接收机(HOLUX M-241)、相机(Nokia N96 Mobile Phone)。数据采集完毕后，利用本书基于地理视频数据模型设计开发的网络视频 GIS 软件，从地理视频数据处理、数据编辑、发布到调用，均可达到预期目的。进一步证明了本系统的实用性，同时证明地理视频在网络环境中应用是可行的。

通过实际数据的验证可以看出，将视频数据与 GPS 空间位置数据集成生成地理视频，并可在网络环境下发布供用户访问，在多个领域具有应用前景，如公路、铁路、河流等线性设施的可视化管理，同时，在旅游宣传、生活场景描述、视频监控、地理教育等领域具有推广和普及价值。

图 2.35　地理视频空间索引

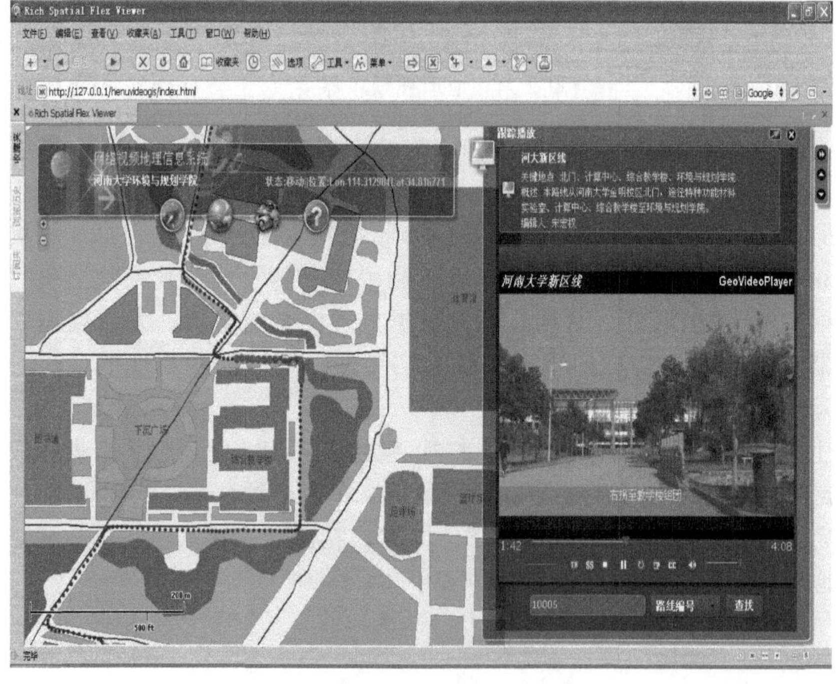

图 2.36　实例验证

2.3　地理视频对三维地理场景的增强

目前对视频与 GIS 的集成研究是将视频作为空间数据的属性，或将其与 GPS 数据融合实现视频与二维电子地图的交互，但将视频与三维 GIS 的交互、融合研究较少，不能有效利用视频本身丰富的信息。本章节利用视频分割、相机跟踪(camera tracking)、聚合(mashup)等技术在网络环境下进行视频与三维地理场景之间的交互与融合，以实现基于地理视频的三维地理场景增强表达，并通过实验验证其可行性。

2.3.1　三维地理视频数据模型

基于 2.1 章节的地理视频数据模型，将其扩展至三维，其实体-关系如图 2.37 所示。视频具有多种格式和标准，但均可将其抽象为视频片段与视频帧，视频片段由多个连续的视频帧组成。视频片段具有对应的相机轨迹，视频帧图像具有对应的相机位置与姿态，为视频片段添加元数据描述可用于视频片段的语义检索，对视频帧图像中的地理实体进行描述可实现视频帧的语义检索。利用文本、KML/XML、关系数据库等，描述相机轨迹、相机位置与姿态、三维地理场景的镜头位置与姿态以及三维地理实体之间的关系，建立视频与三维地理场景之间的时空/语义映射关系，将视频的真实表达与三维地理场景的抽象表达相结合，以期实现基于视频的地理场景增强表达，从而在一定程度上克服传统 GIS 的抽象与静态表达特性。

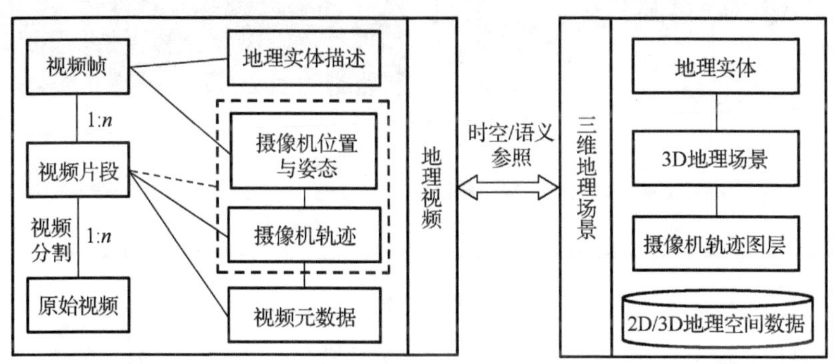

图 2.37　地理视频数据模型

2.3.2　三维地理视频数据处理与组织

基于地理视频数据模型，对采集的视频数据和 GPS 数据进行处理。首先，通过时间信息对 GPS 数据和视频数据进行配准，根据相机运动和空间位置信息进行视频分割，视频分割是指将视频序列按一定标准分割成多个视频片段的操作(任菲等, 2009)。相机拍摄视频时具有平移、缩放、旋转及静止等不同的运动状态，为恢复相机的内外参数，不同运动状态的视频片段具有不同的处理方式，故将视频根据相机的运动状态分割成不同类型的视频片段。同时将 GPS 数据分割成与视频片段对应的轨迹片段。

相机跟踪技术是利用计算机视觉领域的运动恢复结构(structure from motion，SFM)等技术，通过对相机拍摄的图像序列或视频进行特征点检测、特征点匹配、相机自标定等处理，分析视频或图像序列中物体的运动，完成相机内外参数的求解及场景三维结构的恢复。由于相机跟踪技术无法处理静止状态的视频片段，固本实验只处理具有平移运动或同时具有平移、缩放及旋转运动的视频片段。我们利用自动相机跟踪软件(automatic camera tracking system，ACTS) (Dong et al., 2009)对视频片段进行相机参数求解。对视频片段进行相机跟踪处理后，可得到相机在整个运动过程中的姿态变换参数，以及相机坐标系下的相机运动轨迹(图 2.38)，其中，左侧为特征点检测与匹配，右侧为求得的相机运动轨迹与姿态变换参数。

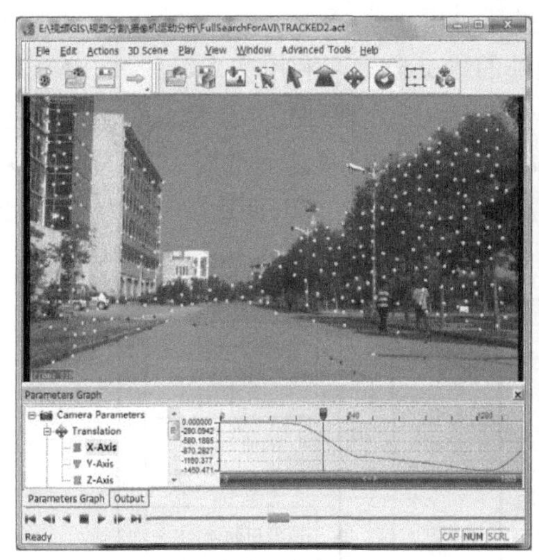

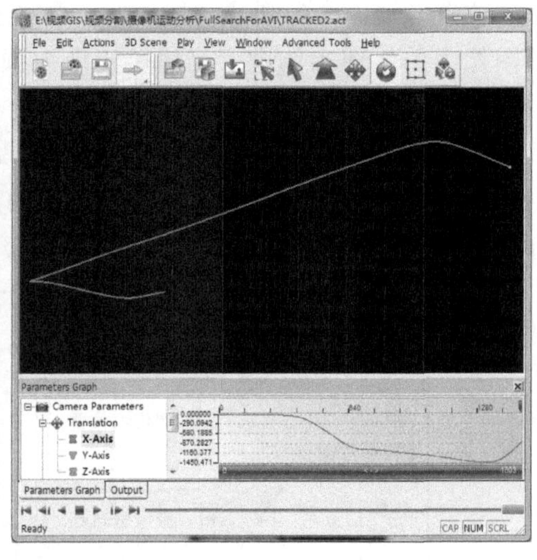

图 2.38　相机跟踪

相机跟踪求解完成后，基于地理视频数据模型，利用 KML 文档描述相机姿态、相机位置、相机轨迹及三维场景中虚拟镜头位置与姿态之间的关系。在 KML 2.2 版本中，增加了新元素 <Camera>，它提供了一种能够指定虚拟镜头(观察者视点)与相关视图参数的方法来查看 3D 场景。下面简要说明如何利用 KML 描述各参数之间的关系，例如：

```
<?xml version="1.0" encoding="UTF-8"?>
<kml mlns=http://www.opengis.net/kml/2.2
```

```
xmlns:gx="http://www.google.com/kml/ext/2.2">
<Document><name>视频片段 1.flv</name>
<gx:Tour><gx:Playlist><gx:FlyTo>
<gx:duration>1.0</gx:duration>
<Camera>
<longitude>114.3033817</longitude>
  <latitude>34.82331667</latitude>
  <altitude>1.5</altitude>
<heading>179.904546</heading>
  <tilt>45.00884</tilt>
<roll>-0.032959</roll>
</Camera>
</gx:FlyTo>…
</gx:Playlist></gx:Tour>
<Folder>
<Placemark><name>相机轨迹</name>
 <LineString><coordinates>
114.303, 34.823, 0 114.303, 34.824, 0... </coordinates></LineString>
</Placemark></Folder></Document></kml>
```

如图 2.39 所示，KML 文档的<Camera>中元素的意义分别解释如下：<longitude>为虚拟镜头的经度；<latitude>为虚拟镜头的纬度；<altitude>为镜头距地表的距离(以米表示)；<heading>为镜头绕 *Z* 轴旋转的角度(方位角，以度表示)，其范围为 0°～360°；<tilt>为镜头绕 *X* 轴旋转的度数，值为 0°表示视线垂直俯瞰场景，值为 90°表示视线朝向地平线，大于 90°表示视线上指天空；<roll>为镜头绕 *Z* 轴的第二次旋转。其旋转变换顺序为，首先沿 *Z* 轴转换到 <altitude>高度，然后利用<heading>绕 *Z* 轴旋转，接着按<tilt>值绕 *X* 轴旋转，最后利用<roll>值绕 *Z* 轴进行第二次旋转，从而完成镜头的变换操作。

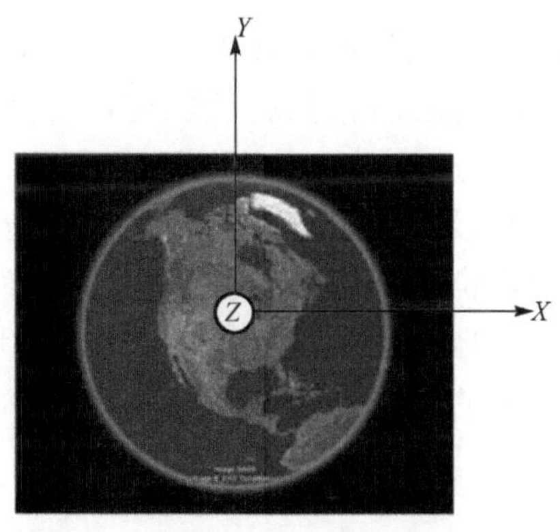

图 2.39　三维地理场景中虚拟镜头示意

2.3.3 原型系统

系统包括数据采集、数据处理、数据服务与应用四部分(图 2.40)。具体为：①利用相机和 GPS 接收机分别采集视频和 GPS 数据；②对原始视频进行视频分割、SFM 相机跟踪等，基于地理视频数据模型，利用 KML 描述相机位置、相机轨迹、相机姿态，以及三维地理场景中虚拟镜头位置与姿态等参数之间的时空映射关系；③基于 Web 服务将视频片段、KML 描述文档发布；④利用 Mashup 技术聚合三维地理空间数据服务、视频流媒体服务及 KML 文档服务，从而实现网络环境下基于视频的三维地理场景增强表达。其中，Mashup 技术是将互联网上的不同资源整合到一起实现新的应用。

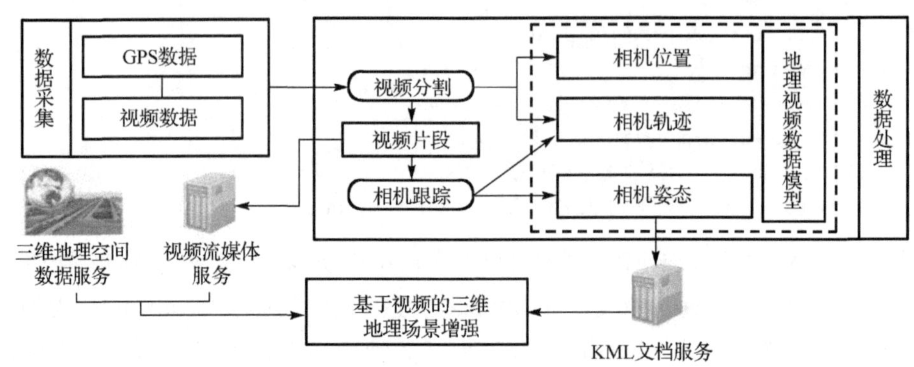

图 2.40 系统流程

通过数据采集、数据处理等操作，将视频片段、KML 文档等以 Web 服务方式发布，利用 JavaScript 脚本语言，结合 Google Earth API 开发专用地理视频播放器，聚合 Google Earth 三维空间数据服务、视频流媒体服务与 KML 文档服务，最后实现基于视频的三维地理场景增强表达(图 2.41，图 2.42)。图 2.41 为视频与三维地理场景交互界面，其中，左侧为 Google Earth 三维地理场景，其中的线条为视频片段对应的相机运动轨迹，右侧为视频播放界面。点击视频播放按钮，即实现视频与三维地理场景的交互，三维地理场景将实时以视频帧对应的相机位置与姿态设置虚拟镜头参数。任意拖放选择视频帧，三维地理场景将以该帧对应的相机位置与姿态设置虚拟镜头参数；同理，选择左侧相机轨迹时间轴某位置，三维地理场景以此位置对应的相机姿态设置虚拟镜头，视频播放器播放该位置对应的视频帧，即实现了视频帧与三维地理场景的交互索引查询操作。

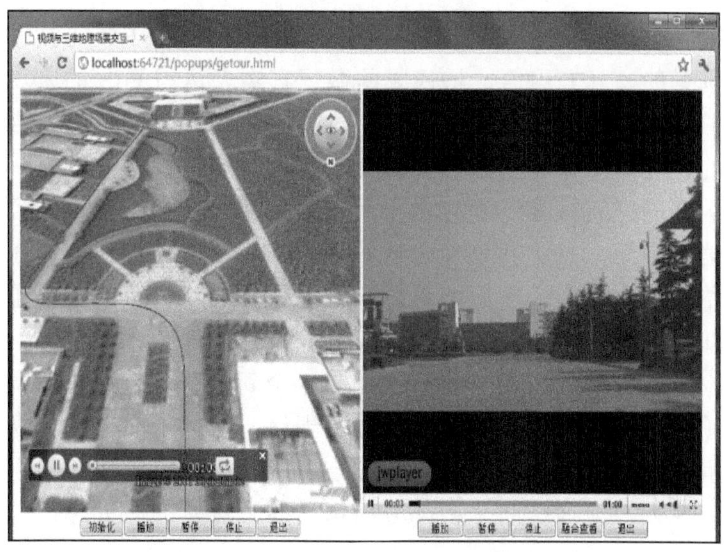

图 2.41　视频与三维地理场景的交互

根据视频帧对应的相机位置与姿态，在三维地理场景中模拟相机成像过程，即可将视频图像在三维地理场景中以其对应的相机姿态融合显示，实现图像与三维地理场景的融合。视频播放过程中，点击融合查看按钮(图 2.42)，可重现当前播放视频帧在三维地理场景中的三维位置与姿态，使人们更直观地认知地理环境。

图 2.42　视频与三维地理场景的融合

实验表明，基于扩展的三维地理视频数据模型，利用SFM等技术可实现视频与三维地理场景的交互与融合。将视频的微观真实表达与GIS的宏观抽象表达相结合，克服了传统二维GIS的抽象性及三维GIS的虚拟性，使空间数据的抽象性与视频数据的直观、形象等特点相互补充。空间数据对视频的补充，使人们更好地理解视频数据的空间特征；视频对空间数据的补充，更易于人们利用视频认知对应的真实地理空间，身临其境地去认知地理环境，充分体现了侧面看世界与高空看世界相结合的优越性。本原型系统只是基于Google Earth验证了数据模型的可行性，对其进一步扩充，可应用于突发公共事件管理、应急指挥、智能交通、设施管理、旅游宣传等领域。视频GIS还是一个新的研究领域，本章仅介绍了网络环境下视频与三维地理场景的交互与融合表达，但远未充分利用视频中丰富的信息，在可量测视频三维场景重构、视频与多源地理数据的集成与表达、地理增强现实、基于视频的地理空间分析等方面都需要更深入的研究。

参 考 文 献

丰江帆，张宏，沙月进. 2007. GPS车载移动视频监控系统的设计. 测绘通报，(2): 52-54

韩志刚，孔云峰，秦耀辰. 2011. 地理表达研究进展. 地理科学进展，30(2): 141-148

孔云峰. 2007. 一个公路视频GIS的设计与实现. 公路，(1): 119-121

孔云峰. 2009. 地理视频数据模型及其应用开发研究. 地理与地理信息科学，25(5): 12-16

孔云峰. 2010a. 地理视频数据模型设计及网络视频GIS实现. 武汉大学学报(信息科学版)，35(2): 133-137

孔云峰. 2010b. 基于Web服务的地理超媒体系统设计开发与应用. 地球信息科学学报，12(1): 76-82

李郁峰，朱金陵. 2004. 铁路线路视频数据采集系统设计与开发. 铁路计算机应用，13(12): 4-6

林珲，黄凤茹，鲁学军，等. 2010. 虚拟地理环境认知与表达研究初步. 遥感学报，14(4): 822-838

任菲，刘学军，丰江帆，等. 2009. 基于空间信息辅助的视频分割研究. 计算机应用研究，26(4): 1546-1548

宋宏权，孔云峰. 2010a. Adobe Flex框架中的视频GIS系统设计与开发. 武汉大学学报(信息科学版)，35(6): 743-746

宋宏权，孔云峰. 2010b. Flex框架下网络视频GIS设计与实现. 测绘科学，35(5): 208-210

唐冰，周美玉. 2001. 基于视频图像的既有线路地理信息系统. 铁路计算机应用，10(11): 31-33

吴勇，刘学军，赵华，等. 2010. 可定位视频采集方法研究. 测绘通报，(1): 24-27

Berry J K. 2000. Capture 'where' and 'when' on video-based GIS. GeoWorld, 13(9): 26-27

Dong Z, Zhang G, Jia J, et al. 2009. Keyframe-based real-time camera tracking//IEEE International Conference on Computer Vision, Kyoto, Japan: 1538-1545

Hwang T H, Choi K H, Joo I H, et al. 2003. MPEG-7 metadata for video-based GIS applications//International Geoscience and Remote Sensing Symposium, Toulouse, France: 3641-3643

Joo I H, Hwang T H, Choi K H. 2004. Generation of video metadata supporting video-GIS integration//International Conference on Image Processing, Singapore: 1695-1698

Lee S Y, Choi K H, Joo I H, et al. 2006. Design and implementation of 4S-Van: A mobile mapping system. ETRI Journal, 28 (3): 265-275

Lee S Y, Kim S B, Choi J H. 2003. 4S-Van: A prototype mobile mapping system for GIS. Korean Journal of Remote Sensing, 19(1): 91-97

Lippman A. 1980. Movie maps: An application of the optical videodisc to computer graphics//ACM SIGGRAPH Computer Graphics, 14(3): 32-43

Navarrete T, Blat J. 2002. VideoGIS: Segmenting and indexing video based on geographic information//Agile Conference on Geographic Information Science, Mallorca, Spain: 1-9

Pissinou N, Radev I, Makki K. 2001. Spatio-temporal modeling in video and multimedia geographic information systems. GeoInformatica, 5(4): 375-409

第 3 章　监控视频数据地理空间化方法

3.1　基 础 理 论

3.1.1　相机模型

相机模型是对成像过程的建模，主要依据光学成像中的几何关系来构建，最简单的相机模型是针孔模型(pin-hole model)。当拍摄时，视域内的物点通过“针孔”投射到像平面上，物点、像点和针孔三点共线，如图 3.1，物点 P 经过光心在像平面成像，得到像点 p。

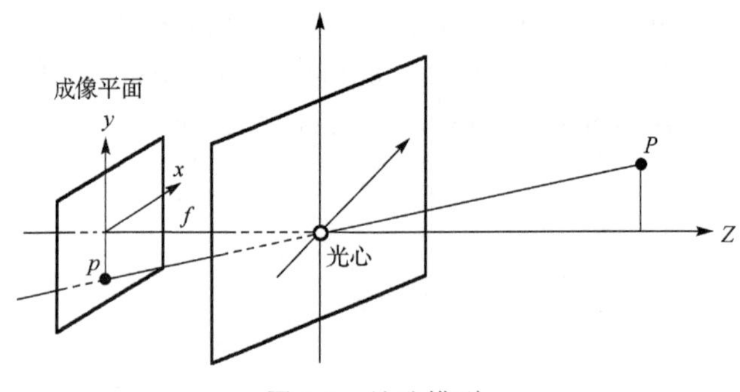

图 3.1　针孔模型

对于相机成像几何关系的表示，摄影测量学和计算机视觉两个学科基于不同的需求给出了相应的数学模型。

1. 摄影测量学

在摄影测量领域，为保障测绘产品精度，通常采用量测型相机，相机需严格检校。在构建相机模型时，相机内外参数是显式的，如式(3-1)所示。

$$\left.\begin{aligned} x - x_0 &= -f\frac{a_1(X - X_s) + b_1(Y - Y_s) + c_1(Z - Z_s)}{a_3(X - X_s) + b_3(Y - Y_s) + c_3(Z - Z_s)} \\ y - y_0 &= -f\frac{a_2(X - X_s) + b_2(Y - Y_s) + c_2(Z - Z_s)}{a_3(X - X_s) + b_3(Y - Y_s) + c_3(Z - Z_s)} \end{aligned}\right\} \tag{3-1}$$

式中，(X, Y, Z)为物方空间坐标，(x, y)为像平面坐标，(x_0, y_0)为像主点坐标，f

为主距，$a_1, b_1, c_1, a_2, b_2, c_2, a_3, b_3, c_3$ 为三个角元素构成的旋转矩阵，(X_s, Y_s, Z_s) 为摄影中心点的坐标。

2. 计算机视觉

计算机视觉领域，多采用普通相机，相机参数主要通过标定/自标定方法得到，其相机模型以齐次方程的形式来表示：

$$\lambda\begin{bmatrix}x\\y\\1\end{bmatrix}=\begin{bmatrix}f_x & s & x_0 & 0\\ & f_y & y_0 & 0\\ & & 1 & 0\end{bmatrix}\begin{bmatrix}R & -R\tilde{C}\\0 & 1\end{bmatrix}\begin{bmatrix}X\\Y\\Z\\1\end{bmatrix} \tag{3-2}$$

式中，(X, Y, Z) 为世界坐标(物方空间坐标)，(x, y) 为像平面坐标，(x_0, y_0) 是像主点坐标，$f_x = f / p_x, f_y = f / p_y$ 是以像素宽度 (p_x) 和高度 (p_y) 表示的等效焦距，s 表示影像坐标轴的非正交性，R 表示旋转变换，$\tilde{C}$ 表示相机中心在世界坐标系中的坐标。

对于一幅图像而言，相应的相机内外参是唯一的。但因两个学科坐标系定义的差异，致使两个模型中部分内外参数值不同。为了便于后续研究使用，这里对两个模型中的参数进行对比分析(表 3.1)。

表 3.1　计算机视觉与摄像测量学相机模型参数对比

参数	摄影测量学	计算机视觉	对比分析
主距	f	f	相同
像主点	(x_0,y_0) 是以图像左下角为坐标原点，向右为横轴，向上为纵轴的坐标系中的坐标	(x_0,y_0) 是以图像左上角为原点，向右为横轴，向下为纵轴的坐标系	因坐标系不同，致使 y_0 不同，若以像素为单位，则 $y_{0cv}=H-y_{0ph}$，H 为图像高度
R	$\begin{bmatrix}a_1 & b_1 & c_1\\a_2 & b_2 & c_2\\a_3 & b_3 & c_3\end{bmatrix}$	$\begin{bmatrix}r_1 & r_2 & r_3\\r_4 & r_5 & r_6\\r_7 & r_8 & r_9\end{bmatrix}$	因像空间坐标系中，两者的 Z 轴方向相反，所有旋转矩阵并不相同，具体为 $R_{cv}=\begin{bmatrix}1 & 0 & 0\\0 & -1 & 0\\0 & 0 & -1\end{bmatrix}R_{ph}$
相机中心	X_s,Y_s,Z_s	$\tilde{C}$	均表示相机中心在物方坐标系中的位置

综上，可以将摄影测量学中相机模型中的内外参数代入计算机视觉的相机模型，如式(3-3)所示。

$$\lambda\begin{bmatrix}x\\y\\1\end{bmatrix}=P\begin{bmatrix}X\\Y\\Z\\1\end{bmatrix}=\begin{bmatrix}f & & x_{0ph}\\ & f & H-y_{0ph}\\ & & 1\end{bmatrix}\begin{bmatrix}a_1 & b_1 & c_1\\-a_2 & -b_2 & -c_2\\-a_3 & -b_3 & -c_3\end{bmatrix}\begin{bmatrix}1 & 0 & 0 & -X_s\\0 & 1 & 0 & -Y_s\\0 & 0 & 1 & -Z_s\end{bmatrix}\begin{bmatrix}X\\Y\\Z\\1\end{bmatrix} \quad (3\text{-}3)$$

这里 f, x_{0ph}(摄影测量像主点横坐标), H(图像高度), y_{0ph}(摄影测量像主点纵坐标)均以像素为单位。

以上相机模型通过严密的数学模型定义了物点三维坐标到其对应图像坐标的转换过程，相机拍摄结果表现为一幅图像或视频。图像主要包含像素点的坐标(行列号)和颜色、图像元数据。

3.1.2 相机标定

相机标定是相机模型相关参数的求解过程。相机标定起源于 20 世纪早期的摄影测量学，分别经历了传统相机标定、主动视觉相机标定、相机自标定三个阶段(吴福朝等, 1999; 邱茂林等, 2000; 孟晓桥等, 2003)。

传统相机标定法需要使用尺寸已知的标定物，可分为三维标定物和平面标定物，精度高，但过程复杂、计算量大。基于主动视觉的相机标定法是指已知相机的某些运动信息对相机进行标定，系统的成本高、实验设备昂贵、实验条件要求高，不具通用性。

相机自标定主要利用图像自身约束进行标定，对相机位置、运动及场景都没有要求，鲁棒性差，精度低。基于多幅图像的自标定，通常利用场景的矩形、圆形等，需要图像之间的匹配。对于单幅图像而言，这些方法并不适用，其通常根据不同的约束，如已知主点坐标、场景中的平行线、圆形、直角等，实现一定精度下的相机标定(图 3.2)。Tsai 等(2006)提出在已知像主点坐标的情况下，由一幅

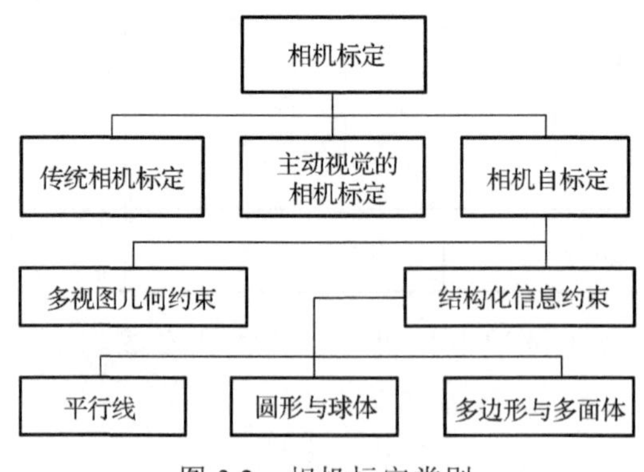

图 3.2　相机标定类别

平面标定模板的图像求解相机焦距及其外部参数。Caprile 等(1990)约束相机模型为三参数，利用三个垂直方向的灭点，计算相机主点和焦距，对于精度要求不高的标定具有应用价值。此外，还有基于多于 3 个灭点或多组正交直线的标定方法(Hartley et al., 2003)、其他内参已知利用圆形和直角计算焦距的方法(Zhong et al., 2006)、面向三参数和四参数相机模型的统计方法(Chen et al., 2008)等。

3.1.3　三维图形绘制技术

计算机图形学为图形在计算中的输入、表示、处理和显示提供了完善的理论、技术和方法体系。无论是一般的工业设计、城市规划，还是地理信息科学中，计算机图形学都得到了广泛的应用。计算机图像学处理的图形有别于一般的相机拍摄的照片，它是通过特定的算法在专门的显示设备上设计而成。

在计算机图形学中，物方三维坐标(X,Y,Z)到屏幕坐标的转换，主要经过以下 4 个过程，即 ModelView 变换、投影变换、透视除法、视口变换。模型视点变换是将对象局部坐标转换为视点坐标。模型变换是将对象局部坐标经过旋转和平移操作变换为世界坐标。而视点变换是将世界坐标变换为相机坐标。投影变换是将视点坐标转换为剪裁坐标。

式(3-4)为透视投影变换模型，其中各个参数的含义见图 3.3，其中，l、r、b 和 t 表示近平面位置。

$$\begin{bmatrix} x_{\text{clip}} \\ y_{\text{clip}} \\ z_{\text{clip}} \\ w_{\text{clip}} \end{bmatrix} = \begin{bmatrix} \frac{2n}{r-l} & 0 & \frac{r+l}{r-l} & 0 \\ 0 & \frac{2n}{t-b} & \frac{t+b}{t-b} & 0 \\ 0 & 0 & \frac{-(f+n)}{f-n} & \frac{-2fn}{f-n} \\ 0 & 0 & -1 & 0 \end{bmatrix} \begin{bmatrix} x_{\text{eye}} \\ y_{\text{eye}} \\ z_{\text{eye}} \\ w_{\text{eye}} \end{bmatrix} \tag{3-4}$$

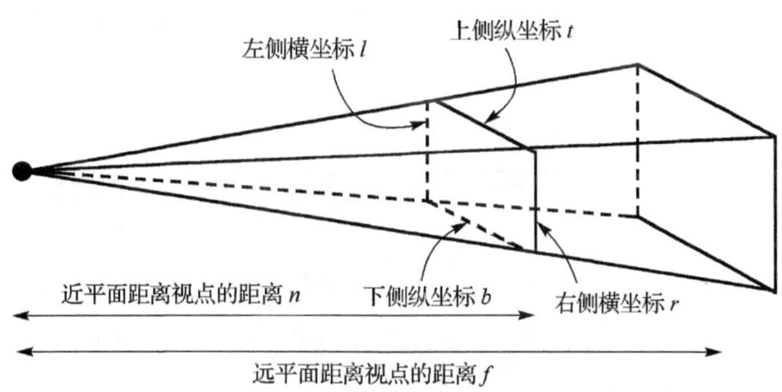

图 3.3　视锥体

透视除法是将剪裁坐标表示为非齐次形式：

$$\begin{bmatrix} x_{\text{ndc}} \\ y_{\text{ndc}} \\ z_{\text{ndc}} \end{bmatrix} = \begin{bmatrix} x_{\text{clip}} / w_{\text{clip}} \\ y_{\text{clip}} / w_{\text{clip}} \\ z_{\text{clip}} / w_{\text{clip}} \end{bmatrix} \tag{3-5}$$

正规设备坐标到窗口坐标的转换，即视口变换：

$$\begin{bmatrix} x_w \\ y_w \\ z_w \end{bmatrix} = \begin{bmatrix} w/2 & 0 & 0 \\ 0 & h/2 & 0 \\ 0 & 0 & (f-n)/2 \end{bmatrix} \begin{bmatrix} x_{\text{ndc}} \\ y_{\text{ndc}} \\ z_{\text{ndc}} \end{bmatrix} + \begin{bmatrix} x_0 + w/2 \\ y_0 + h/2 \\ (f+n)/2 \end{bmatrix} \tag{3-6}$$

此时，Z_w 的范围为 $n \sim f$。若让 Z_w 范围位于 0～1 之间，将 n 赋值为 0，f 赋值为 1 即可。图 3.4 为 3D GIS 视图，可见三维坐标数据通过系列变换可显示在电脑屏幕上，并可赋予相关的颜色或纹理。

图 3.4　三维图形绘制技术

3.2　基于单应变换的视频数据空间化

相机投影几何模型是把现实世界的三维坐标投影至某平面，理想状况下，成像平面与光轴中心对称，等价于小孔成像模型(杜召彬等，2011)(图 3.5(b))。图中平面 I 为二维像平面，O 为光学中心，o 为像主点。点 $p(u, v)$ 是三维世界坐标

$P(x, y, z)$ 在平面 I 上的投影，f 是焦距。空间中任一点 P 在平面 I 中的位置均可用此针孔模型近似表示，即任一点在平面 I 上的位置为光心 O 与该点连线与像平面的交点，式(3-7)表示其比例关系。

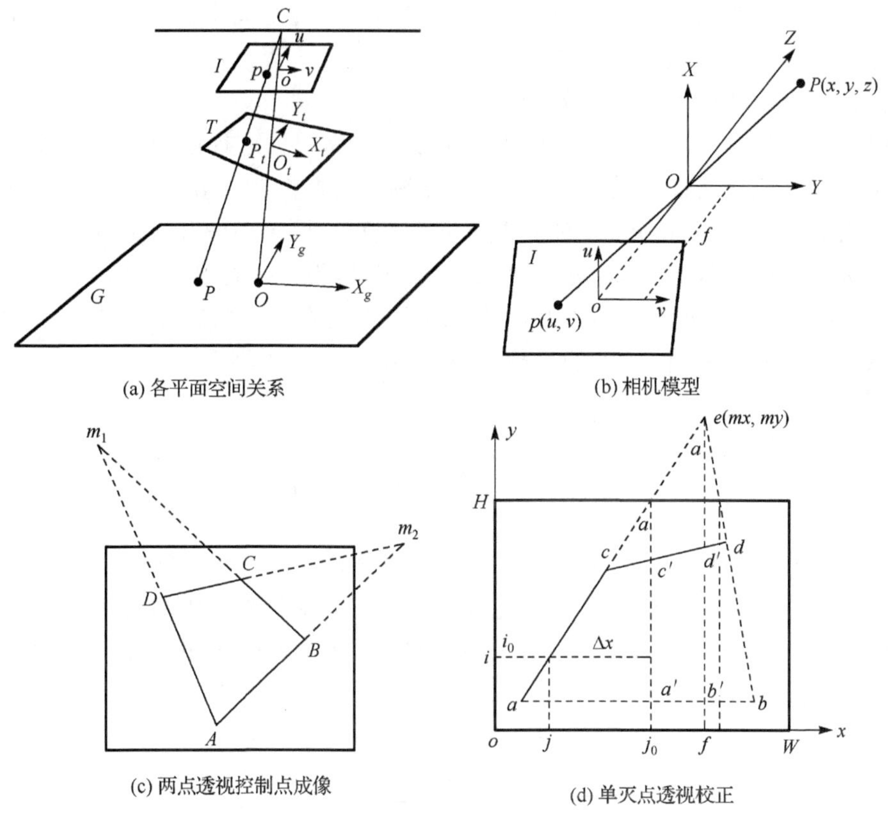

(a) 各平面空间关系　　(b) 相机模型

(c) 两点透视控制点成像　　(d) 单灭点透视校正

图 3.5　视频数据地理空间映射模型

$$\begin{cases} u = \dfrac{fx}{z} \\ v = \dfrac{fy}{z} \end{cases} \tag{3-7}$$

图 3.5(a)描述了视频数据与地理空间数据之间的几何关系。图中点 C 为相机位置，相机拍摄的图像映射至像平面 I，平面 T 为透视校正后的图像，G 为 GIS 空间的地理参考平面。地理空间(G 平面)中的任一点 $P(x_g, y_g)$ 在像平面中的位置为 $p(u, v)$，图像透视校正后在平面 T 中的位置为 $P_{\mathrm{t}}(x_t, y_t)$，视频数据空间映射即为建立点 p 与点 P 的变换关系，实现图像空间 I 到地理空间 G 的映射。

利用双灭点透视模型对图像进行透视校正(罗晓晖等, 2009)，实现平面 I 至平面 T 的变换。图 3.5(c)中的四边形在监控场景中为矩形时则构成两点透视，其中 m_1 和 m_2 为灭点。当两条边与像平面的某条边平行时构成一点透视，但难以保证相机所处姿态拍摄的图像为一点透视。故我们将地理空间坐标系与像平面空间的双灭点透视转换为两次单灭点透视。对双灭点中任一灭点进行透视校正得到单灭点透视，再采用相同方法校正得到单灭点透视。

图 3.5(d)为对一个灭点进行校正的示意图，需根据透视原理进行 X 和 Y 方向两次校正。首先旋转图像使边 ab 平行于 x 轴，根据控制点 a，b，c，d 的图像坐标，求取灭点坐标(m_x，m_y)。对于 X 方向的校正，可选图像高度内任一水平线宽度作为标准宽度，故选取图像最上端的宽度 W 作为标准宽度。将边 ac 校正为垂直于 x 轴的 $a'c'$，根据三角形相似计算 i 高度 ac 边在 x 方向的偏移量Δx_i，则原图像中点(j，i)在校正后图像上的坐标为($j \pm \Delta x_{\mathrm{i}}$，$i$)，计算公式为：

$$\begin{cases} i_0 = i \\ j_0 = j + \left((H - i) \times \dfrac{m_x - j}{m_y - i} \right) \end{cases} \tag{3-8}$$

其中，(j，i)是原透视图像的坐标点；(j_0，i_0)是校正后图像的坐标；H 是图像高度；(m_x，m_y)是灭点坐标。根据小孔成像原理，Y 方向缩放比例与 X 方向相同，故可根据 X 方向变换的比例关系对 Y 方向进行同样比例的校正，则 Y 方向校正公式为：

$$\begin{cases} j_0 = j \\ i_0 = \dfrac{i}{\dfrac{m_x}{m_x - (H - 1) \times \dfrac{m_x}{m_y - 1}}} \end{cases} \tag{3-9}$$

透视校正完成后，需将其统一至地理参考，令(x_g, y_g)为地理空间某点的坐标，(x_t，y_t)为该点在校正后图像中的坐标，则二者变换关系为：

$$\begin{bmatrix} x_g \\ y_g \\ 1 \end{bmatrix} = \begin{bmatrix} k_1 & k_2 & t_x \\ k_3 & k_4 & t_y \\ 0 & 0 & 1 \end{bmatrix} \begin{bmatrix} x_t \\ y_t \\ 1 \end{bmatrix} \tag{3-10}$$

其中，t_x 与 t_y 为平移向量参数，k_1，k_2，k_3 与 k_4 为仿射变换参数。通过三组以上对应点计算变换矩阵，可实现监控视频数据到地理空间的映射。

3.3　监控视频与 2D 地理空间数据互映射

监控视频与 2D 地理空间数据的几何互映射是指监控视频图像坐标(p)与 2D 地理空间坐标(P)的相互转换，即 $p\leftrightarrow P$。根据透视投影原理，地理空间的三维坐标可以转换为图像坐标，但 2D 地理空间数据缺乏高度信息，因此不能实现 P 到 p 的转换。监控视频(单幅图像)在成像过程中丢失了三维信息，p 也不能转换为三维坐标或 2D 地理空间坐标。基于该分析，我们引入约束条件，构建了基于多平面约束的几何互映射模型。在内容方面，监控视频不仅包含实时高清的背景图像，而且包含前景图像，即动态目标，两者都是 2D 地理空间数据的重要补充。2D 地理空间数据中地理对象的图形和属性信息，对于监控视频的分析和理解具有重要意义。因此，内容的映射是相互的，模型的构建应能满足按需映射，相互增强。

本节建立了多平面约束的互映射模型，并设计了互映射算法，并就互映射中地面起伏对几何互映射的影响、2D 互映射模型下监控视频的空间分辨率问题进行了分析。

3.3.1　2D 互映射模型

1. 多平面约束的几何互映射模型

通常视频监控区域较小，地面可近似为一个或多个平面，如道路、停车场、小区监控等，则监控视频中的地面区域与 2D 地理空间数据之间可实现几何的互映射，即多平面约束的几何互映射。将式(3-3)中的 Z 改为 Z_h，Z_h 指平面高度，经过各个矩阵的运算得：

$$\lambda\begin{bmatrix} x \\ y \\ 1 \end{bmatrix}=\begin{bmatrix} fa_1-u_0a_3 & fb_1-u_0b_3 & (fc_1-u_0c_3)Z_h+s_1 \\ -fa_2-v_0a_3 & -fb_2-v_0b_3 & (-fc_2-v_0c_3)Z_h+s_2 \\ -a_3 & -b_3 & (-c_3)Z_h+s_3 \end{bmatrix}\begin{bmatrix} X \\ Y \\ 1 \end{bmatrix} \tag{3-11}$$

$$s_1=(fa_1-u_0a_3)(-X_s)+(fb_1-u_0b_3)(-Y_s)+(fc_1-u_0c_3)(-Z_s),$$

$$s_2=(-fa_2-v_0a_3)(-X_s)+(-fb_2-v_0b_3)(-Y_s)+(-fc_2-v_0c_3)(-Z_s),$$

$$s_3=(-a_3)(-X_s)+(-b_3)(-Y_s)+(-c_3)(-Z_s)$$

因此，Z_h 平面约束的几何互映射模型实质为二维坐标的转换，变换矩阵为 3×3 的矩阵 H。空间直角坐标经 H 矩阵转换为图像坐标，相反图像坐标经 H 的逆矩阵转换为空间直角坐标。对于一个区域，可能存在多个平面，则相应存在多个变换矩阵，如 H_1，H_2，…，H_n。当 n 较多时，2D 地理空间数据实际上已经近似于 3D 地理空间数据，可直接采用 3D 地理空间数据与视频的互映射方法。

2. 内容互映射模型

监控视频与 2D 地理空间数据的内容互映射旨在实现两者数据的相互共享、达到相互增强的目的，主要包括两大部分，即监控视频到 2D 地理空间数据的映射和 2D 地理空间数据到监控视频的映射。

1) 监控视频到 2D 地理空间数据的映射

监控视频到 2D 地理空间数据的内容映射是在几何互映射模型基础上，将监控视频中的平面区域转换为 2D 地理空间数据，从而实现对传统地理空间数据的增强，这里的平面区域主要包括路面、广场、草地等。该内容映射模型的形式化表达为：

$$\{V_i,T_i\} \to \{\mathrm{PC}_i \quad \text{or} \quad I_i\} \quad i=1,\cdots,n \tag{3-12}$$

其中，V_i 为监控视频，T_i 为几何互映射矩阵，PC_i 为具有颜色信息的三维点云，I_i 为具备空间参考的图像。

对于每一监控视频，基于其几何互映射矩阵，可将图像坐标转换为空间直角坐标，同时获取对应的颜色信息，即该内容映射结果为具有颜色信息的点云文件。因点云文件数据量较大，为便于使用，亦可采用栅格的数据形式。对于一个区域而言，监控视频众多，少许监控视频具有重叠区域，则可对映射结果进行合并或融合处理。

2) 2D 地理空间数据到监控视频的映射

2D 地理空间数据到监控视频的映射是基于几何互映射模型，在 2D 地理空间数据中提取与监控视频视域的相对应的区域并置于视频中，使得视频具备空间方位、可量测性与丰富的属性信息：

$$\{D_i,T_i\} \to \{\mathrm{II}_i \quad \text{or} \quad \mathrm{IV}_i\} \quad i=1,\cdots,n \tag{3-13}$$

其中，D_i 为 2D 地理空间数据，T_i 为几何互映射矩阵，II_i 为叠加地理空间数据的图像，IV_i 为图像和矢量数据的集合。

监控区域中的任一相机都具有明确的视野范围，将该范围中的地理空间数据基于几何互映射矩阵实现 2D 地理空间数据到视频的内容映射。内容映射结果，可采用两种方式，即 II_i 和 IV_i。II_i 是在原始视频的基础上叠加映射后的 2D 地理空间数据。IV_i 是保留原始视频信息，额外生成一个附件，其中包含映射后的矢量图形及其属性信息。

3.3.2　2D 互映射算法

1. 单一平面约束下监控视频映射至 2D 地理空间数据的映射

监控视频为侧视视图，难以进行宏观观察。为解决该问题，可以将监控视频投射为 2D 地理空间数据。

具体算法步骤如下。

算法 3.1　单一平面约束下监控视频映射至 2D 地理空间数据的映射

目标：

给定单一平面的高程值，将监控视频映射为 2D 栅格图层。

算法：

(1) 根据监控视频与 2D 地理空间数据几何互映射模型，计算监控视频相应的视域梯形；

(2) 计算原始视频 4 个角点所对应的新坐标。原始视频 4 个角点新坐标的计算主要以原始视频图像的高度、宽度和梯形两条斜边的斜率来计算的，最终 4 个新坐标中上侧 2 点的坐标不变，下侧 2 点向中间靠拢。基于原始图像 4 个角点坐标和相应的新的角点坐标即可进行透视校正；

(3) 对于透视校正后的图像，基于视域梯形和透视纠正后的图像进行地图配准，可将其置于空间直角坐标系下。

---

2. 多平面约束下监控视频至 2D 地理空间数据的映射

多平面约束的互映射是将监控视频中不同高度的平面区域逐一构建变换矩阵，并逐一映射为 2D 地理空间数据的方法。

具体算法步骤如下。

算法 3.2　多平面约束下监控视频至 2D 地理空间数据的映射

目标：

给定多个平面的高程值，将监控视频相应平面区域分别映射，最终构成一个 2D 栅格图层。

算法：

(1) 对图像不同高程值的区域指定 Z 值；

(2) 创建不同 Z 值下监控视频与 2D 地理空间数据的几何互映射模型；

(3) 将图像不同 Z 值区域逐点转换为相应的空间直角坐标，构成点云文件。也可以采用类似算法 3.1 的方式，将监控视频映射为 2D 栅格数据。

---

3. 2D 地理空间数据至监控视频中的映射

将 2D 地理空间数据映射至视频中，赋予监控视频中地物地貌以图形和属性信息。具体算法步骤如下：

算法 3.3　2D 地理空间数据映射至监控视频中

目标：

将监控视域内的 2D 地理空间数据映射至监控视频的图像空间。

算法：

(1) 根据监控视频与 2D 地理空间数据几何互映射模型，计算监控视频所对应的视域梯形；

(2) 在 2D 地理空间数据的相关图层中，查询落在该梯形区域内的地理要素；

(3) 基于监控视频与 2D 地理空间数据的几何互映射模型，将所查询到的地理要素的坐标变换至图像坐标，同时保留相关的属性信息。

3.3.3　监控视频的 2D 互映射实验

1. 单一平面约束的互映射

这里以拍摄的某一幅图像为例进行说明。相机内外参为：主距为 785 像素，图像宽度和高度分别为 800 像素和 600 像素，像主点为图像中心，相机中心点坐标 (680263.57，3555013.36) 米，相对于地平面高度为 13m，倾角 56°，方位角 179°。地图坐标系统为 WGS84 坐标，UTM 投影 50 带，包括 QuickBird 遥感影像和 1:500 地形图（部分区域进行了细化）。图 3.6(c) 是将监控视频映射为栅格类型的 2D 地理空间数据，图 3.6(d) 是将 2D DLG 映射到监控视频场景中。

(a) 监控视频

(b) 遥感影像

(c) 监控视频映射为 2D 栅格图层

(d) 2D DLG 映射至监控视频

图 3.6　图像与 2D 地理空间数据的内容互映射

2. 多平面约束的互映射

这里以拍摄的某一幅图像为例进行说明，相机内外参为：主距 785 像素，图像宽和高分别为 800 像素和 600 像素，像主点为图像中心，相机中心点坐标(680285.30，3555011.143)米，相对于地平面高度为 13m，倾角 69.27°，方位角 209.33°。地图坐标系统为 WGS1984 坐标系，UTM 投影 50 带，核心区域平面高度约束为 0m，而右上侧的平面高度为 1.86m。图 3.7(b)图是 2D DLG 按照 0m 和 1.86m 高程约束下的变换矩阵映射的结果，图 3.7(d)为 0m 图像区域逐像素点映射后的结果。

(a)监控视频

(b)2D DLG 映射至监控视频

(c)监控视频中 0 高程的区域

(d)监控视频映射至 2D 地图

图 3.7　核心平面区域到 2D 地理空间的映射

3. 2D 地理空间数据映射至监控视频

2D 地理空间数据到视频的内容映射，IV_i 的形式可以采用 XML 进行格式定义，从而便于数据共享和系统集成。这里给出 IV_i 形式中矢量部分的 XML 定义(GeoVideoML)(表 3.2)。

表 3.2　IV_i 的 XML Schema 含义

编号	Schema	描述
1	ImageId	与映射内容相关联的图像的路径，默认在相同目录
2	CameraPara	相机的外方位元素和内方位元素
3	ProjectCoor	坐标系统
4	Feaute	地理要素，可以是点、线、面和文本等
5	Point	点
6	Polyline	折线
7	Polygon	多边形
8	Text	文本
9	Annotation	与图形相关联的文本

IV_i 中矢量映射内容的 XML 描述为：

```
<?xml version="1.0" encoding="gb2312"?>
<IV>
<ImageId>imagename.jpg</ ImageId >
<CameraPara>xs,ys,zs,azimuth,pitch,rotate,u0,v0,f</CameraPara>
<ProjectCoor>UTM WGS 84 50N</ProjectCoor>
<mark>
<feature>
<point>x,y,z</point>
<annotation>井盖</annotation>
</feature>
<feature>
<polyline>x1,y1,z1 x2,y2,z2 x3,y3,z3 ... xn,yn,zn</polyline>
<annotation>文苑路</annotation>
</feature>
<feature>
<polygon>x1,y1 x2,y2 x3,y3 ... xn,yn</polygon>
<annotation>停车场</annotation>
</feature>
<feature>
<text>x,y</text>
<annotation>行远楼</annotation>
</feature>
</mark>
</IV>
```

3.3.4　监控视频的 2D 互映射特性

1. 地面起伏对几何互映射的影响

在相对较高的点位架设视频监控设备，可实现更广的监控视野。当地面起伏相对于相机的高度而言可忽略时，可采用单一平面约束的互映射模型。但是，在单一平面约束的互映射模型下，地面起伏 d 致使空间直角坐标映射后的图像坐标产生偏差，可由式(3-14)表示：

$$\begin{cases} \Delta x = \dfrac{-(fc_1 - u_0 c_3)d}{-a_3 X - b_3 Y + (-c_3)Z_h + s_3} \\ \Delta y = \dfrac{(fc_2 + v_0 c_3)d}{-a_3 X - b_3 Y + (-c_3)Z_h + s_3} \end{cases} \tag{3-14}$$

因地面起伏的影响致使低于约束平面高程的区域实际映射偏差趋于远方(距离相机中心较远)，而高于约束平面高程的区域实际映射偏差趋于近处(距离相机中心较近)，即具有“低远高近”的映射特征。

这里以拍摄的某一幅图像为例进行说明，相机内外参为：主距为 785 像素，图像宽和高分别为 800 像素和 600 像素，像主点为图像中心，相机中心点坐标(680263.67，3555011.14)m，相对于地平面高度为 24.09m，倾角 70.50°，方位角 177.00°。地图坐标系统为 WGS84 坐标，UTM 投影 50 带，核心区域平面高度为 0m，而右上侧的平面高度为 1.86m，正前方半圆形的区域高度为−3.61m。如图 3.8(a)中 A 代表正确高程的平面映射，B 为高程为 0m 的平面约束下的映射。很明显，如果采用 0m 高程的平面约束，大于 0m 的区域映射后靠近相机，而小于 0m 的区域映射后远离相机。相反，将监控视频映射至地图中，则呈现“低近高远”的映射特征，如图 3.8(b)中 B 为地面起伏所造成的影响。

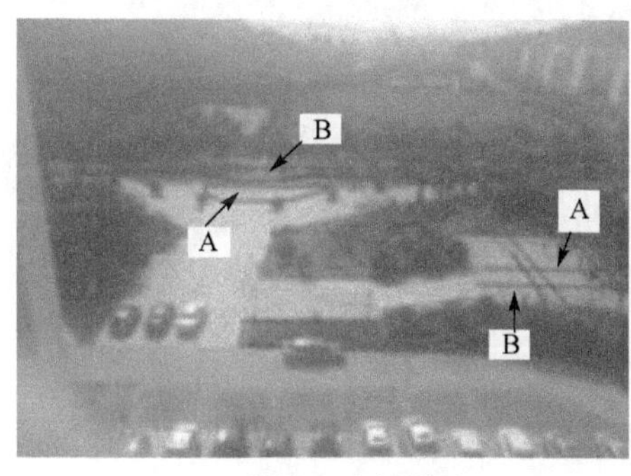

(a) 0m高程下2D图形偏移

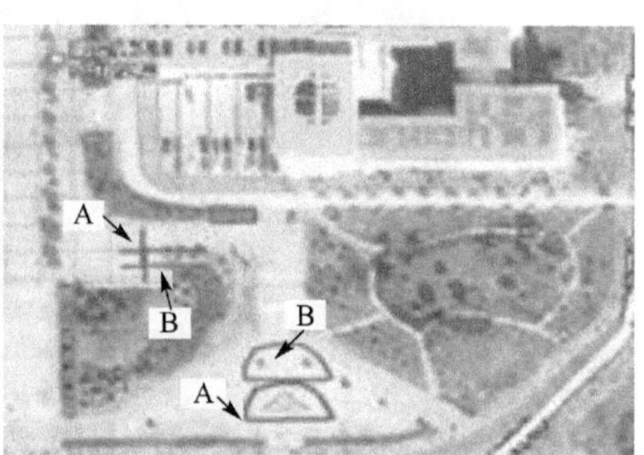

(b) 0m高程下监控视频映射偏移

图 3.8　地面起伏对互映射的影响

2. 2D 互映射模型下监控视频的空间分辨率

监控视频相对传统的地理空间数据而言，每个像素点所代表的实际空间大小并不相同，即不同深度像素点的空间分辨率不同。对于所监控的视域，不同位置的重要程度不同，对于重要的区域需要较高的空间分辨率，因此评价各个区域监控的质量是必要的。

对 2D 互映射模型下的监控视频空间分辨率进行分析，给出了其定义和特征。

定义：对于图像中任一点 $p(i, j)$，假设像素为正方形，则以 p 为中心的正方形的 4 个角点坐标分别为 $p_1(i-0.5, j-0.5)$、$p_2(i+0.5, j-0.5)$、$p_3(i+0.5, j+0.5)$、$p_4(i-0.5, j+0.5)$，根据平面约束的几何互映射模型，可以得到 4 个点对应的空间直角坐标 P_1、P_2、P_3 和 P_4，构成一个四边形。这里，定义四边形的面积为该像素的空间分辨率。

特征：在距离相机较近的区域，四边形面积较小，具有较高的空间分辨率，相反，较远的区域具有较低的空间分辨率。

空间分辨率在空间上的分布如图 3.9 所示。为了分析方便，设定图像上每个像素为中心的正方形的 4 个角点坐标为 $p_1(i-5, j-5)$，$p_2(i+5, j-5)$，$p_3(i+0.5, j+5)$，$p_4(i-5, j+5)$ 构成，映射至 2D 地理空间构成一个多边形。从图 3.9 可以看出，每个像素点在 2D 空间上对应于一个四边形，其上下边平行，呈条状。

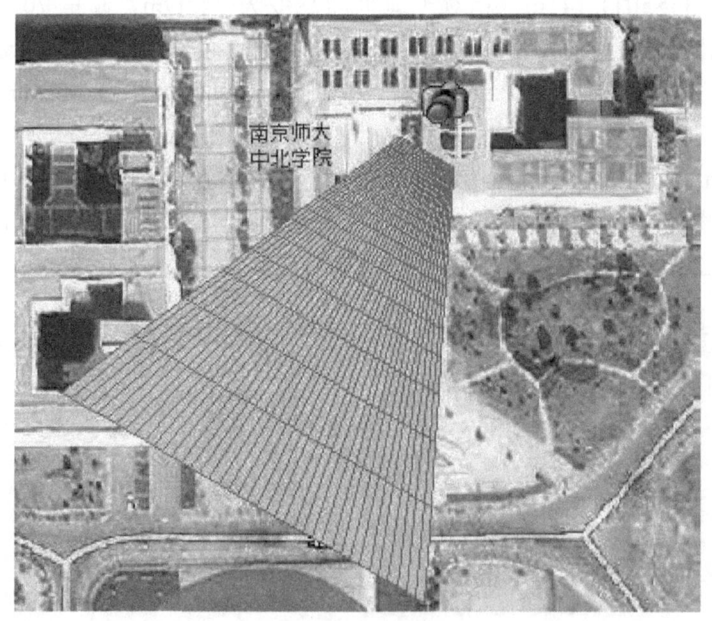

图 3.9　2D 互映射模型下监控视频空间分辨率

3.4　监控视频与 3D 地理空间数据互映射

监控视频与 3D 地理空间数据的几何互映射是指监控视频图像坐标 p 与 3D 地理空间坐标 P 的相互转换，即 $p \leftrightarrow P$。监控视频是空间三维坐标经相机模型在像平面上的投射，即三维空间直角坐标可基于相机模型转换为图像坐标。监控视频(固定相机拍摄)在没有约束条件或者三维数据支撑的条件下,图像坐标并不能转换为三维空间坐标。近年来，随着现代测绘技术的发展，3D 地理空间数据日趋增多，为监控视频三维空间化提供了重要基础。理论上，在存在 3D 地理空间数据的情况下，图像坐标可以转换为相应的三维空间直角坐标。在内容映射方面，映射至监控视频中的 3D 地理空间数据，不仅有助于视频内容的理解，而且也可以用于虚实融合，模拟规划方案等。同样，监控视频实时、高清、真实的纹理信息及所提取的时空信息更是 3D 地理空间数据急需的宝贵资源。

本节建立了基于深度值的监控视频与 3D 地理空间数据互映射模型、设计了互映射算法，并对三维监控视频的空间分辨率、动态映射进行了分析。

3.4.1　3D 互映射模型

1. 几何互映射模型

3D 地理空间数据依次经过 ModelView 变换、投影变换、透视除法和视口变换等过程就可以显示出来。值得注意的是，三维图形显示并不仅仅是将三维坐标转换为窗口坐标，而且也得到了一个距离相机最近的深度值。有这个深度值的参与，就使得以上 4 个过程是可逆的。相机录制视频的过程和 3D 地理空间数据的显示过程非常类似，即只要相关参数相一致，监控视频视图(V_1)与 3D GIS 相应视图(V_2)就可以实现一一对应。因此，监控视频与 3D 地理空间数据的互映射，其实质就是 3D GIS 中窗口坐标与世界坐标的相互转换：

$$x = MX \tag{3-15}$$

$$M = T_{\text{window}} T_{\text{project}} T_{\text{ModelView}}$$

$$T_{\text{window}} = \begin{bmatrix} w/2 & 0 & 0 & x_0 + w/2 \\ 0 & h/2 & 0 & y_0 + h/2 \\ 0 & 0 & (f-n)/2 & (f+n)/2 \\ 0 & 0 & 0 & 1 \end{bmatrix}$$

$$T_{\text{project}} = \begin{bmatrix} \dfrac{2n}{r-l} & 0 & \dfrac{r+l}{r-l} & 0 \\ 0 & \dfrac{2n}{t-b} & \dfrac{t+b}{t-b} & 0 \\ 0 & 0 & \dfrac{-(f+n)}{f-n} & \dfrac{-2fn}{f-n} \\ 0 & 0 & -1 & 0 \end{bmatrix}$$

$$T_{\text{ModelView}} = \begin{bmatrix} a_1 & b_1 & c_1 & 0 \\ -a_2 & -b_2 & -c_2 & 0 \\ -a_3 & -b_3 & -c_3 & 0 \\ 0 & 0 & 0 & 1 \end{bmatrix} \begin{bmatrix} 1 & 0 & 0 & -X_s \\ 0 & 1 & 0 & -Y_s \\ 0 & 0 & 1 & -Z_s \\ 0 & 0 & 0 & 1 \end{bmatrix}$$

式中，x 为图像坐标及相应 3D GIS 视频中该点位的深度值，X 为空间直角坐标系中的坐标。

利用式(3.15)可以实现空间直角坐标到图像坐标的转换，其核心就是变换矩阵 M。图像坐标到空间直角坐标的转换可根据 M 的逆矩阵求解。

其中，相机内参与投影矩阵密切相关。图像的宽度和高度、主距的大小与视锥体近平面距离、宽度和高度满足比例关系：

$$f = \frac{nh_{\text{pic}}}{t-b} \text{或} f = nw_{\text{pic}} / (r-l) \tag{3-16}$$

式中，h_{pic} 和 w_{pic} 为监控视频的高度和宽度，f 为主距，n 为视锥体近平面距相机中心的距离，t 和 b 分别为视锥体近平面最大和最小纵轴坐标值，r 和 l 分别为视锥体近平面最大和最小横轴坐标值。

2. 内容互映射模型

监控视频与 3D 地理空间数据的内容互映射旨在实现两者数据的相互共享、达到相互增强的目的，主要包括两大部分，即监控视频到 3D 地理空间数据的映射和 3D 地理空间数据到监控视频的映射。

1) 监控视频到 3D 地理空间数据的映射

监控视频到 3D 地理空间数据的映射是在几何互映射模型的基础上，将监控视频中的像素点或块转换为三维点云或面片，该内容映射模型表达为：

$$\{V_i, T_i\} \to \{\text{PC}_i \text{ or } \text{SP}_i\}, \quad i = 1, \cdots, n \tag{3-17}$$

式中，V_i 为监控视频，T_i 为几何互映射矩阵，PC_i 为具有颜色信息的三维点云，SP_i 为相对完整的图像区域。

2) 3D 地理空间数据到监控视频的映射

3D 地理空间数据到监控视频的映射是基于几何互映射模型，将 3D 地理空间数据置于监控视频中，使得图像具备空间方位、可量测性、丰富的属性信息：

$$\{D_i,T_i\}\rightarrow\{\mathrm{OL}_i \quad \mathrm{or} \quad \mathrm{MI}_i\},\quad i=1,\cdots,n \tag{3-18}$$

式中，D_i 为地理空间数据，T_i 为几何互映射矩阵，OL_i 为 3D 模型的侧视轮廓及其属性信息，MI_i 为 3D 模型和监控视频叠加所产生的视频。

3.4.2　3D 互映射算法

1. 监控视频映射为三维点云

监控视频以 3D 地理空间数据为基础，通过两者的映射，可以将每个像素点赋予三维坐标。具体算法步骤如下。

算法 3.4　监控视频映射为三维点云

目标：

基于 3D 地理空间数据、监控视频与地理空间数据的互映射模型，将监控视频转换为相应的三维点云。

算法：

(1) 将监控视频与 3D GIS 设置为相同视图；

(2) 在 3D GIS 视图下，获取各个点的深度值；

(3) 基于各个点的深度值计算其对应的三维坐标；

(4) 每个三维坐标点对应一个地理要素，除图形外，属性信息包含监控视频中相应点位的 RGB 值；

(5) 将这些地理要素生成一个图层，点的符号以其 RGB 颜色进行渲染。

2. 3D 地理空间数据映射至监控视频中

若需要在视频中获取各个模型的信息，就需要计算各个 3D 模型在图像中相应区域，即需要将 3D 模型侧视轮廓映射至监控视频中。具体算法步骤如下。

算法 3.5　3D 地理空间数据映射至监控视频中

目标：

基于 3D 地理空间数据，计算监控视频中各个区域相应的 3D 地理对象，并赋予各个对象的属性信息。

算法：

(1) 将监控视频与 3D GIS 设置为相同视图；

(2) 在 3D GIS 中逐点位查询各个点位的信息，根据其中图层和唯一对象 ID 信息，生成地理对象的唯一编号；

(3) 根据该唯一编号，构成一个栅格图层，可以看到相同地理对象的区域栅格值相同；

(4) 将栅格图层转换为矢量图层，并设置相关属性；

(5) 该矢量图层即为监控视频相应的地理空间数据。

3. 3D 模型置入监控视频中

监控视频是现实世界的快照，相对于三维视图而言，更为真实。在实际应用中，可在视频中绘制 3D 警戒线/面，也可以在视频中展示规划成果或动态模拟，则需虚拟的几何图形或模型置入视频中。具体算法步骤如下。

算法 3.6　3D 模型置入监控视频中

目标：

以监控视频与 3D 地理空间数据的互映射模型为基础，将特定的 3D 模型(点、线、面或复杂的模型)映射至监控视频中。

算法：

(1)将监控视频与 3D GIS 设置为相同视角；

(2)选择欲置入监控视频的 3D 模型；

(3)仅显示 3D 模型所在的图层，并将该视频导出 png 格式的透明图片；

(4)将监控视频每一帧与(3)步骤所生成的图片进行叠加，即可看到 3D 模型置入的效果。

3.4.3　监控视频的 3D 互映射实验

1. 监控视频映射为三维点云

基于该视图的深度图，可获取监控视频相应的 3D GIS 视图，可将监控视频图像逐点映射至 3D GIS 中，构成点云图层。

2. 3D 模型侧视轮廓映射至监控视频中

图 3.10(a)表示通过 3D GIS 查询并按类别渲染的效果，图 3.10(b)为栅格到矢量转换的结果。

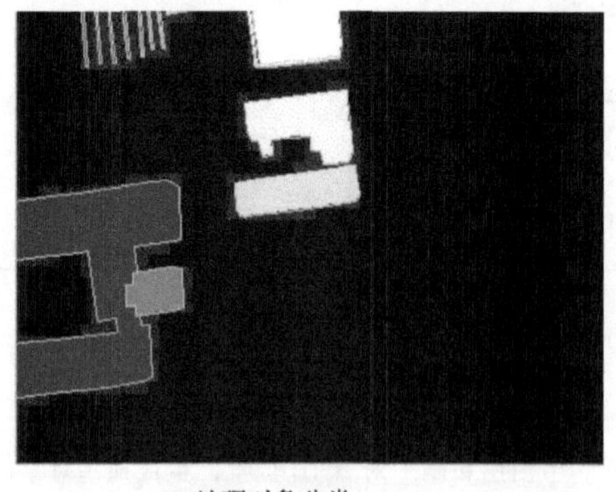

(a) 地理对象分类

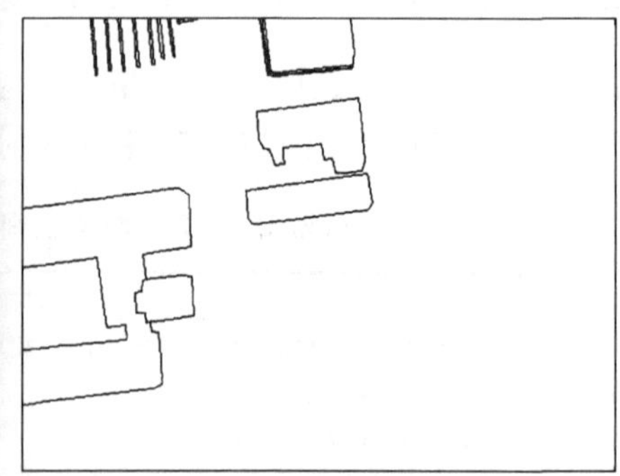

(b) 相应的矢量图

图 3.10　3D 模型侧视轮廓到监控视频的映射

3. 3D 模型置入监控视频中

基于监控视频相应的 3D GIS 视图，可将 3D GIS 中的圆锥体、汽车模型置入监控视频中(图 3.11)。

图 3.11　3D 模型置入监控视频

3.4.4　监控视频的 3D 互映射特性

1. 三维监控视频的空间分辨率

3D 地理空间数据映射后的监控视频，构成了三维监控视频，其各像素点空间分辨率相差较大，深度越小空间分辨率越高，深度越大空间分辨率越低，遵循“近高远低”的分布特征。

在 2D 地理空间与监控视频互映射的情况下，因两者互映射遵循两个平面间的一一映射关系，因此，监控视频空间分辨率定义为以像素点为中心，左右上下各 0.5 个像素的矩形区域所对应的空间直角坐标系下的多边形。然而，在 3D 地理空间数据与监控视频的几何互映射模型中，若仍采用类似的方式，因缺乏矩形四个点的深度值，故无法获取其在空间三维直角坐标系下相应的多边形。因此，我们将每个像素为中心的 3×3 的窗口在三维空间直角坐标系下对应的多边形面积或其面积的 1/4 作为其空间分辨率。

获取监控视频每个像素点的空间分辨率，可用于评价视频监控的有效性。对于分辨率较低的区域，已经失去了监控的意义，在智能视频分析中可不予考虑。特别是，对于监控范围广，如高空相机，采取监控视频空间分辨率进行有效性评价是必要的。

图 3.12 为某一 3D GIS 视图，纵横方向每间隔 20 个像素获取像素点，然后

计算该像素点窗口半径为 5 个像素时对应的面积(图中，面积单位为米)，可以看出深度值越大的像素点，分辨率越低，而深度值较小的像素点具有较高的空间分辨率。

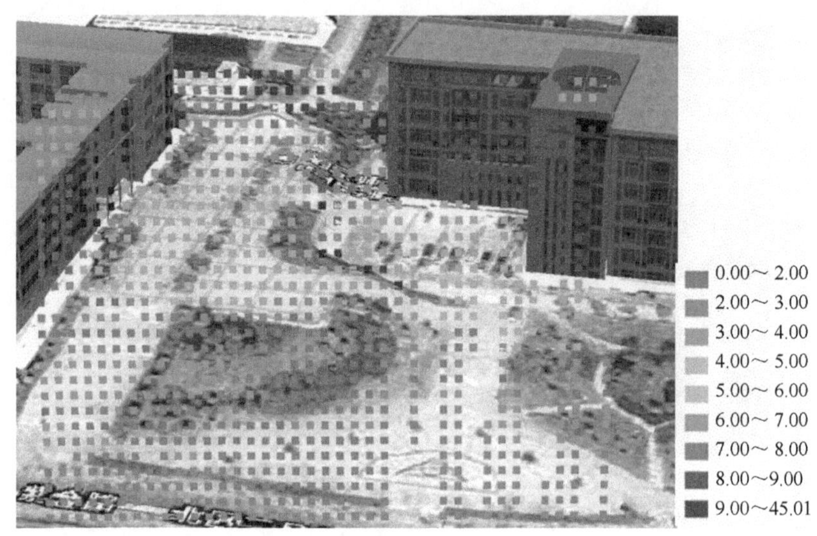

图 3.12　3D 监控视频的空间分辨率

2. 地理空间数据到监控视频的动态映射

地理空间数据具有多尺度性，监控视频对现实世界的观察也是动态变化的。通常，地理对象距离相机的距离不同应该映射不同详细程度的地理空间数据，即深度值越大的区域对应于小比例尺数据，深度值越小的区域对应于大比例尺数据。然而，监控视频本身并没有三维信息，其精确的深度信息必须以高精度的 2D/3D 地理空间数据为依托。在应用中，鉴于监控视频相应的地理场景中，地面近似水平或由几个平面构成，三维地物主要为居民楼、树木等，可将地平面和建筑物拉伸后的模型为基础进行深度信息的获取。

以某深度图所获取的监控视频的空间分辨率为基础，可进行地理空间数据的动态调度。动态调度策略：①对于监控范围较小的情况，单一相机监控视野可整体调用某比例尺地图、某分辨率的遥感影像或某详细程度的 3D 模型；②对于监控范围较大的情况，相机监控视野的不同深度值区域需动态调用不同尺度的地理空间数据。具体而言，将监控视频空间分辨率开方，得到近似的分辨率，记为 V_R。对于 2D 地理空间数据而言，基于 V_R 的值映射相应比例尺的地图或相应比例尺的遥感影像。对 3D 地理空间数据而言，基于 V_R 的值映射相应分辨率的 DEM、相应详细程度的 3D 模型。

3.5　基于地理空间数据的互映射方法

监控视频与地理空间数据互映射的核心是相机参数的求解。相机参数的求解方法，主要包括交互式和自动化两大类型。交互式的方式，主要通过一些已知点位的图像坐标和空间直角坐标进行求解。而自动化的方式，是通过场景自身的信息来达到求解的目的。

当前，基于单应的方法，主要是求解单应矩阵，将其应用于静态化的映射中。为了实现动态化的映射，本章在传统单应计算的基础上，增加了相机内外参的分解过程，将其应用于所提出的监控视频与地理空间数据互映射模型中，可满足新时期应用需求。同时，基于模拟的方法，本节分析了几何互映射的不确定性。

3.5.1　映射矩阵计算

式(3-19)为基于 2D 单应的互映射方法，可实现空间直角坐标与图像坐标的变换。

$$\lambda\begin{bmatrix} x \\ y \\ 1 \end{bmatrix} = \begin{bmatrix} h_{11} & h_{12} & h_{13} \\ h_{21} & h_{22} & h_{23} \\ h_{31} & h_{32} & h_{33} \end{bmatrix}\begin{bmatrix} X \\ Y \\ 1 \end{bmatrix} = H\begin{bmatrix} X \\ Y \\ 1 \end{bmatrix} \tag{3-19}$$

其中，$H = A(r_1, r_2, t)$，为单应性矩阵。对于式(3-19)消去比例因子 λ 得式(3-20)。

$$\begin{cases} x = \dfrac{h_{11}X + h_{12}Y + h_{13}}{h_{31}X + h_{32}Y + h_{33}} \\ y = \dfrac{h_{21}X + h_{22}Y + h_{23}}{h_{31}X + h_{32}Y + h_{33}} \end{cases} \tag{3-20}$$

将式(3-20)两侧乘以分母，得到式(3-21)。

$$\begin{bmatrix} X & Y & 1 & 0 & 0 & 0 & -xX & -xY & -x \\ 0 & 0 & 0 & X & Y & 1 & -yX & -yY & -y \end{bmatrix}\begin{bmatrix} h_{11} \\ h_{12} \\ h_{13} \\ h_{21} \\ h_{22} \\ h_{23} \\ h_{31} \\ h_{32} \\ h_{33} \end{bmatrix} = \begin{bmatrix} 0 \\ 0 \end{bmatrix} \tag{3-21}$$

在式(3-21)中，已知 4 对及以上控制点时，就可以解算出 H 矩阵。基于 H 矩阵可以实现 2D 空间直角坐标到图像坐标的转换。

对于 2D 的互映射，H 矩阵可以实现监控视频与 2D 地理空间数据点位的一一对应。但是，难以实现监控视频中不同平面下的区域到 2D 地理空间数据的映射。监控视频与 2D 地理空间数据的几何互映射模型需要在此基础上求解相机的内外参数。

这里假设内参矩阵中，$s=0$，像主点(U_0, V_0)为图像中心，$f_x=f_y=f$，基于 H 矩阵可分解出相机内外参的近似值。

$$H=\lambda K(r_1, r_2, t) \tag{3-22}$$

将 K 矩阵求逆，整理得：

$$\frac{1}{\lambda}\begin{bmatrix}1/f & 0 & -u_0/f \\ 0 & 1/f & -v_0/f \\ 0 & 0 & 1\end{bmatrix}\begin{bmatrix}H_{11} & H_{12} & H_{13} \\ H_{21} & H_{22} & H_{23} \\ H_{31} & H_{32} & H_{33}\end{bmatrix}=\begin{bmatrix}r_{11} & r_{12} & t_x \\ r_{21} & r_{22} & t_y \\ r_{31} & r_{32} & t_z\end{bmatrix} \tag{3-23}$$

因为 r_1, r_2 正交，前两列对应元素相乘并求和等于 0，可计算得到 f：

$$f=\sqrt{\frac{(H_{11}-u_0H_{31})(H_{12}-u_0H_{32})+(H_{21}-v_0H_{31})(H_{22}-v_0H_{32})}{-H_{31}H_{32}}} \tag{3-24}$$

因为 R 矩阵正交，各行或列是单位向量，则可以得到 λ(式(3-25)，式(3-26))，λ 的正负决定了相机中心的 Z 坐标的正负。

$$M=\begin{bmatrix}1/f & 0 & -u_0/f \\ 0 & 1/f & -v_0/f \\ 0 & 0 & 1\end{bmatrix}\begin{bmatrix}H_{11} & H_{12} & H_{13} \\ H_{21} & H_{22} & H_{23} \\ H_{31} & H_{32} & H_{33}\end{bmatrix} \tag{3-25}$$

$$\lambda=\pm\sqrt{M_{11}M_{11}+M_{21}M_{21}+M_{31}M_{31}} \tag{3-26}$$

根据 H、λ、f，可得到 r_1、r_2、t，而 $r_3=r_1\times r_2$，由此解算出相机的内外参数。因各种因素的影响，R 矩阵并不完全正交，可进一步处理。H 矩阵是核心，其解算精度对内外方位元素有较大影响。

式(3-27)为基于 3D 单应的互映射方法：

$$\lambda\begin{bmatrix}x \\ y \\ 1\end{bmatrix}=\begin{bmatrix}f_x & s & x_0 & 0 \\ & f_y & y_0 & 0 \\ & & 1 & 0\end{bmatrix}\begin{bmatrix}R & -R\tilde{C} \\ 0 & 1\end{bmatrix}\begin{bmatrix}X \\ Y \\ Z \\ 1\end{bmatrix}=P\begin{bmatrix}X \\ Y \\ Z \\ 1\end{bmatrix} \tag{3-27}$$

类似于 2D 单应互映射方法，消去比例因子 λ 得到：

$$\begin{bmatrix} X & Y & Z & 1 & 0 & 0 & 0 & 0 & -xX & -xY & -xZ & -x \\ 0 & 0 & 0 & 0 & X & Y & Z & 1 & -yX & -yY & -yZ & -y \end{bmatrix} \begin{bmatrix} P_{11} \\ P_{12} \\ P_{13} \\ P_{14} \\ P_{21} \\ P_{22} \\ P_{23} \\ P_{24} \\ P_{31} \\ P_{32} \\ P_{33} \\ P_{34} \end{bmatrix} = 0 \tag{3-28}$$

在式(3-28)中，已知 6 对或以上控制点时，就可以解算出 P 矩阵。基于 P 矩阵可以实现 3D 空间直角坐标到图像坐标的转换。

对于 3D 互映射，P 矩阵可以将 3D 地理空间数据映射到监控视频中。但是，要实现监控视频到 3D 地理空间数据的映射，需要获取相机的内外参数。因此，需要将 P 矩阵分解出内外参数。P 矩阵的分解通常采用 QR 分解的方法。

3.5.2　算法设计

在传统基于单应的方法的基础上，进行相机内外参数计算，为监控视频与地理空间数据互映射模型提供参数，满足灵活、动态的互映射需求。

传统的标定方法，需要标定物，要求较高，难以在视频监控系统中普及应用。但是，以地理空间数据库为基础，采用交互方式，选择监控视频中特征点位的图像坐标和相应的空间直角坐标，解算变换矩阵，可用于监控视频与地理空间数据的互映射。针对地理空间数据类型，可分别采用 2D 和 3D 单应的方式进行求解。

2D 单应是根据 4 对及以上点的图像坐标和相应的空间直角坐标计算变换矩阵的方法。3D 单应是根据 6 对及以上的点的图像坐标和相应的空间三维直角坐标计算变换矩阵的方法。因监控视频范围相对较小、地理空间数据精度不高，获取均匀分布的点位相对困难，所以与传统的基于标定物的方式相比，单应矩阵的精度难以保障。但是，对于精度要求较低的应用，基于地理空间数据的互映射方法具有较强的应用价值。

综上所述，基于地理空间数据的互映射方法是传统的基于单应方法的进一步延伸，具体算法步骤如下。

算法 3.7　基于地理空间数据的互映射方法

目标：

基于监控视频与 2D/3D 地理空间数据，实现映射矩阵的求解，构建监控视频与 2D/3D 地理空间数据的互映射模型。

算法：

(1) 在监控视频、2D 或 3D 地图中，选取相应的点；
(2) 解算 2D 或 3D 单应矩阵，即 H 或 P 矩阵；
(3) 基于 H 或 P 矩阵分解出相机内外参数；
(4) 构建监控视频与地理空间数据的几何互映射模型；
(5) 实现监控视频与地理空间数据的互映射。

3.5.3　实验分析

因监控场景中特征点(可作为控制点)详尽程度不同，控制点的选取会受到限制。点位的个数和分布对 H 和 P 矩阵的求解都有影响。通常，控制点应该均匀分布于监控视频中，并且通过优化方法保留较好的点，这里不做进一步延伸，仅就基于单应的互映射方法进行实验。

1. 基于 2D 单应的几何互映射

以 2D 地理空间数据为基础，实现监控视频与 2D 地理空间数据几何互映射模型参数的求解，主要过程包括从 2D 地图和监控视频中选取相应点、计算 H 矩阵并计算相机内外参、基于多平面约束的几何互映射模型实现互映射。

这里采用模拟图像对该方法进行了实验(图 3.13)。地图坐标系统为 WGS1984 坐标系，UTM 投影 50 带，在 3D GIS 视图下获得某视图，获取真实相机参数，具体为：像主点(400，300)像素，主距 785.00 像素，方位角 219.89°，倾角 58.70°，旋角 0°，高度 15.62m，摄影中心(680285.16，3555011.98)m。

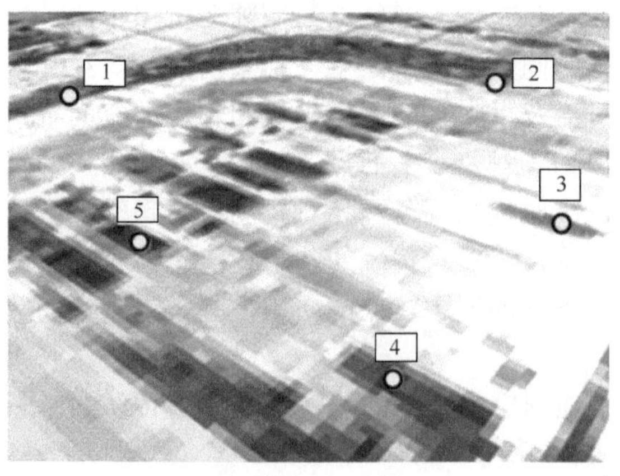

图 3.13　基于 2D 单应的几何互映射

选取图 3.13 中所示的 5 个点作为控制点，具体相应的空间直角坐标和图像坐标见表 3.3。实验结果为：

$$H=\begin{bmatrix} 7.93\text{E}-07 & -4.02\text{E}-07 & 0.8884 \\ -1.29\text{E}-07 & -1.05-07 & 0.4592 \\ 6.76\text{E}-10 & 5.68\text{E}-10 & -0.0025 \end{bmatrix}$$

$$R=\begin{bmatrix} -0.640468025 & 0.770527272 & -0.002643893 \\ 0.406112429 & 0.336880493 & -0.852720552 \\ -0.651823138 & -0.547213966 & -0.528681886 \end{bmatrix}$$

可得，$f=786.43$ 像素；$u_0=400$ 像素，$v_0=300$ 像素；相机中心为(680285.13，3555012.08)m，高度为 15.41m。对 R 进行分解，可得方位角为 220.14°，倾角 58.08°，旋转 0°。

实验结果表明，该计算结果与真实值接近，精度较高。但是在实际应用中，不同的相机姿态、不同的监控场景、地理空间数据的精度都使得相机内外参数求解精度不同。

表 3.3　二维控制点坐标表

点号	空间直角坐标/m		图像坐标/像素	
	X	Y	u	v
1	680262.35	3554968.36	81	118
2	680238.01	3554992.45	639	100
3	680256.16	3555004.72	728	273
4	680271.36	3555004.43	510	481
5	680271.50	3554990.17	179	308

2. 基于 3D 单应的几何互映射

以 3D 地理空间数据为基础，实现监控视频与 3D 地理空间数据几何互映射模型参数的求解，主要过程包括从 3D 地图和监控视频中选取相应点、解算 P 矩阵并计算相机内外参数、基于几何互映射模型实现互映射。

这里对该过程进行了实验，选取图 3.14 中所示的 6 个点作为控制点，具体的三维控制点坐标见表 3.4。地图坐标系统为 WGS1984 坐标系，UTM 投影 50 带，在 3D GIS 视图下获得某视图，获取真实相机参数，具体为：相机中心坐标(680385.26，3554883.12)m，高度为 77.79m，倾角为 79.17°，方位角为 63.12°，旋转角为 0°，像主点为(400，300)像素，主距为 3098 像素。

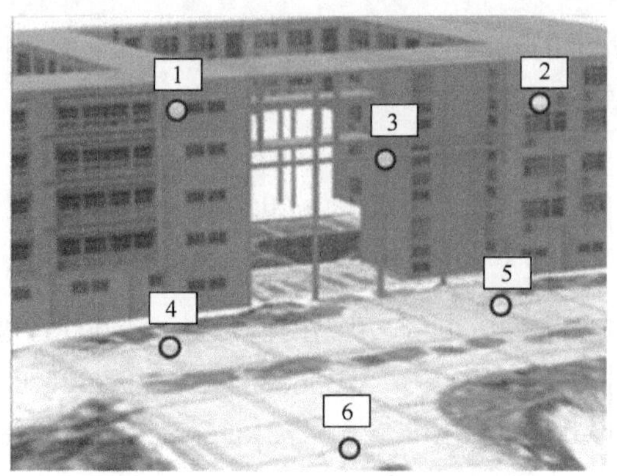

图 3.14　基于 3D 单应的几何互映射

表 3.4　三维控制点坐标表

点号	空间直角坐标/m			图像坐标/像素	
	X	Y	Z	u	v
1	680202.33	3554962.32	51.42	210	122
2	680202.38	3554999.61	50.39	698	105
3	680202.35	3554983.56	45.88	497	184
4	680213.41	3554956.48	33.21	198	440
5	680212.22	3554989.41	33.19	643	385
6	680245.64	3554957.26	33.14	452	566

实验结果：

$$P=\begin{bmatrix} -9.40\text{E}-08 & -2.63\text{E}-07 & 6.73\text{E}-09 & 0.999668092 \\ -2.29\text{E}-08 & 1.16\text{E}-08 & 2.77\text{E}-07 & -0.025762322 \\ 7.86\text{E}-11 & -3.99\text{E}-11 & 1.69\text{E}-11 & 8.82\text{E}-05 \end{bmatrix}$$

$$K=\begin{bmatrix} 3088.678788 & -9.12\text{E}-05 & 398.9638636 \\ 0 & 3088.686625 & 299.05132 \\ 0 & 0 & 1 \end{bmatrix}$$

$$R=\begin{bmatrix} 0.45217951 & 0.891926954 & -3.84\text{E}-06 \\ 0.167565307 & -0.084954679 & -0.982193754 \\ -0.876045409 & 0.444127247 & -0.187870779 \end{bmatrix} \quad T=\begin{bmatrix} -3478352.53 \\ 188071.3824 \\ -982757.3988 \end{bmatrix}$$

从而可得 f 为 3088.7 像素，像主点(399，299)像素，相机中心为(680385.40，3554883.26) m，高度为 77.79m，倾角 79.17°，方位角 63.12°，旋转角 0°。

本实验采用的是模拟图像，从实验结果来看，相机内外参数是正确的。因点位坐标精度、分布状况等使得内外参的解算存在误差，在应用中可通过获取更高精度的控制点，使点位的分布大致均匀等方法以提高相机内外参数解算精度。

3.5.4　不确定性分析

在 2D/3D GIS 下，用于单应的控制点的精度和分布对相机内外参的求解有较大影响，那么，控制点的精度对相机内外参数的影响如何呢？这里就某一 3D 视图，采用模拟的方法来分析控制点误差对计算结果的影响。具体算法步骤如下。

算法 3.8　几何互映射不确定分析方法

目标：

通过模拟的方法，分析控制点的误差对几何互映射模型参数的影响。

算法：

(1) 获取特定 3D GIS 视图所对应的相机内外参数；

(2) 选择控制点，对于 2D 单应选择 4 个及以上，3D 单应选择 6 个及以上；

(3) 对控制点的坐标随机添加特定范围内的一个值；

(4) 求解相机内外参数；

(5) 重复 (3) 和 (4) n 次；

(6) 对 n 次所求解的相机内外参数进行对比分析，获取各自的变化范围和均方差。

图 3.15 选择了 16 个控制点的三维坐标分别随机添加 0.5m 之内的偏移量，分析内外参数变化情况。

模拟图像内外参数真值为：

f = 785.00 像素，u_0=400 像素，v_0=300 像素；

$[X_s, Y_s, Z_s]$ = [680250.17，3554963.59，47.39]m；

方位角：47.85°，倾角：71.36°，旋转角：0°。

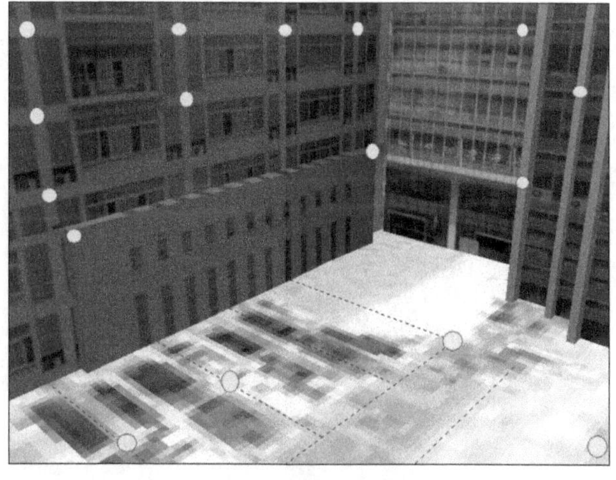

图 3.15　模拟图像及控制点分布图

模拟 2000 次，将模拟值与真值相减取绝对值，查看控制点误差对内外参数的影响。

从表 3.5 可以看出，当控制点存在误差时，相机内外参数都出现了较大的偏差。该实验表明，在控制点大致均匀的情况，地理空间数据的三维坐标若存在 0.5m 的偏差就可导致主距最大偏差 200 像素，像主点偏差 80 像素，倾角偏差 5°，方位角偏差 7°，相机中心为 7m。当前，面向公众服务的电子地图资源精度较低，基于地理空间数据进行互映射，计算精度较低。对互映射精度要求较高时需实测，并顾及点位分布、相机姿态等。

表 3.5　控制点偏差对相机内外参数的影响

类别	内参					外参					
参数	f_x	f_y	s	U_0	V_0	倾角	旋角	方位角	X_s	Y_s	Z_s
偏差范围	0～200	0～180	0～30	0～60	0～80	0～5	0～2.5	0～7	0～7	0～4	0～2.5
均方差	59.08	52.88	7.67	12.51	21.26	1.61	0.64	1.95	2.25	1.07	0.69

3.6　基于特征匹配的半自动化互映射方法

3.6.1　灭点计算及线性特征提取

该小节重点介绍匹配所需特征的求解方法，即基于灭点的内参计算方法和线性特征提取方法。

1. 基于灭点的内参计算方法

三维空间一组平行线经射影变换后汇聚于一点，这一点称为这组平行线的灭点，也称为消隐点或消影点。如图 3.16 所示，Vp_1、Vp_2 和 Vp_3 即为三组平行线两两相交得到的灭点(图 3.16)。

在视频监控场景中，通常存在大量平行线，例如交通监控、停车场、住宅小区等场景。若场景中有 3 个相互垂直的方向，则 3 个方向的平行线构成 3 个灭点。如式(3-29)中，(u_1, v_1)，(u_2, v_2)，(u_3, v_3) 为 3 个灭点坐标。

$$\begin{bmatrix} \lambda_1 u_1 & \lambda_2 u_2 & \lambda_3 u_3 \\ \lambda_1 v_1 & \lambda_2 v_2 & \lambda_3 v_3 \\ \lambda_1 & \lambda_2 & \lambda_3 \end{bmatrix} = P \begin{bmatrix} 1 & 0 & 0 \\ 0 & 1 & 0 \\ 0 & 0 & 1 \\ 0 & 0 & 0 \end{bmatrix} \tag{3-29}$$

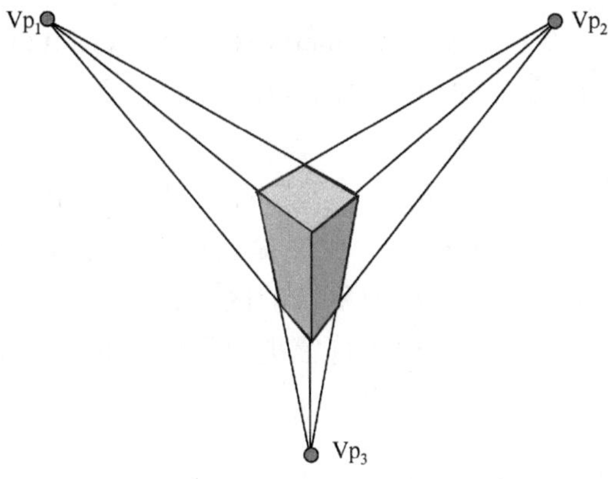

图 3.16　灭点示意图

因 $P = K(R,\ T)$，代入计算机视觉的相机模型得：

$$\begin{bmatrix} \lambda_1 u_1 & \lambda_2 u_2 & \lambda_3 u_3 \\ \lambda_1 v_1 & \lambda_2 v_2 & \lambda_3 v_3 \\ \lambda_1 & \lambda_2 & \lambda_3 \end{bmatrix} = \begin{bmatrix} f & 0 & u_0 \\ 0 & f & v_0 \\ 0 & 0 & 1 \end{bmatrix} R \tag{3-30}$$

对 K 矩阵求逆，得到 R：

$$R = \begin{bmatrix} \lambda_1(u_1 - x_0)/f & \lambda_2(u_2 - x_0)/f & \lambda_3(u_3 - x_0)/f \\ \lambda_1(v_1 - y_0)/f & \lambda_2(v_2 - y_0)/f & \lambda_3(v_3 - y_0)/f \\ \lambda_1 & \lambda_2 & \lambda_3 \end{bmatrix} \tag{3-31}$$

因 R 为正交矩阵，三列中一列和二列、二列和三列、一列和三列对应元素相乘并求和等于 0，整理后得：

$$(u_1 - x_0)(u_2 - x_0) + (v_1 - y_0)(v_2 - y_0) + f^2 = 0 \tag{3-32}$$

$$(u_2 - x_0)(u_3 - x_0) + (v_2 - y_0)(v_3 - y_0) + f^2 = 0 \tag{3-33}$$

$$(u_1 - x_0)(u_3 - x_0) + (v_1 - y_0)(v_3 - y_0) + f^2 = 0 \tag{3-34}$$

根据式(3-32)～式(3-34)可求出像主点和主距，这里仅给出主距的计算公式：

$$f = \sqrt{-(u_1 - x_0)(u_2 - x_0) - (v_1 - y_0)(v_2 - y_0)} \tag{3-35}$$

2. 线性特征提取及灭点检测

无论在灭点的检测方面，还是监控视频与 3D GIS 视图的匹配中，都需要线性特征的提取。稳健的线性特征提取算法是半自动化几何互映射的关键。

线性特征的检测是图像处理领域中一个基础问题。常见的线性特征提取方法包括基于一阶微分的边缘检测算子(Roberts 梯度算子、Sobel 算子、Prewitt 算子、Kirsch 算子)、基于二阶微分的边缘检测算子、高斯-拉普拉斯算子、Canny 算子、Hough 变换等。

从算法原理来看，许多方法都是基于点的位置，通过图像梯度的极值得到的，如 Canny 算子等。最为常用的 Hough 变换提取直线的方式，需要设定阈值，直线的提取具有敏感性。同时，对于纹理复杂的区域，因算法本身忽视了边缘点的方位信息造成提取错误；而另外一种线特征提取思路是把线段看作一个区域，即所谓的线支持区域的方法(图 3.17)。

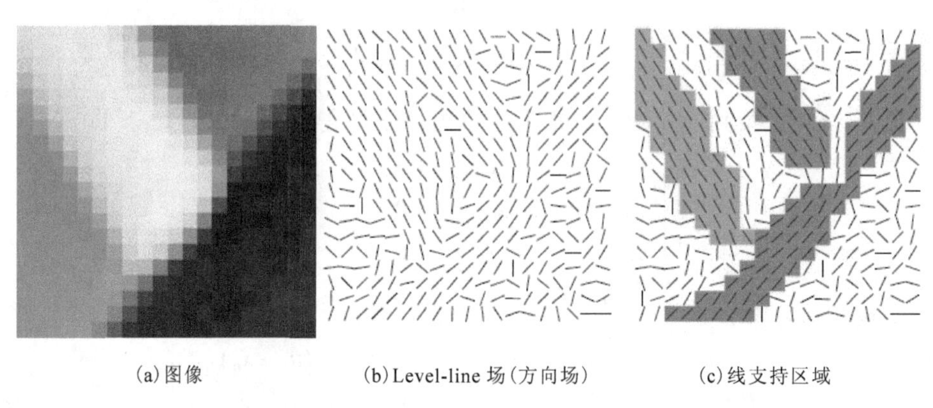

(a) 图像　　(b) Level-line 场(方向场)　　(c) 线支持区域

图 3.17　线支持区域(Lam et al., 1995)

该方法的实现过程如下：

(1) 聚类组合梯度角在一定范围内的邻接像素点，分割图像为线支持区域；

(2) 寻找线支持区域的最佳逼近线段；

(3) 根据线支持区域信息判断线段的有效性。

我们采用了具有代表性的 LSD(line segment detector)方法(Grompone et al., 2010)，该方法具有高效、正确率高的优势。因为监控视频大都安装在城市区域，所监控的场景具有明显的结构化特征，基于 LSD 方法可以很好地提取其中的线段。

对于从图像中提取的线段，除了作为场景结构特征外，还可以用来检测灭点。灭点是场景中平行线在图像坐标系下相应直线的交点。将所提取的线段进行归类，从而获取相互垂直的 2 个或 3 个方向，即可求出相机的主距。在灭点检测方面，常采用 J-Linkage 算法对线段集合进行聚类(Toldo et al., 2008; Tardif, 2009; Chen et al., 2008)，效果较好。灭点计算过程如下：

(1) 线段随机抽样得到最小样本集；

(2) 计算线段的偏向集；

(3) J-Linkage 聚类；

(4) 计算各个方向的灭点。

3.6.2　融合灭点与线性特征信息的匹配方法

随着地理空间数据精度的提高，地理信息为相机参数的求解提供了新的信息源。监控视频是序列图像，地理空间数据既有图像又有图形。图像是现实世界真实的快照，监控视频与遥感影像都是图像，但遥感影像通常在快照之后经过拼接、纠正等处理转换为正射影像，可满足测量的需求。地理空间数据中的其他数据(矢量数据与其他栅格数据)大都经过了对现实世界的制图综合，与相应的快照相似但不相同。综合利用地理信息和监控视频的场景信息，探索半自动的互映射方法，可满足一定精度下的互映射需求。

鉴于基于单应的几何互映射的缺点，即交互式选点、高精度控制点坐标值等，加大了用户操作负担和应用难度，我们设计了一种基于特征匹配的半自动化几何互映射方法。该方法的基本思路是以 3D GIS 为基础，通过反复自动调整观察视角，最终获得与监控视频相一致的视角，获取最佳匹配结果，具体流程见图 3.18。

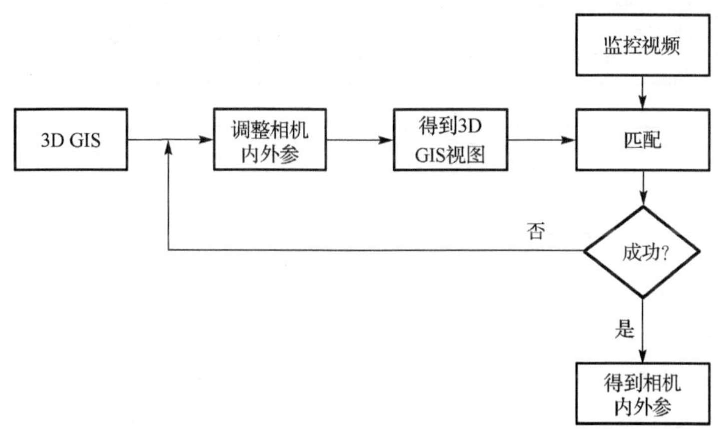

图 3.18　3D GIS 视图与监控视频视图匹配流程

3D GIS 中，任一视图都有固定的相机内外参数。若监控视频与 3D GIS 的某一视图能够匹配，则当前监控视频的相机内外参数就确定了。3D GIS 视图难以穷举，毫无约束的比对并不现实。因监控视频是现实世界的快照，而 3D GIS 是现实世界抽象之后制作而成的，所以 3D GIS 视图不可能与监控视频完全相同，两者的匹配是一个近似的过程。在算法设计中，应该采用多准则联合判断，以获得与监控视频最为匹配的某一 3D GIS 视图。

我们从监控视频和 3D GIS 视图中提取信息，并适当添加约束，减少比对次数，以期实现监控视频与地理空间数据的半自动化几何互映射。本方法主要包括监控视频信息提取、3D GIS 视图信息提取、监控视频与 3D GIS 视图匹配（图 3.19）。

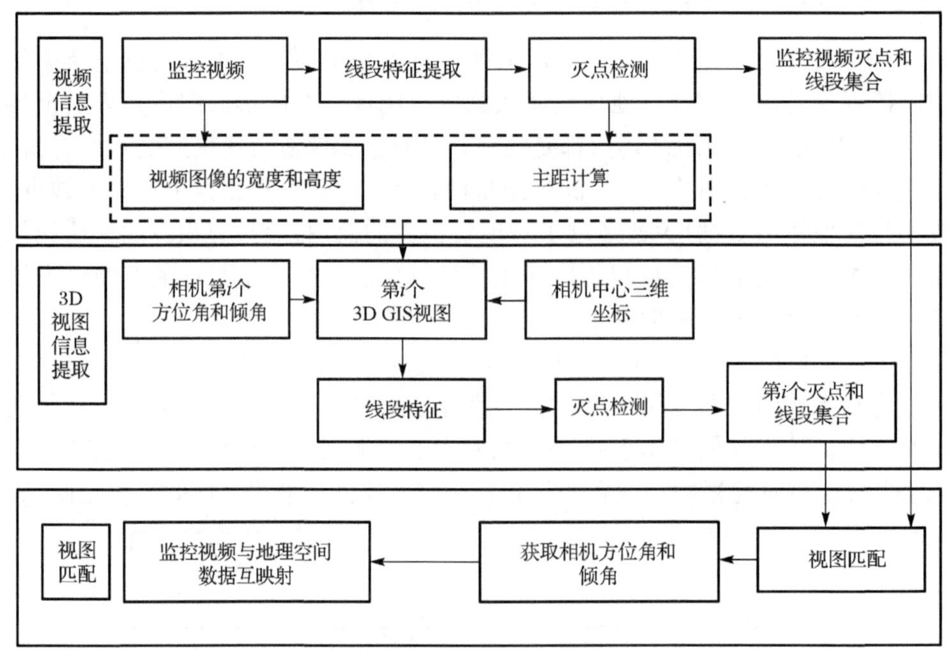

图 3.19　基于特征匹配的半自动化几何互映射方法

1. 监控视频信息提取

从监控视频所提取的信息包括三部分，即视频图像宽度和高度、相机主距、监控视频灭点和线段的集合。具体过程为：

(1)获取监控视频某一帧图像，获取图像高度和宽度；

(2)采用 LSD 提取直线、J-Linkage 直线聚类，基于聚类中的前 2 类或 3 类直线计算当前相机的灭点位置，计算当前相机的主距；

(3)将计算出的灭点坐标及所提取得线段构成一个集合，设为 B。

2. 3D GIS 视图信息提取

为了提高计算效率，本方法设定相机中心的三维坐标由用户指定，而相机主距、窗口大小在第一步中已经得到，设相机的旋转角为 0°。基于这些参数，在 3D GIS 中，通过改变相机的倾角和方位角，就会得到相应姿态的 3D

视图。对生成的系列 3D 视图采用类似于监控视频信息提取中的方式获取各自的灭点位置及线性特征，各视图下灭点坐标和线段构成集合，设为 $C\{C_1, C_2, C_3,\cdots,C_n\}$。

3. 监控视频与 3D GIS 视图匹配

监控视频与 3D GIS 视图的匹配，其实质就是集合 B 与 C 中集合 C_i 的匹配，主要包括灭点坐标和线段的匹配。

1）灭点坐标匹配

（1）获取 B 和 C_i 中的灭点坐标，因某些方向灭点的坐标非常大或者小，会造成匹配错误，可仅仅保留坐标值相对稳定的 2 个灭点。

（2）计算 B 中每一个灭点到 C_i 中各个灭点的距离，会得到 4 个距离值，记最小的距离 d_{1i} 及参与计算的两个点，则由另外两个点获取另一个距离 d_{2i}。这样，对每一个 3D GIS 视图就可以得到两个距离（图 3.20）。

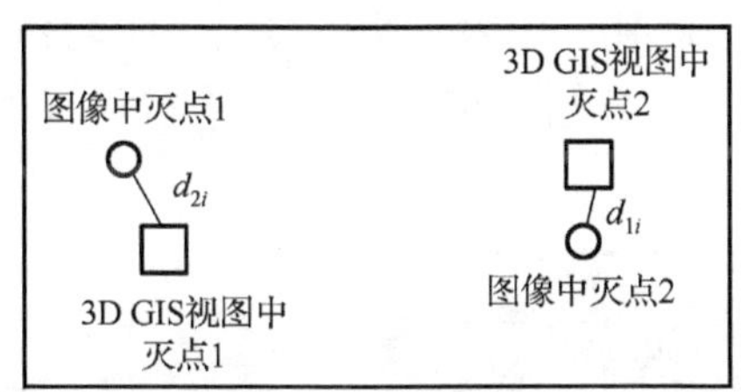

图 3.20　监控视频与 3D GIS 视图灭点匹配

（3）计算灭点的匹配率。设灭点的匹配率为 P_{1i} 和 P_{2i}：

$$\begin{cases} P_{1i} = \min(d_{1i}) / d_{1i} \\ P_{2i} = \min(d_{2i}) / d_{2i} \end{cases} \tag{3-36}$$

2）线特征匹配

（1）对监控视频中的线段作缓冲区（B_{VB}）。

（2）将 3D GIS 视图中的特征线与 B_{VB} 求交，获取落在 B_{VB} 中并且该直线的斜率与 B_{VB} 所对应的线的斜率近似的线长度（IL_i）。

（3）获取 3D GIS 视图中的特征线的总长度（L_i），并计算匹配率为 P_{3i}：

$$P_{3i} = IL_i / L_i \tag{3-37}$$

综合考虑 P_{1i}、P_{2i}、P_{3i}，得到监控视频与 3D GIS 视图的匹配率 P_i：

$$P_i = (P_{1i} + P_{2i} + P_{3i}) / 3 \tag{3-38}$$

(4) 基于最高匹配率的 3D GIS 视图，获取相机内外参数，构建监控视频与地理空间数据的几何互映射模型。

(5) 实现监控视频与地理空间数据的互映射。

3.6.3 实验分析

通常，监控视频中含有结构化信息，例如平行线，可以用于求取相机内参，而线性特征可作为监控视频与 3D GIS 视图匹配的基础。

研究以南京师范大学仙林校区为实验靶场，实验数据包括两大类型：3D 地理空间数据(高精度 DEM、QuickBird 高清遥感影像、建筑物精细模型等)和 2D 地理空间数据(1∶500 地形图、QuickBird 高清遥感影像)。

1. 监控视频与 2D 地理空间数据半自动互映射

当监控视频核心区域为某一平面，而地理空间数据仅仅具有二维数据时，也可以实现两者的半自动互映射。具体方法：首先，在 3D GIS 中加载 2D 地理空间数据，默认高程设置为 0m。然后，可采用类似于监控视频与 3D 地理空间数据半自动互映射方法(图 3.21)。

(a) 监控视频

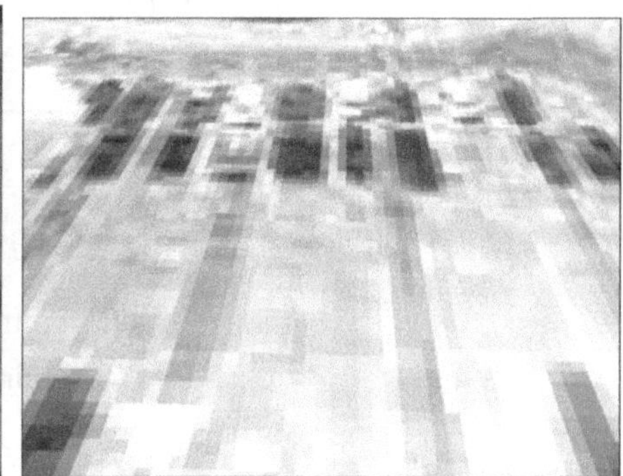

(b) 3D GIS中遥感影像视图

(c) 监控视频中特征线

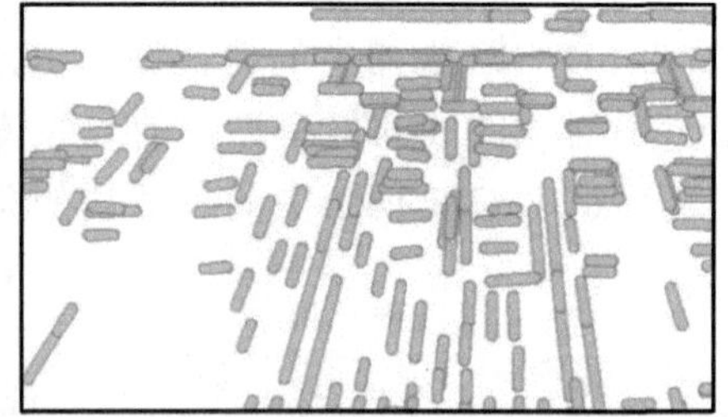

(d) 线缓冲区(缓冲半径5像素)

图 3.21　监控视频核心区域为一个平面

监控视频相机内外参数：主距为 785 像素，图像宽度和高度分别为 800 像素和 600 像素，像主点为图像中心，相机中心点坐标(680264.00，3555013.36)m，相对于地平面高度为 13m，倾角 53°，方位角 178°。2D 地理空间数据为 QuickBird 遥感影像。

3D GIS 下视图生成方法：设定部分相机初值，这里设定观察点坐标(680264.00，3555013.36，13)m，而视场角(64.99°)可由监控视频的主距及图像尺寸计算；动态改变倾角(范围为 45°～60°，间隔 3°)，方位角(162°～200°，间隔 2°)，则可生成 120 个视图；对每一个视图提取特征线(图 3.22)。

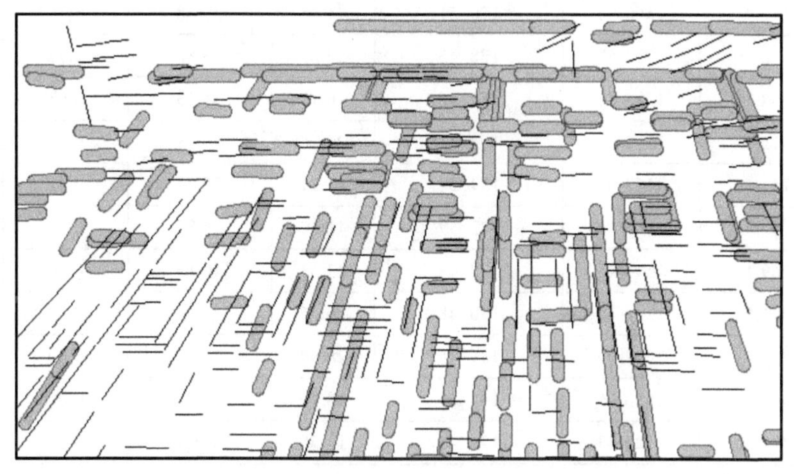

图 3.22　3D GIS 视图与缓冲区叠加

灭点匹配：3D GIS 视图的灭点与监控视频的灭点距离进行排序，若有多个距离，以第一个距离为准进行排序。选择其中前 N 个，再按照第二个距离排序。经过两侧排序，得到候选视图，这里 $N = 20$。

线特征匹配：对于灭点匹配后获取的 3D GIS 视图子集，进行线性特征匹配。监控视频与 2D 地理空间数据的系列 3D GIS 视图进行匹配，结果如表 3.6。匹配结果表明，最高匹配率为 45.82%，即方位角为 178°，倾角为 54°，接近真值(方位角 178°，倾角 53°)。

表 3.6　监控视频与 2D 地理空间数据 3D GIS 视图的匹配

序号	距离 1/m	距离 2/m	方位角_倾角	P_1/%	P_2/%	P_3/%	P/%
1	63.32	2572.25	178_54	100.00	24.07	13.38	45.82
2	117.12	789.98	184_54	54.06	78.38	0.48	44.31
3	260.89	619.16	164_57	24.27	100.00	0.55	41.61

续表

序号	距离 1/m	距离 2/m	方位角_倾角	P_1/%	P_2/%	P_3/%	P/%
4	284.66	638.72	190_45	22.24	96.94	0.04	39.74
5	247.52	674.24	188_45	25.58	91.83	0.19	39.20
6	70.86	2588.82	182_51	89.36	23.92	0.52	37.93
7	134.82	1255.96	174_57	46.97	49.30	2.44	32.90
8	105.55	2365.07	182_48	59.99	26.18	8.88	31.68
9	115.37	1930.18	172_54	54.88	32.08	0.74	29.23
10	142.41	1560.56	170_51	44.46	39.68	0.16	28.10
11	158.99	1725.57	178_45	39.83	35.88	2.52	26.08
12	137.28	1988.82	184_48	46.12	31.13	0.61	25.96
13	312.52	1102.01	192_45	20.26	56.18	0.33	25.59
14	153.66	2163.25	184_57	41.21	28.62	0.21	23.35
15	151.49	2304.68	172_57	41.80	26.87	0.48	23.05
16	269.16	1540.44	192_48	23.53	40.19	0.00	21.24
17	236.57	2232.48	190_48	26.77	27.73	0.00	18.17
18	220.71	3002.99	186_45	28.69	20.62	0.00	16.44
19	348.79	2590.66	194_45	18.15	23.90	0.00	14.02
20	401.39	2723.83	196_45	15.78	22.73	0.00	12.84

2. 监控视频与 3D 地理空间数据半自动互映射

监控视频与 3D 地理空间数据半自动互映射方法与 2D 的情况类似，仅仅是数据不同。

将 3D GIS 视图按照 1°间隔动态生成视图，相机中心坐标为 Z_S(680243.53，3555022.59，42.10)m，方位角为 230°～245°，倾角为 75°～85°，共有视图 165 个，部分视图如图 3.23，上侧为 3D GIS 视图，中间的数字代表该视图对应的方位角和倾角，下侧为 3D GIS 视图所提取的特征线。

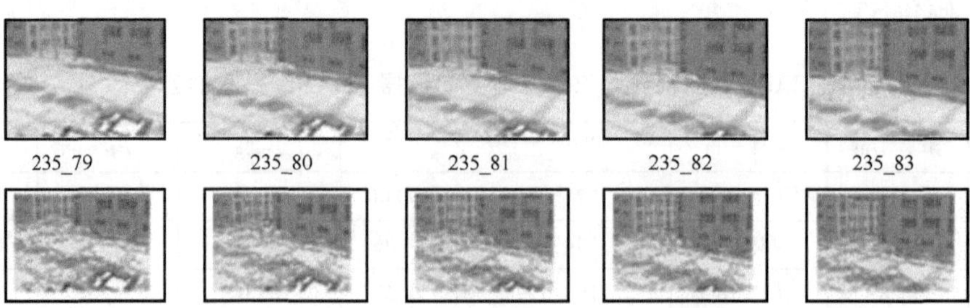

图 3.23　3D 地理空间数据的 3D GIS 视图

因为 3D 地理空间数据更为详细，缓冲半径的设置可适当减小，实验中设置为 5 个像素(图 3.24)。如果地理空间数据精度较高，可减小缓冲阈值，获取较高精确的匹配结果。同时，在划分 3D GIS 视图时，需将视图的间隔划分得更细，从而提高求解相机内外参的精度。

(a) 监控视频

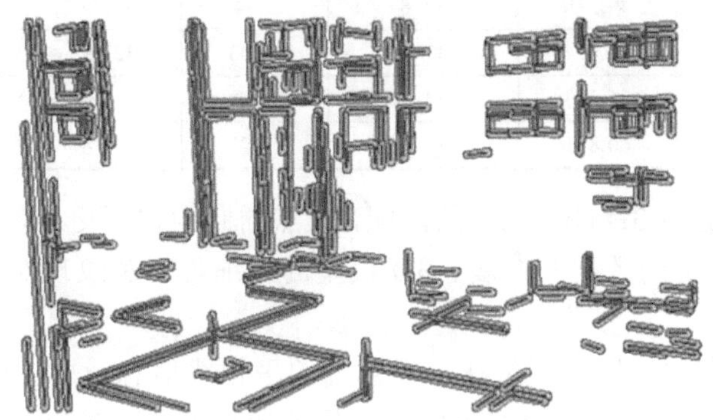

(b) 监控视频中特征线及其缓冲

图 3.24　监控视频与 3D 地理空间数据半自动映射

采用类似的方法，将监控视频图像与 3D GIS 枚举的视图进行匹配，结果如表 3.7。匹配结果显示，方位角为 235°，倾角为 84° 的 3D GIS 视图具有最高的匹配率，该值接近真值(方位角：233.50°，83.20°)，效果良好。

表 3.7　监控视频与 3D 地理空间数据 3D GIS 视图的匹配

序号	距离 1/m	距离 1/m	方位角_倾角	P_1/%	P_2/%	P_3/%	P/%
1	236.732	24.281	235_84	86.09	67.08	4.00	52.39
2	203.809	35.998	232_83	100.00	45.25	2.16	49.14
3	212.714	63.503	234_84	95.81	25.65	2.29	41.25
4	2088.782	16.288	235_83	9.76	100.00	1.15	36.97

续表

序号	距离 1/m	距离 1/m	方位角_倾角	P_1/%	P_2/%	P_3/%	P/%
5	769.237	20.253	237_83	26.49	80.42	3.62	36.85
6	264.113	53.715	236_85	77.17	30.32	2.29	36.59
7	498.158	25.736	236_84	40.91	63.29	5.43	36.54
8	292.456	57.623	238_85	69.69	28.27	3.52	33.83
9	1620.896	19.682	235_82	12.57	82.76	2.50	32.61
10	386.828	54.458	239_85	52.69	29.91	1.67	28.09
11	495.037	54.236	233_81	41.17	30.03	1.01	24.07
12	2040.333	35.040	236_82	9.99	46.48	2.07	19.52
13	841.783	55.398	234_81	24.21	29.40	1.23	18.28
14	952.373	62.063	239_83	21.40	26.24	6.11	17.92
15	1744.657	43.686	235_81	11.68	37.29	0.84	16.60
16	1101.196	59.892	238_81	18.51	27.20	0.94	15.55
17	2050.443	49.516	238_82	9.94	32.90	2.18	15.01
18	2031.993	49.834	237_82	10.03	32.69	1.86	14.86
19	2122.251	51.253	234_82	9.60	31.78	2.25	14.55
20	1741.665	60.831	237_81	11.70	26.78	0.55	13.01

监控视频图像与 3D GIS 视图的匹配，灭点的制约作用更强，线性特征的匹配率较低。3D 地理空间数据的精度、3D 模型的精细程度和纹理对匹配结果都有较大影响。

算法中，灭点的求取主要依托于场景中的平行线信息，3D GIS 视图中的线特征与监控视频中的线特征也存在不同程度的差异，因此，半自动映射方法尚存在不确定性，匹配结果与真值存在偏差，精度相对较低，适用于对互映射精度要求较低的应用。

与传统的基于交互的方法相比，其自动化程度高，减少了用户交互，对场景中控制点的个数及分布无要求，对大范围中众多相机的监控视频与地理空间数据互映射提供了新思路。

监控视频与地理空间数据的互映射，无论对于视频监控领域的分析，还是对于地理信息科学数据的集成应用，都是一个最为基础和关键的问题。本章充分考虑到视频监控领域的最新进展，即 PTZ 相机、高空相机的应用，还考虑到地理空间数据应用现状，即 2D 和 3D 地理空间数据共存，2D 居多，构建了理论严密、内容全面、易于使用的互映射模型，并就相关的特性和方法进行了探索。具体而言：

(1)监控视频与 2D 地理空间数据的互映射：对于 2D 的情况，现有互映射模型，将相机内外参数隐藏于转换矩阵中，适合于采用单应方法的固定相机与 2D

地理空间数据的互映射。在应用中，该模型假定地面为一个平面，并需人工交互、仅可静态映射，难以满足新时期应用需求。本章提出多平面约束的几何互映射模型，并对映射内容、应用方法进行了研究。同时，对映射过程中存在的地面起伏对几何互映射的影响、监控视频空间分辨率问题进行了分析。该模型的优势，主要表现在以下几个方面：①灵活性。可根据监控视野的情况，对不同高程的平面区域分别互映射。②动态性。因模型中各个参数物理意义明显，相机姿态的变化，互映射模型也会实时变化，可使互映射实时化。③内容的全面性。该模型不仅关注几何的对应，而且注重属性的映射，有利于视频内容的理解。

(2) 监控视频与 3D 地理空间数据的互映射：借助三维图形可视化特性，即深度缓存，实现监控视频与 3D 地理空间数据的互映射，相对于传统的基于视线与 DEM 相交的映射方法，更为简洁、高效。因该模型可使监控视频与 3D GIS 视图完全重合，所以内容的映射极为便捷。针对应用需求，设计了几种互映射算法。对监控视频与地理空间数据互映射中存在的监控视频空间分辨率、动态互映射问题进行了分析，有助于大场景下监控视频的有效性分析和映射内容的优化。

(3) 监控视频与地理空间数据互映射方法：监控视频与地理空间数据互映射的核心是相机内外参的求解，本章从两个方面给出了求解方法，并进行了分析，即基于地理空间数据的几何互映射方法和基于特征匹配的半自动化几何互映射方法。前者是对传统方法的进一步扩展，单应计算结果所提出的几何互映射模型提供参数，在一定程度上可满足新时期视频监控系统动态、灵活的互映射需求，其应用前提是需要人工交互、要选取分布均匀、精度较高的控制点。后者旨在减少用户交互，基于丰富的地理空间数据和 3D GIS 系统，以半自动化的方式实现几何互映射模型参数的获取。

参 考 文 献

杜召彬, 邹向东. 2011. 基于灭点的透视校正和空间定位的方法研究. 四川理工学院学报(自科版), 24(2): 198-201

罗晓辉, 杜召彬. 2009. 基于双灭点的图像透视变换方法. 计算机工程, 35(15): 212-214

孟晓桥, 胡占义. 2003. 一种新的基于圆环点的摄像机自标定方法.软件学报, 29(1): 110-124

邱茂林, 马颂德, 李毅. 2000. 计算机视觉中摄像机标定综述. 自动化学报, 26(1): 43-55

吴福朝, 于洪川, 袁波等. 1999. 摄像机内参数自标定——理论与算法. 自动化学报, 25(6): 769-776

张永军. 2008. 基于序列图像的视觉检测理论与方法. 武汉: 武汉大学出版社: 40-48

赵霆, 谈正. 2005. 从单幅图像恢复立体景象的新方法. 红外与激光工程, 33(6): 629-633

Caprile B, Torre V. 1990. Using vanishing points for camera calibration. International Journal of Computer Vision, 4(2): 127-140

Chen Y, Ip H, Huang Z, et al. 2008. Full camera calibration from a single view of planar scene. Advances in Visual Computing. Berlin: Springer: 815-824

Feng C, Deng F, Kamat V R. 2010. Semi-automatic 3D reconstruction of piecewise planar building models from single image//The 10th International Conference on Construction Applications of Virtual Reality, Sendai, Japan: 309-317

Gioi R G, Jakubowicz J, Morel J M, et al. 2012. LSD: A line segment detector. Image Processing on Line, 2: 35-55

Grompone G, Jakubowicz J, Morel J, et al. 2010. LSD: A fast line segment detector with a false detection control. IEEE Transactions on Pattern Analysis and Machine Intelligence, 32:722-732

Hartley R, Zisserman A. 2003. Multiple View Geometry in Computer Vision. Cambridge: Cambridge University Press

Lam W H K, Morrall J F, Ho H. 1995. Pedestrian flow characteristics in Hong Kong. Transportation Research Record, 1487:56-62

Tardif J P. 2009. Non-iterative approach for fast and accurate vanishing point detection//IEEE 12th International Conference on Computer Vision, Kyoto, Japan: 1250-1257

Toldo R, Fusiello A. 2008. Robust multiple structures estimation with J-Linkage//European Conference on Computer Vision, Marseille, France: 537-547

Tsai Y M, Chang Y L, Chen L G. 2006. Block-based vanishing line and vanishing point detection for 3D scene reconstruction//IEEE International Symposium on Intelligent Signal Processing and Communications, Yonago-shi, Japan: 586-589

Zhong H, Mai F, Hung Y S. 2006. Camera calibration using circle and right angles//IEEE 18th International Conference on Pattern Recognition, Hong Kong, China: 646-649

第 4 章　人群监控与模拟研究

4.1　人群监控与管理

随着城市化进程的加快及经济社会的快速发展，娱乐活动、展览活动、体育赛事、庆祝活动等大规模人群聚集活动频繁出现，民用机场、体育场馆、广场等场所数量急剧增加，人群高度聚集、流动性大，构成了具有动态性、不确定性等特点的复杂地理场景。高密度聚集、流动的人群隐藏着巨大的安全隐患，时常发生拥挤踩踏等突发公共事件，造成一定数量的人员伤亡、巨大的经济损失和负面社会影响。突发公共事件是指突然发生，造成或者可能造成重大人员伤亡、财产损失和严重社会危害，危及公共安全的紧急事件，其前兆不明显、具有复杂性特征和潜在次衍生危害，破坏性严重。突发公共事件所具有的突发性、紧急性和高度不确定性等特点，使得预防和应对突发性大型群体事件、恐怖活动等危害国家安全事件难度大、需求迫切。

《国家中长期科学和技术发展规划纲要(2006—2020 年)》中提出“加强对突发公共事件快速反应和应急处置的技术支持。以信息、智能化技术应用为先导，发展国家公共安全多功能、一体化应急保障技术，形成科学预测、有效防控与高效应急的公共安全技术体系”。公共安全技术是其明确支持的重点领域之一，研究新型的突发事件感知和监控技术是当前必须解决的一个重大问题。突发公共事件应急管理是保障公共安全的核心问题，而突发公共事件的感知和监控是突发公共事件应急管理的基础。目前，各国对突发公共事件的管理已经从“事件处理”提高到“事件预防”的需求层次，如何快速感知和实时监控突发公共事件，已成为国内外公共安全保障的重点关注领域。视频监控系统是公共安全事件管理的主要手段，在保障公共安全、防范恐怖袭击、建立社会安全保障体系等方面发挥了重要作用。随着社会的发展，突发事件呈现出新的特点：时间上的多频次，空间上的多区域；单体突发事件极易引发群体事件；突发事件的国际化程度加大。针对这些特点，世界各国政府已将视频监控技术的研究与应用上升到战略高度，从政策、法律、经济等方面给予大力支持。

然而，目前基于视频监控系统的突发公共事件感知和监控处理的智能化水平有待进一步提升，特别是在地理环境协同下的视频分析、行为感知等方面的研究尚少，亟待发展一种集地理环境与视频分析于一体、高效准确的新型感知模式和诊断技术，以满足对突发公共事件的管理和应对需求。因此，研究视频信息与 GIS 的耦合及分析方法，感知监控区域人群数量、人群密度等级及人群异常行为，从地理环境视角来探讨公众聚集场所突发公共事件的防范与应急对策，避免发生群死群伤的恶性安全事故，是一个非常有科学研究价值的课题，具有重要的现实意义，可进一步丰富视频 GIS 的理论与方法，推动 GIS 的社会化与大众化应用，丰富完善群体性突发事件的“预案-管制-评估”理论与方法体系，同时可为建筑设计、交通设计、商业策略等领域提供相关理论与方法支撑。

4.2　人群基本特征

聚集形成的群体人员众多，运动形式不同但互相关联，个体的运动状态在一定程度上影响着群体运动，所以群体的运动过程较个体更加复杂。由于人的行为特点呈复杂和非线性，导致影响人群流动状态的因素和边界条件较复杂。一般来讲，影响人群流动的因素主要包括人群速度、人群密度、个体所占空间、场地情况、人群流量及人群构成等，这些因素之间同时也存在着相互制约的关系。

4.2.1　人群密度

人群密度反映了特定空间内人群的稠密程度，一般指单位面积内所具有的人群数量，单位为人/m^2。人群密度是人群密集程度的定量表示，人群密度过大会产生拥挤，当人群密度达到一定极限时，因拥挤过度会造成人群个体之间相互碰撞，甚至会引发相互推搡。此时，一旦出现人员跌倒或殴打等事件，将会导致拥挤踩踏等群死群伤事件的发生。

目前，国内外对人群密集程度的判别无统一标准，仅局限于对相关特征的描述。如 2005 年由北京市园林局发布的《北京市公园、风景名胜区安全管理规范（试行）》，规定在公园、风景名胜区举行大型活动时，人群密度最大值室内为 1 人/m^2，室外为 1 人/0.75m^2。国际上常采用的步行人流服务水平标准为弗洛因（Fruin，1971a）人员密度服务水平评价指标。当人群密度大于某一临界值时，人群运动表现为群集流动的形式，具有群集动力学特征（孙立等，2007）。群集动力学理论认为，群体移动速度不取决于人群中个体的平均移动速度，而取决于人群密度。人群密度越大，人群的移动速度越小，当人群密度达到一定极限时，人群因过度拥挤会导致无法移动，二者的经验关系如图 4.1 所示（Thompson et al.，1995；Fang et al.，2003）。

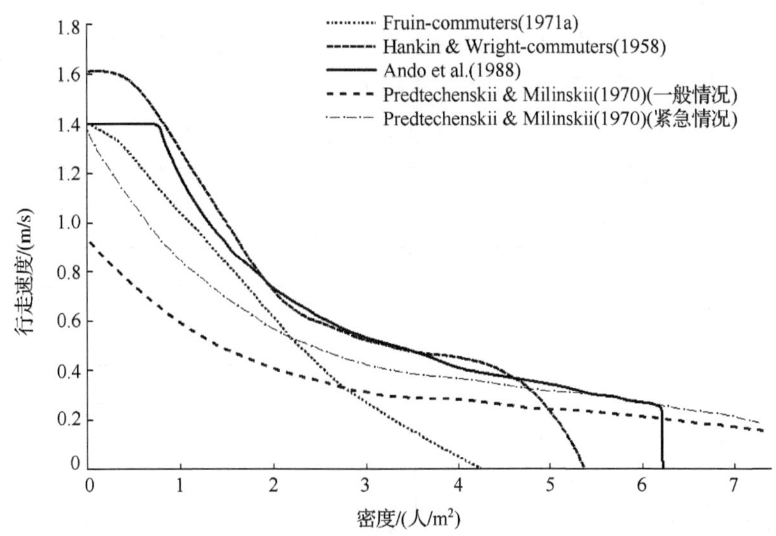

图 4.1　人群密度与移动速度的经验关系(Thompson et al.，1995)

虽然各国学者在描述人流速度-密度关系时，采用不同的函数关系来拟合曲线，但大部分学者的分析结果是一致的。当人群较稀疏时，即行人密度低于 1.5 人/m^2 左右的人群，个体的行为特征起主要作用，行人速度随不同环境呈非线性波动状态。当人群密度在 1.5～4 人/m^2 之间时，曲线较为平缓，且随着人群密度增大，人群运动速度逐渐降低。当人群密度大于 4 人/m^2 时，人群运动将呈停滞状态，或以低于 0.25m/s 的速度缓慢向前移动，极易引起人群的严重拥堵。

Helbing 等(1998)通过研究得知，人群踩踏的形成主要存在以下特点：①极高密度人群中会出现类似流体的压缩和湍流现象；②极高密度人群的运动仍保持相当的速度；③踩踏事故爆发只需极短的时间。因此，控制人群密度是降低拥挤踩踏事故风险和加快人群安全疏散的重要措施，必须限制步行街、广场、室内通道等公众聚集场所的人群最大聚集量，以防拥挤踩踏等突发事件的发生。

4.2.2　人群速度

人群速度是指人群整体表现出来的速度状态，它不是由个体的速度决定，而是人群在行走过程中相互影响和制约表现出来的一种平均速度(迟菲等，2012)。行人的自由速度受多种因素影响，如场地条件、天气、出行目的、行走环境状况、个人身体心理状况等。行人从开阔环境行走至拥挤环境，或该通道行人流量增多时，人群密度、人群流量逐渐增大，人群速度会受到环境交通条件的影响，个体之间的差异会逐步降低。表 4.1 列举了相关研究者测量的行人自由流动速度，其平均值为 1.34m/s，标准差为 0.37m/s。随着人群密度的增加，多种因素会影响人群自由流动速度，导致人群速度呈下降趋势。

表 4.1　行人自由流动速度

来源	平均速度/(m/s)	地点
CROW(1998)	1.40	荷兰
Daly 等(1991)	1.47	美国
Fruin(1971a)	1.40	美国
Henderson(1971)	1.44	澳大利亚
Lam 等(1995)	1.19	中国香港
Morral 等(1991)	1.25	斯里兰卡
	1.40	加拿大
Pauls 等(1995)	1.25	美国
Sarkar 等(1997)	1.46	印度
Tanariboon 等(1986)	1.23	新加坡
Virkler 等(1994)	1.22	美国
总平均值	1.34	

人群速度包括大小和方向。人群整体运动速度大小是表征人群流动快慢的物理量。一般情况下，人群密度越高，人群整体运动速度越慢。人群整体运动速度的变化影响人群流动，若速度不稳定，易发生碰撞、拥挤等现象，严重时可引发拥挤踩踏事件。人群内部速度大小的不均一性也会影响人群流动。在单向流动的群体中，不同特征人体的步长与步频不同，老弱病残幼的运动速度明显低于一般个体。在人群流动过程中，所有个体都倾向于按自己认定的最短路线行进，并希望超越比自己慢的个体，所以人群内部速度大小的不均一性也可引起碰撞、拥挤等事件。因速度具有方向性，人群速度的方向性对人群流动具有较大影响。不同方向行走的人群个体在各自前进过程中会产生相互冲突与碰撞，当这种现象进一步恶化时，易引发拥挤踩踏等群体性突发事件。

4.2.3　人群流量

人群流量是指单位时间内单位长度通过的人数。人群流量可表示为：

$$人群流量(人/(m\cdot s))=人群速度(m/s)\times 人群密度(人/m^2) \tag{4-1}$$

人群流量的单位为人/(m·s)，是衡量人群流动规律的一个重要综合指标，也是衡量某场所通行能力的重要指标。人群流量不能无限增大，在不同场所和不同有效行走宽度下具有不同的最大值，其最大值与人群密度是密切相关的，人群密度过大或过小都不能达到最大人群流量。相关研究表明，人群流量最大值集中在人均面积为 0.4～0.9m^2 的高密度范围内，然而，在此范围内，有限的空间限制了行人速度和运动自由，图 4.2 显示了人群流量与人群速度的关系。当人均空间小于 0.4m^2/人时，流率骤减(Daamen et al.，2005)。袁建平等(2008)通过实际观测得到我国春运期间车站的人群流量是 0.81 人/(m·s)，对应的人群密度为 1.48 人/m^2。人群流量和人群密度的数值对于密集人群管理和场所优化设计具有重要参考价值，如在车站拥挤时段，可尽量将人群密度控制在 1.48 人/m^2 左右，可保证旅客以较快速度前进，以获得最大的通行能力。

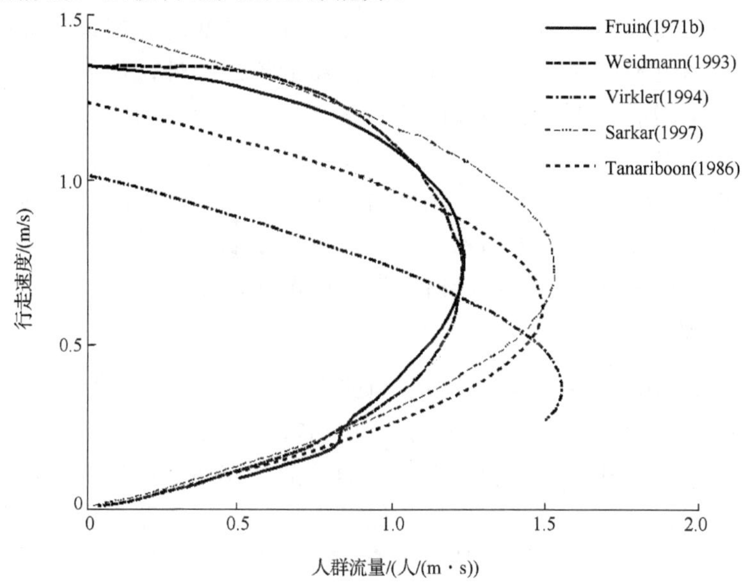

图 4.2　人群流量与人群速度关系曲线(Daamen et al.，2005)

4.2.4　不同场所的人群特征

1. 大型场馆

据统计，20 世纪至今发生的严重拥挤踩踏事故多集中在宗教场所、娱乐场所、体育场馆等大型场馆。大型场馆主要包括公共娱乐场所、集贸市场、大型商场、超市、大型集会、大型体育场馆、宗教活动区等，可分为露天型大型场馆和封闭型大型场馆两类。大型场馆的人群流动具有以下特点。

1) 人群的密集性

大型场馆是人群密集的公众聚集场所，如 2008 年奥运会开幕式鸟巢体育馆的人数达 10 万人；2010 年上海世博会的日入园人数可达百万人次；近年来一些大型招聘会的日均人次高达数万人次。

2) 人群的不可预测性

大型场馆的人群规模、人群流动虽有预测的可能，但因多种不确定因素影响，预测结果与实际状况存在较大出入。可根据历史数据粗略预测人群规模、高峰时段等，但难以进行更精确深入的预测。人群一旦超出预期，有可能超出人群管理的能力，为事故的发生埋下隐患。

3) 人群分布的不均一性

人群分布可分为时间分布和空间分布。据已有研究成果，大型场馆的人群日分布、时段分布具有明显的不均一性，如在举行大型活动、周末和节假日时人员较多。在大型场馆不同区域同样存在人群分布的不均一性，如人群主要集中于展览会的展台、游园活动中的热门园区等。

4) 疏散难度大

由于大型场馆出入口是限制人流量的“瓶颈”部位，因此，在场馆中发生突发事件对人群进行疏散时，因出入口人流通量的限制，疏散时间较长，且发生事件后大量的人拥至出入口附近，越挤越慢，疏散难度较大。

2. 露天道路

露天道路型场所是指马路、天桥等道路型露天场所。与大型场馆相比，露天道路型场所的开放性程度更高，一般无进出口限制。由于是露天状态，故场所内空气流动性较好，有利于烟雾和有毒气体的扩散，在遇到火灾等突发事件时，人群受烟雾等影响程度较封闭式大型场馆低。人们在露天道路型场所主要以行走为目的，而在大型场馆中人们通常是静止的，如观看演出、展览等，所以露天道路型场所比大型场馆的流动性强。

一般来讲，城市中的商业街露天道路型场所是人群密集场所，如北京市王府井商业街、南京市夫子庙步行街等。下面以北京市王府井商业街为例，介绍露天道路型场所的人群流动特点。王府井大街的人群流动规律具有以下特点。

1) 人流量大、人群密集

王府井大街从早上 9 点至/晚上 10 点人流不断，日平均人流量达 30 万以上，节假日人流量高达百万以上。由于王府井大街人群的流动性强，人流量大，易产生各种事故。

2) 人群成分复杂，人群速度和人群密度的不均一性强

相关调查数据显示，王府井大街的人流量中，本市市民约占 23.78%，内地游客约为 48.25%，港澳台游客约占 15.83%，国外游客约占 10.14%。以购物为目的约占 52.31%，以旅游为目的约占 28.76%，以工作为目的约占 13.01%，其他占 5.92%。女性占 57.19%，男性占 42.81%，年轻人占 62.27%，中年人占 26.44%，其他约占 11.29%(迟菲等，2012)。

3. 室内通道

室内通道型场所是指类似地铁、火车站等处于室内供人们行走的通道型场所。下面以地铁站为例，介绍室内通道型场所的特点。地铁具有特定的运营环境，受客流量大、空间封闭等因素影响，极易导致人员群死群伤的惨剧发生，安全隐患十分突出。地铁站易发生的突发事件主要有爆炸、火灾、重大设备故障、塌陷等。以火灾为例，一旦发生火灾，会产生以下危险状况。

1)燃烧速度快

地铁站有多个出口，通风条件好，火势易蔓延。如 1983 年 8 月 16 日，日本名古屋地铁站因电路短路引起火灾，瞬间火势就扩大到 3000m^2 范围，造成停电 4 小时，3 人死亡，3 人受伤(丁复华，2005)。另外，1987 年 11 月 18 日，英国伦敦的国王十字地铁站发生火灾，因当时列车正在运行，使火势迅速蔓延，起火后仅 9 分钟，大火顺着自动扶梯燃烧至售票厅，燃烧面积迅速扩大(彭建等，2010)。

2)高温、浓烟、毒气危害严重

列车内的车座、顶棚及装饰材料等大多可燃，地铁内有大量电缆，一旦发生火灾，往往浓烟滚滚，能见度较低，毒气重，会严重危害人身安全。

3)易出现轰燃现象

地铁火灾一般发生在自动扶梯、变配电室、调度指挥中心、电缆管线、电气列车上等。列车若在运行中起火，火场会变为移动式火场，使火势迅速扩大，并造成意外伤亡。

4)极易造成群死群伤

地铁里特别是上下班和节假日期间客流量较大，人员集中，一旦发生火灾，极易造成群死群伤事件。如 2003 年韩国大邱市地铁火灾造成 126 人死亡、146 人受伤、318 人失踪。

4.2.5　人群状态类型

按照人群密度的不同，人群的聚集状态大致可分为低密度型、中密度型、高密度型和极高密度型。对于人群聚集状态类型的描述与定义，国际上目前没有明确规定，根据公共场所人群安全管理报告(Au et al.，1993)所述的人群密度建议值，对这几种人群状态进行划分，具体划分标准详见表 4.2。

表 4.2　人群密度等级标准

等级	描述	密度/(人/m^2)
很低	自由环境	<0.83
低	一般状况	0.83～1.53

续表

等级	描述	密度/(人/m^2)
中	中等密度	1.53～2.50
高	混乱状况	2.50～3.30
很高	非常拥挤	3.30～5.50
极高	极易发生拥挤事故	>5.50

(1) 低密度型。低密度型指人的行走不受任何限制的自由流动状态。在此状态下，人们可根据自己的想法作出特定的行走行为而不受他人干扰和限制。

(2) 中密度型。中密度型指人的行走略受周围人限制的状态。在此状态下，人们正常行走一般不会受周围人的限制。例如，若某人提高速度，与走在前面人的距离减小，会受前面人速度的限制。

(3) 高密度型。高密度型指人的行走会严重受到周围人限制的状态。这种状态下，个体的行走速度受周围人的影响，因此个体行走速度的差异性较小，个体的速度很难超越其前面的人，且在行走过程中可能会接触到周围的人。

(4) 极高密度型。极高密度型指因人群密度过大而导致人群移动艰难的状态。在此状态下，人与人紧密相邻，移动非常困难，甚至有被挤压的现象，此时若不采取人群疏导措施，极易导致突发事件的发生。

4.3　人群分析方法

4.3.1　人群特征数据采集

要研究人群流动规律，首要解决的问题是如何获取人群特征数据。一般来讲，表征人群流动规律的指标可分为两类，定量指标和定性指标。定量指标是指可用具体数值衡量的指标，如人群密度、人群速度、人群流量等；定性指标是指不能用具体数值来衡量的指标，如人群的性格、心理状态和情绪等。定量指标一般采用实地监测法和设计实验法获取，而定性指标则一般利用问卷调查法获取。本书通过视频监控可实时获取人群特征的定量指标，下面主要对实地监测法进行简要介绍。

实地监测法是指为达到特定实验目的，在特定的实验场地，利用特定的仪器设备，在特定时间段内对一个或多个实验对象进行监测，并获取特定实验数据的数据采集方法。实地监测常采用视频监控技术、红外热像仪及热红外成像技术等。

视频监控技术是一种传统视频技术与现代通信技术相结合的技术，广泛应用于安防等领域。在基于视频监控的人群运动分析中，人群密度、人群速度和人群流量是最重要的三个指标。利用视频监控技术获得人群图像数据，通过模式识别等方法对人群密度特征进行分类，可实现对人群密度特征的提取。人群运动速度是人群流动规律研究中的一项重要指标，其估计方法较多，大致可分为块匹配法、光流法、运动历史图像法等。在人群流量估计中，其核心问题是通过视频监测获得的图像进行人数统计，主要有基于人体分割的人数统计法和基于统计回归的流量统计法。

红外热像仪是基于红外探测器、光学成像物镜与光机扫描系统，对被测目标的红外辐射量进行测量，并映射至探测器的光敏元件，经放大处理、转换形成红外热图像。随着热成像技术的成熟及各种低成本民用热像仪的问世，红外热像仪在国民经济各部门发挥的作用越来越大。在人群流动研究中，红外热像仪常被用来进行夜间或有障碍物存在情况下的人群行为监测。

4.3.2　人群流动分析

常用的人群流动规律研究方法有统计分析法和模拟分析法两种，下面对这两种方法做简要介绍。

1. 统计分析法

统计分析是指对收集到的有关数据资料进行整理归类并做相关解释的过程。统计分析是统计工作中统计设计、资料收集、整理汇总、统计分析、信息反馈五个阶段最关键的一步。通过对人群流动规律数据的基本统计描述，可得到数据的分布状况，数据的主要特征值，时间序列的趋势性，是否存在异常值等。常用于人群密度、人群速度、人群流量规律研究的统计分析法主要有对比分析、关联分析、分类分析和聚类分析等方法。

1) 对比分析

①连续时间段的数据对比。通过对同一位点同一时期连续时间段的人群密度、人群速度、人群流量等数据进行对比，分析一天当中连续时间段的数据变化规律，进而发现一天中数据的高峰和低谷时段，探索一天中数据的相关特殊现象。

②不同日期同一时段的对比分析。比较分析同一地点不同日期同一时段的人群密度、人群速度、人群流量等数据，分析不同日期对数据变化规律的影响，分析不同日期某时段数据的波动性，通过计算均值和标准差确定正常的波动范围，并探索不同日期同一时段数据的共性与特殊性。

③季节性特征对比分析。季节性特征是指某些特殊日期不同于其他日期的特征。如季节、寒暑假、雨天、高温天气、节日等不同于一般日期的特征。对某一特殊日期数据与普通日期数据进行对比分析，探索特殊日期与普通日期之间的共性与特殊性。

④不同地点同一时段的对比分析。对不同地点在同一时段内的数据进行对比分析，探索不同地点人群流动规律的相同点和不同点。

⑤走势曲线对比分析。通过对不同地点不同日期人群密度、人群速度、人群流量等数据的时间走势曲线对比分析，分析时间走势曲线的共性与特殊性。

2) 关联分析

关联分析指如果两个或多个事物之间存在一定的关联关系，则其中一个事物可通过其他事物进行预测。关联可分为简单关联、时序关联和因果关联。其目的是挖掘隐藏在数据之间的相互关系，找出数据中隐藏的关联关系。

①不同属性之间的关联分析。通过对同一地点同一日期人流量和人群密度之间、人群流量和人群速度之间、人群密度和人群速度之间进行关联分析，得到不同属性之间的关联关系，进而探索相关科学问题。

②同一属性相继时段的关联性分析。通过对同一地点同一日期人群密度、人群速度、人群流量的回归分析，分析同一地点某时段的人群密度、人群速度、人群流量是否会对后一时段的人群密度、人群速度、人群流量产生影响。若存在相互关系，可提取相关参数，作为检测预警指标。同时，可对不同地点同一日期人群密度、人群速度、人群流量进行回归分析，分析不同地点的人群密度、人群速度、人群流量之间是否具有关联关系。若存在关联关系，某地点的监测预警参数可作为另一地点的参考。

③同一属性不同日期相同时段的关联分析。通过对同一地点不同日期相同时段的人群密度、人群速度、人群流量等数据的关联分析，探索各属性之间是否存在关联性，若存在关联关系，则某日期的监测预警参数可作为其他日期的参考。

3) 分类分析

①根据人群密度、人群速度、人群流量对时间进行分类。利用同一地点在每天不同时段人群密度、人群速度、人群流量的差异性，对一天的时间进行分类。也可以根据同一地点在不同日期人群密度、人群速度、人群流量的不同，对日期进行分类。

②根据人群分布情况进行分类。根据人群分布的均匀性的不同，对不同地点、不同日期、不同时段进行分类。

③根据人群流量大小的不同进行分类。根据人群流量的大小对不同状态的人流量进行分类。

4) 聚类分析

根据选定的不同属性数据按距离分成不同类别，对类别特征进行分析和描述，如按节假日、天气情况等对数据进行分类。同时，可利用层次聚类法对人群密度、人群速度、人群流量等属性数据进行分阶段聚类，并分析其聚类过程的特点。

2. 模拟分析法

模拟分析是利用计算机模拟仿真方法对人群流动规律进行模拟研究，此方法是随着计算机技术的发展而发展起来的，现已广泛应用于人群流动规律研究领域。根据描述行为细节的详细程度，可将人群模拟模型分为宏观模型和微观模型。

宏观模型是最早出现的人群流动模拟模型，它将整个人群作为建模对象，不考虑人群中个体间的相互作用，而建筑物的空间结构则简化为一个图，用来模拟人群的疏散状况。因这种模型对真实状况做了较大简化，对计算机计算能力要求不高，所以，早期的人群流动仿真系统大多基于此类模型。宏观模型主要有流体力学模型、最大熵模型等。宏观模型中忽略了个体差异对行人运动的影响，微观模型可详细描述行人行为，根据行人空间的表示方法，可分为连续微观仿真模型和离散微观仿真模型。微观模型主要有成本效益元胞模型、元胞自动机模型、磁力模型、社会力模型和排队网络模型等。

4.3.3 人群分析应用

人群分析是为了得到人群的流动规律。人群流动规律受多种因素影响，在不同密度、不同天气、不同场所、不同心理状态等因素影响下，人群流动的规律有所不同。研究并应用人群流动规律，在建筑设计、人群管理等方面具有重要意义。

1. 建筑设计

随着城市化进程的加快，在高密度人居环境下科学合理地进行建筑布局与设计已成为当前一个重要问题。通过监测分析人群的行走规律，模拟人群流动，合理地进行建筑设计，可达到节省空间，方便出行的目的。当前各种大型建筑的使用功能日趋复杂，给建筑安全疏散设计带来了十分严峻的挑战。从建筑设计方面进行路线优化是应急疏散的根源解决方案，顺畅简单的疏散线路是保证人员顺利疏散的前提。一般来讲，疏散路线主要包括建筑布局、疏散通道、疏散楼梯、安全出口等，科学地理解与应用建筑物内人群流动规律，可为建筑设计提供很好的科学依据，进而消除建筑设计中存在的安全隐患。

2. 人群管理

人群流动规律研究可为商业营销、设施布局等提供依据，同时可有效预防和管理因人员密集引发的各类突发事件。在发生紧急事件或人群密度过大时，一方面需迅速启动应急疏散预案和相关应急疏散准备，另一方面是做好现场应急疏散管理。决策部门可根据人群流动规律临时指定相关应急疏散措施，以加快对密集人群的疏散速度。

在出现大规模人群拥挤现象之前，根据人群流动规律，指定分流方案引导人群在时间与空间上最大程度呈均匀分布，防止人群拥挤现象的出现和更大区域内的蔓延。时间分布引导可以通过营销、宣传等策略，如采用差别票价方法，节假日期间使票价上浮，引导人们在时间上分散，减缓节假日高峰。空间分布引导的目的在于避免密闭空间人群严重拥堵，可采用协调场馆活动，加强宣传引导，局部优化设置等。大型活动易出现局部拥挤，如在流量大的地铁口或大型场馆入口等位置设置迂回型通道，根据人群数量和密度适当进行调节，避免人群拥堵；另外，可采取网上售票、提前预购等方式减少售票口人员的密集程度。

3. 道路设施设计

城市道路建设的各个环节都需从人的角度出发，满足各种人群的不同活动需求。一般来讲，影响行人行走的因素较多，如步行距离、道路的直达性、坡度、导向信息、公交候车棚等。根据人群流动的规律及人的心理需求进行道路宽度和长度设计，交通信号灯时间设置等可有效提高通行效率。所以研究人群流动规律可以很好地指导道路设施的规划与设计。

综上所述，已有对人群分析的研究主要包括以下三方面：

(1) 通过对人群密度、人群速度、人群流量等人群基本特征的实测分析，定量研究各人群特征对人群流动的影响，建立人群流动规律经验模型，并进一步分析各因素之间的相互作用机理；

(2) 人群在不同类型的活动场所其流动特征不同，针对不同类型的公众聚集场所研究人群的流动特征，可为各类公众聚集场所的人群管理、建筑设计等提供依据；

(3) 利用实地监测、问卷调查等手段采集人群特征数据，并采用不同分析方法研究人群的流动规律。

现有对人群分析的研究只局限于人群特征之间的相互作用机理、人群在不同活动场所的流动规律、不同的人群数据采集与分析方法等方面，为人群分析提供了相关基本理论。但以上研究只针对某一特定场景展开，侧重于研究人群特征本身的相互作用关系，对人群的实时监控研究较少，且未涉及多监控场景间人群的协同监控与分析。对于布设有大量监控探头的区域，如何根据已有的人群分析基础理论，研究多相机协同的大区域人群流动规律，是需要进一步研究的内容。

4.4　人群流动建模与模拟

随着计算机技术的发展，以及对人群行为和心理研究的深入，研究人员开始用计算机直接模拟人群在室内外的运动过程，构建了大量人群流动规律模型。人群流动模拟模型研究建立在人群运动量化研究的基础之上，目前已有数十种模型，多用于对人群疏散的模拟。现有模型大致可以分为宏观模型与微观模型两类。

4.4.1　宏观模型模拟

宏观模型一般用来描述行人的集体交通行为，描述行人的流量、速度和密度等信息。在 20 世纪 70 年代基于流体力学的宏观模型最先由 Henderson(1971)提出，之后逐渐发展起来用于人群运动模拟。它将人流看作一个整体，不考虑人群中个体间的相互作用，建立相应的动力学模型，并考察模拟结果的特征。另外，具有代表性的宏观模型还有 Lovas(1994)提出的回归模型、Milazzo 等(1998)提出的排队模型。由于此类模型对真实状况做了较大简化，对计算机计算能力要求低，故人群流动仿真系统多基于此类模型。在以上宏观模型中，因人们之间存在特别的相互作用，很难考虑不同场景和基础设施对行人行为的影响，所以气体动力学或流体动力学理论在应用时需要进行修正，宏观模型并未考虑到个体行人之间的相互影响，不适用于行人区域中具有建筑障碍的情况。

4.4.2　微观模型模拟

微观模型用来描述单个行人的交通行为，较为详尽地描述行人位置、速度、加速度等信息，由多个行人的位置和速度分析得到行人流量、速度和密度等。宏观模型忽略了个体差异对行人运动的影响，而微观模型与宏观模型互补，可详细描述行人行为，根据行人空间的表示方法，可分为连续微观仿真模型和离散微观仿真模型。连续型模型包括社会力模型(Helbing et al., 2000)和磁场力模型(Okazaki et al., 1993)。此类模型在空间和行为的刻画上较离散模型更细致，但只能对有限规模的场景进行仿真。离散型模型对空间与时间进行离散化处理，以减少仿真过程的计算量。因其规则简单、运算速度快，适用于大规模场景的仿真，具有代表性的离散型模型为元胞自动机模型(Wolfgram, 1983)。微观模型注重于对具有自治行为方式的虚拟行人个体进行建模，强调心理因素和外界环境对运动行为的影响，从而使其结果与宏观模型相比更具有现实性。基于经典的宏观与微观模拟模型，研究者提出了大量的人群模拟模型，用于模拟人群的运动过程、人群疏散仿真等(Shen, 2005; Pelechano et al., 2008; 陈鹏等, 2011; 张仁军等, 2011; Tang et al., 2012)。

力学模型是将行人看作满足力学运动定律的质点，用力矢量描述行人的受力情况及内在机理。Okazaki 等日本学者提出了磁场力模型，将行人及障碍物作为正电荷，将行人的行进目标作为负电荷。行人在行走过程中受内在动机的驱动，自发向行进目标移动并尽力避开障碍物，磁场力模型通过正负电荷之间的吸引力对此现象进行模拟。模型中行人的电荷电量越大，就会越敏感，行为越冲动。基于磁场力的模拟模型标定困难，若行人之间、行人与障碍物之间带同种电荷，会出现不符合常理的排斥现象。

在磁场力模型的基础上，Helbing 等（2000）提出了社会力模型，此模型的计算强度大，描述能力强，在微观行人仿真领域具有深远影响。社会力模型是微观行人仿真研究中具有里程碑意义的研究成果，目前已实现了基于社会力模型或其简化模型的商业行人仿真产品，如 VISSIM 等。社会力模型多为粒子自驱动模型，将行人作为符合牛顿第二定律的粒子，并假设质量为单位 1，将行人的各种内在动机类比为各种作用力，如面向目的地的加速力，行人间的排斥力，行人与障碍物间的排斥力及行人与同伴、信息源之间的吸引力等。社会力模型能够描述正常状态下拥挤人群的自组织、瓶颈拥堵、多方向人流等现象。

总的来说，目前对人群流动的模拟研究，大都基于已有对人群运动规律研究成果，构建人群模拟模型，应用于人群疏散模拟、建筑设计、设施规划等领域，从研究现状可知人群模拟将逐渐转向在 GIS 环境中实现。但现有人群模拟主要存在以下待解决问题：

（1）人群模拟与人群分析是分开的，未充分利用实时监控的人群特征数据，造成人群分析只能利用人群特征进行低层次分析，无法实现利用人群特征进行人群状态的模拟预测。

（2）人群模拟模型的输入大都为假设数据，用于对特定环境下特定场景的模拟，其模拟结果的真实性难以验证。

从已公开专利情况看，人群模拟具有如下特点：①以模拟方法改进和模拟平台搭建为主；②基于模拟模型在特定场景下模拟人群运动，其模型输入大都为人为设定。主要存在以下不足：

（1）由于模拟模型的输入是人为设定，其模拟结果的真实性难以验证；

（2）人群分析提供了真实的人群特征信息，可用于人群模拟模型的构建，但人群模拟未充分利用此类信息；

（3）GIS 为人群模拟提供了良好的环境，但现有人群模拟未充分利用与 GIS 集成的优势。

4.5　基于视频的人群状态分析

4.5.1　人群密度估计

人群密度是人群分析中的重要因素。人群密度用来衡量公共场所的拥挤状况，同时也可用来检测公众聚集场所的危险程度。目前对人群密度的研究可分为三类：基于像素的方法、基于纹理分析的方法和基于人体分割的方法。

1. 基于像素的方法

像素统计特征是最早用来估计人群数量的特征，基本思想为：人群数量越多，其前景人群图像占整幅图像的比例越大，同时前景图像的边缘像素数目越多。基于像素的方法最早由 Davies 提出，通过去除图像背景提取人群前景，运用边缘检测法提取前景边缘像素数目，根据标定的人数拟合人群数量估计线性模型，将提取的前景边缘像素数输入模型可得到相应的人群数量。基于此方法，Yin 等(1995)利用动态背景更新技术进行了改进。Cho 等(1999)提出了一种基于神经网络的人群密度估计方法，首先从视频图像中提取前景边缘特征，将相关的像素特征参数输入人工神经网络，进而实现对人群密度的等级分类，并成功应用于地铁站人群密度的异常检测与人群流量的统计分析。由于透视畸变效应的影响，人群前景像素与边缘像素数目随着其真实点距相机的远近产生近大远小现象。为消除透视效应，Ma 等(2004)提出了一种对人群前景图像进行透视校正处理进而估计人群数量的方法。该方法建立了透视校正后前景像素与人群数量间的线性关系，并通过分析监控场景中的人群密度，实现了对相关异常事件的检测。随后，出现了大量基于像素的人群数量、人群密度估计方法(Chan et al.，2008；Ryan et al.，2009；Kim et al.，2010；Hussain，2011；吴晟等，2011)，这些方法大都基于以上方法致力于效率与精度的提高。

2. 基于纹理分析的方法

基于像素的方法在人群密度较小时具有良好效果，随着人群密度的增大，因行人间相互遮挡等原因，使得此类方法的线性关系不再成立。Marana 等(1998)根据人群图像的纹理模式，提出了基于纹理分析的人群密度估计方法。此类方法认为：高密度人群在纹理上表现为细模式，低密度人群表现为粗模式。提取人群图像感兴趣区域的纹理特征，基于图像纹理分析，训练人群密度等级分类器，并使用密度等级分类器实现对人群密度的等级分类。Marana 采用了灰度共生矩阵、直线段、傅里叶分析、分形维等四种纹理分析方法进行纹理特征提取，并分别训练了神经网络、贝叶斯、拟合函数等三种分类器对人群密度进行分类。结果表明，基于灰度共生矩阵提取人群图像的纹理特征，利用贝叶斯分类器分类具有较好的效果，但是对高密度与极高密度等级的区分结果欠佳。之后，Marana 等(2001)又针对相机透视效应，提出了基于小波分析的人群密度估计方法，采用小波包分解提取人群图像的多分辨率纹理特征，进而实现对人群密度的估计。首先对图像进行小波分解，得到小波系数矩阵并计算矩阵能量，将能量值作为特征向量输入神经网络分类器对人群密度进行分类。多尺度纹理分析克服了透视效应问题，可有效对人群图像进行多尺度分析，但其数据量大，计算复杂度高。Wu 等(2006)

根据透视效应将图像分为不同分辨率的图像块，对各图像块提取多尺度纹理特征，并建立多尺度纹理特征向量，最后利用支持向量机分类器对人群图像进行人群密度等级分类，其精度可达 95%。随着研究的进一步深入，国内外很多学者对基于纹理分析的方法进行了改进（Rahmalan et al.，2006；Chan et al.，2008，2009；Guo et al.，2009；Yang et al.，2014）。

3. 基于人体分割的方法

基于人体分割的方法是在图像或视频序列中识别人群个体，进而统计人群数量。Lin 等（2001）提出一种利用 Haar 小波变换和支持向量机相结合的人群密度估计方法。首先利用 Haar 小波变换提取图像中类似头部的轮廓特征，然后训练支持向量机分类器用于判断头部轮廓，最后对提取的头部轮廓进行几何校正实现对人群数量的估计。Zhao 等（2003）提出了基于贝叶斯的人体分割方法。他们利用人体三维模型表示前景目标，并基于贝叶斯框架进行人体形状、人体高度、相机模型、前景目标等特征跟踪，最后采用马尔可夫链概率模型完成对人体的分割及数量估计。Leibe 等（2005）提出了一种从上至下的人体分割方法进行人群数量估计，将图像的全局特征与局部特征相结合判断图像中是否有人出现，该方法对遮挡重叠的场景具有较好鲁棒性，但不能处理遮挡现象特别严重的场景。Rabaud 等（2006）利用 KLT 特征跟踪实现了对人群图像的人体分割，并利用时空滤波与聚类算法提取人体的时空轨迹，但该方法无法实现对静态人群的人数估计。此外，还有许多学者采用人体分割方法进行人群数量估计（Rittscher et al.，2005；Brostow et al.，2006；Jones et al.，2008）。此类方法的精度高于基于像素的方法和基于纹理分析的方法，但只能应用于人群密度很低的场景，当人群密度较高时，由于遮挡和聚集导致很难识别分割出人群个体。

现有的密度估计方法大都具有场景依赖性，由于不同相机具有不同的参数和安装设置，针对不同的相机需要一一训练估计模型，此工作不仅烦琐且浪费了大量的人力与时间。近年来，相关学者在上述三种人群密度估计方法的基础上，提出了跨场景人群密度估计模型构建方法。Kong 等（2006）将提取的图像特征标准化，以解决透视效应和相机的不同方向问题，可通过对某一相机进行模型构建实现对其他相机的人群密度估计。在 Kong 等的基础上，Ryan 等（2008）利用全局尺度因子描述不同相机之间的关系对其做了进一步扩展。之后，Ryan 等（2011）又提出了基于相机的局部特征跨场景模型构建方法。Dong 等（2010）为不同的人群密度场景建立了一系列特征模板，并通过计算不同场景间的特征相似性，通过模板匹配实现人群密度的估计。Lin 等（2011）提出了利用高斯过程组合解决不同相机间的模型适用性，以减少不必要的人工设置。为实现人群密度估计模型的跨相机应用，这些方法需利用相机标定、标准化处理、尺度相关性描述等方法，计算不同相机间的尺度转换因子，流程比较烦琐。

4.5.2　群体行为理解

群体行为理解指通过人群分析对人群的运动模式与规律进行分析与识别，近年来已成为被广泛关注的研究热点。人群行为理解研究一般遵循运动特征提取与描述、行为识别、高层行为与场景理解等基本流程(图 4.3)(Amer et al.，2003；Elbasi et al.，2005；Brémond et al.，2006；凌志刚等，2008)。运动特征提取与描述是在对动态目标检测、分类与跟踪的基础上，利用图像的相关特征描述目标的运动特征信息；行为识别是利用图像序列提取目标的运动特征，并将其与参考图像序列的特征进行匹配，根据匹配结果分析动态目标的行为模式；高层行为与场景理解是将行为模式的相关知识与场景信息相结合，判断人群的复杂行为模式，从而实现对时间与场景的理解。对于特定环境下的人群，通常利用主要方向、速度、异常运动等信息检测人群异常行为。近年来，国内外学者提出了很多用于人群分析与理解的方法，总体来讲，可将其划分为基于人群个体分析和人群整体分析两种方法。

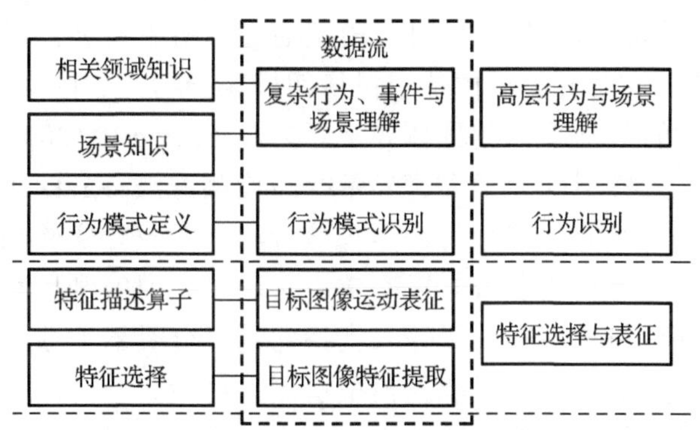

图 4.3　群体行为理解处理框架

基于人群个体的分析方法是通过分割或检测人群中的个体，并对个体间的运动模式进行分析实现对人群行为的理解。如若存在某个行人的运动方向与人群运动主方向相反，则可判断存在潜在危险。Bobick 等(2001)提出利用模板匹配法识别人体运动，模板匹配法首先对输入图像序列进行特征提取，并将提取的特征与训练阶段预先保存的模板进行相似度比较，将与测试序列距离最小的模板所属类别，作为被测试序列的识别结果。通过分析视频片段中的帧间差分图像，并将图像序列目标运动信息转换成运动能量图像和运动历史图像，利用马氏距离度量测试序列与模板之间的相似性。Jacques 等(2007)提出了一种利用计算机视觉技术主动/被动式人群检测与分类算法，采用 Voronoi 图对俯视相机的监控场景进行人群个体跟踪，定量化描述个体空间这一社会学概念。Voronoi 图在时间上的演化用于识别场景中的群体，并依据个体空间的分配方式将群体分为主动式或被动式。Cheriyadat 等(2008)利用光流技术提取场景中的人群运动场，通过聚类分析挖掘出了运动轨迹与人群主体运动方向，并实现了对与主体运动方向不一致的异常行为检测。Wang 等(2009)提出了基于非监督学习的复杂场景中人群行为与相互作用建模方法，可用于检测监控场景中的异常行为，可将人群运动分割为不同类型的行为状态等。基于个体的分析方法只适用于低密度人群场景，对于人群密度较高的监控场景，由于遮挡与重叠等现象，采用基于个体分析方法无法实现对人群行为的分析与理解。

基于人群整体的分析方法是把场景中人群作为一个整体，从整体角度出发分析与理解人群的行为模式。此类方法无须分割人群中的个体，较适合于拥挤复杂的高密度人群。Davies 等(1995)将离散余弦变换与线性变换相结合，判断人群的静止与运动，并通过像素或图像块的移动特征来描述人群总体运动速度(包括方向和大小)。Boghossian 等(1999)采用块匹配运动估计法，对视频监控中的人群轨迹与运动总体方向进行估计，并通过人群流动轨迹与方向检测监控场景中的异常行为。Andrade 等(2006)利用隐马尔可夫模型通过分析人群光流场来检测人群的异常行为。Ali 等(2007)提出了一种基于拉格朗日粒子动力学的人群行为分析方法，通过对人群光流场的分割来检测群体异常行为。Mehran 等(2009)基于 Helbing 等(1995)提出的社会力模型开发了人群异常行为检测方法。Kratz 等(2009)利用视频时空信息检测拥挤人群的异常行为，尽管该方法具有较好实验结果，但由于相机透视效应等影响，使得相关参数难以确定。杨琳等(2010)利用块匹配法检测人群运动矢量场，将运动矢量特征向量输入支持向量机分类器完成群体行为的分类。Xiong 等(2012)提出了一种利用能量模型检测人群聚集与奔跑两种异常行为。朱海龙等(2012)提出一种图分析方法用于动态人群场景的异常状态检测，通过分析图顶点空间分布及边权重矩阵动态系统预测值与观测值之间的离散程度，对动态场景中的异常事件进行检测和定位。

4.6　人群分析研究现状

总体上看，目前对人群数量统计、行为检测等智能视频监控的研究主要针对单相机，对同时顾及多个相机协同智能监控的研究较少涉及，人群监控与模拟主要存在以下问题需进一步研究：

(1)现有人群分析对人群特征(人群数量、人群密度、人群速度等)的提取主要针对图像空间进行前景提取建模，对于复杂动态的场景，其稳定性差，计算复杂度高，且模型的场景依赖性强，需进一步研究高效、鲁棒、无场景依赖性的人群密度估计模型构建方法。

(2)人群运动矢量场提取是进行群体行为分析的基础，目前研究对人群运动矢量场的提取是基于图像空间实现的，只能得到像素级的度量特征，不能获得其真实值(包括大小和方向)，无法在地理空间度量、分析与表达群体运动的行为模式，故需研究视频分析与 GIS 协同的群体行为模式分析，以实现地理环境下的群体行为模式分析与表达。

(3)在具有大量监控设备的区域，相机布设大都离散、无重叠，现有研究只对各相机所涉及的监控区域进行人群监控，无法感知监控盲区人群状态的空间格局，需研究地理环境下监控盲区的人群状态推演建模，以完成对整个人群活动区域人群状态的感知监控。

(4)现有的人群模拟主要是利用人群模拟模型，在特定环境下模拟分析人群流动规律，主要用于建筑设计、设施规划等，但人群模拟数据大都为假设数据，无法验证其真实性，如何利用实时监控的人群状态数据进行区域人群状态的时空演化分析，得到人群在该区域的时空流动模式，探测人群活动区域的时空热点，并进一步分析其成因，从而为该区域的设施规划、警力布控、商业策略、人群疏导等提供有力依据，是进一步要研究的内容。

要实现整个区域人群状态与行为的感知监控，需将人群特征提取、分析等与地理环境相结合，实现多个监控场景间的协同分析，首要解决的问题是视频与 GIS 之间的耦合集成，利用视频分析与 GIS 空间分析共同实现对人群状态与行为的感知。

参 考 文 献

陈鹏, 王晓璇, 刘妙龙. 2011. 基于多智能体与GIS集成的体育场人群疏散模拟方法. 武汉大学学报(信息科学版), 36(2): 133-139

迟菲, 胡成, 李凤. 2012. 密集人群流动规律与模拟技术. 北京: 化学工业出版社

丁复华. 2005. 地铁直流牵引供电系统的电气保护与定值. 都市快轨交通, 18(4): 136-140

凌志刚, 赵春晖, 梁彦, 等. 2008. 基于视觉的人行为理解综述. 计算机应用研究, 25(9): 2570-2578

彭建, 柳昆, 阎治国, 等. 2010. 地下空间安全问题及管理对策探讨. 地下空间与工程学报, 6(1): 1-7

孙立, 赵林度. 2007. 基于群集动力学模型的密集场所人群疏散问题研究. 安全与环境学报, 7(5): 124-127

吴晟, 葛万成. 2011. 基于可变矩形框的人群密度估计算法. 通信技术, 44(10): 63-65

杨琳, 苗振江. 2010. 一种人群异常行为检测系统的设计与实现. 铁路计算机应用, 19(7): 37-41

杨裕, 朱秋煜, 吴喜梅. 2009. 复杂场景中的自动人群密度估计. 现代电子技术, 32(17): 108-111

袁建平, 方正, 卢兆明, 等. 2008. 车站客流观测及其对人群疏散动力学模型的验证. 西安建筑科技大学学报(自然科学版), 40(1): 108-113

张仁军, Daniel Z S, 惠红. 2011. 多粒度的人群移动模拟通用模型及其应用. 地理与地理信息科学, 27(2): 11-15

朱海龙, 刘鹏, 刘家锋, 等. 2012. 人群异常状态检测的图分析方法. 自动化学报, 38(5): 742-750

Ali S, Shah M. 2007. A lagrangian particle dynamics approach for crowd flow segmentation and stability analysis//IEEE Conference on Computer Vision and Pattern Recognition, Minneapolis, USA: 1-6

Amer A, Dubois E, Mitiche A. 2003. A real-time system for high-level video representation: Application to video surveillance//Conference on Image and Video Communications and Processing, Santa Clara, California, USA: 530-541

Ando K, Ota H, Oki T, 1988. Forecasting the flow of people (in Japanese). Railway Research Review, 45(8): 8-14

Andrade E L, Blunsden S, Fisher R B. 2006. Modelling crowd scenes for event detection//International Conference on Pattern Recognition, Hong Kong, China: 175-178

Au S Y, Ryan M C, Carey M S, et al. 1993. Managing crowd safety in public venues: A study to generate guidance for venue owners and enforcing authority inspectors. HSE Contract Research Report, 53: 1-993

Bobick A F, Davis J W. 2001. The recognition of human movement using temporal templates. IEEE Transactions on Pattern Analysis and Machine Intelligence, 23(3): 257-267

Boghossian B A, Velastin S A. 1999. Motion-based machine vision techniques for the management of large crowds//IEEE International Conference on Electronics, Circuits and Systems, Georgia: 961-964

Brémond F, Thonnat M, Zúñiga M. 2006. Video-understanding framework for automatic behavior recognition. Behavior Research Methods, 38(3): 416

Brostow G J, Cipolla R. 2006. Unsupervised Bayesian detection of independent motion in crowds//IEEE Conference on Computer Vision and Pattern Recognition, New York, USA: 594-601

Chan A B, Liang Z S J, Vasconcelos N. 2008. Privacy preserving crowd monitoring: Counting people without people models or tracking//IEEE Conference on Computer Vision and Pattern Recognition, Anchorage, USA: 1-7

Chan A B, Vasconcelos N. 2009. Bayesian Poisson regression for crowd counting//IEEE International Conference on Computer Vision, Kyoto, Japan: 545-551

Cheriyadat A M, Radke R. 2008. Detecting dominant motions in dense crowds. IEEE Journal of Selected Topics Signal Processing, 2(4): 568-581

Cho S Y, Chow T S, Leung C T. 1999. A neural-based crowd estimation by hybrid global learning algorithm. IEEE Transactions on Systems Man & Cybernetics, 29(4): 535-541

CROW, ASVV. 1998. Recommendations for traffic provisions in built-up areas. CROW Report 15

Daamen W, Hoogendoorn S P, Bovy P H L. 2005. First-order pedestrian traffic flow theory. Transportation Research Record, 1934: 43-52

Daly P N, Mcgrath F, Annesley T J. 1991. Pedestrians speed/flow relationships for underground station. Traffic Engineering & Control, 32(2): 75-78

Davies A C, Yin J H, Velastin S A. 1995. Crowd monitoring using image processing. Electronics & Communication Engineering Journal, 7(1): 37-47

Dong N, Liu F, Li Z. 2010. Crowd density estimation using sparse texture features. Journal of Convergence Information Technology, 5(6): 125-137

Elbasi E, Long Z, Mehrotra K, et al. 2005. Control charts approach for scenario recognition in video sequences. Turkish Journal of Electrical Engineering & Computer Sciences, 13(3): 303-310

Fang Z, Lo S M, Lu J A. 2003. On the relationship between crowd density and movement velocity. Fire Safety Journal, 38(3): 271-283

Fruin J J. 1971a. Designing for pedestrians: A level-of-service concept. Highway Research Record, 355(12):1-15

Fruin J J. 1971b. Pedestrian Planning and Design. New York: Metropolitan Association of Urban Designers and Environmental Planners

Guo S, Liu W, Yan H P. 2009. Counting people in crowd open scene based on grey level dependence matrix//International Conference on Information and Automation, Zhuhai/Macau, China: 228-231

Hankin B, Wright R, 1958. Passenger flow in subways. Journal of the Operational Research Society, 9: 81-88.

Helbing D, Farkas I, Vicsek T. 2000. Simulating dynamical features of escape panic. Nature, 407(6803): 487

Helbing D, Molnár P. 1995. Social force model for pedestrian dynamics. Physical Review E, 51(5): 4282-4286

Helbing D, Molnar P. 1998. Self-organization phenomena in pedestrian crowds. Understanding Complex Systems, 569-577

Henderson L F. 1971. The statistics of crowd fluids. Nature, 229(5284): 381-383

Hussain N. 2011. CDES: A pixel-based crowd density estimation system for Masjid al-Haram. Safety Science, 49(6): 824-833

Jacques J C S, Braun A, Soldera J, et al. 2007. Understanding people motion in video sequences using voronoi diagrams. Pattern Analysis & Applications, 10(4): 321-332

Jones M J, Snow D. 2008. Pedestrian detection using boosted features over many frames//International Conference on Pattern Recognition, Tampa, USA: 1-4

Kim G J, Eom K Y, Kim M H, et al. 2010. Automated measurement of crowd density based on edge detection and optical flow//International Conference on Industrial Mechatronics and Automation, Xi'an, China: 553-556

Kong D, Gray D, Tao H. 2006. A viewpoint invariant approach for crowd counting//International Conference on Pattern Recognition, Hong Kong, China: 1187-1190

Kratz L, Nishino K. 2009. Anomaly detection in extremely crowded scenes using spatio-temporal motion pattern models// IEEE Conference on Computer Vision and Pattern Recognition, Miami, USA: 1446-1453

Lam W H K, Morrall J F, Ho H. 1995. Pedestrian flow characteristics in Hong Kong. Transportation Research Record, 1487: 56-62

Leibe E, Seemann B, Schiele B. 2005. Pedestrian detection in crowded scenes//IEEE Conference on Computer Vision and Pattern Recognition, San Diego, USA: 878-885

Lin S F, Chen J Y, Chao H X. 2001. Estimation of number of people in crowded scenes using perspective transformation. IEEE Transactions on Systems Man & Cybernetics, 31(6): 645-654

Lin T Y, Lin Y Y, Weng M F, et al. 2011. Cross camera people counting with perspective estimation and occlusion handling//IEEE International Workshop on Information Forensics and Security, Iguacu Falls, Brazil: 1-6

Lovas G G. 1994. Modeling and simulation of pedestrian traffic flow. Transportation Research, Part B: Methodological, 28(6): 429-443

Ma R, Li L, Huang W, et al. 2004. On pixel count based crowd density estimation for visual surveillance//IEEE Conference on Cybernetics and Intelligent Systems, Singapore: 170-173

Marana A N, Velastin S A, Costa L F, et al. 1998. Automatic estimation of crowd density using texture. Safety Science, 28(3): 165-175.

Marana A N, Verona V V. 2001. Wavelet packet analysis for crowd density estimation//Proceedings of the IASTED International Symposia on Applied Informatics, Pittsburgh, USA: 535-540

Mehran R, Oyama A, Shah M. 2009. Abnormal crowd behavior detection using social force model//IEEE Conference on Computer Vision and Pattern Recognition, Miami: 935-942

Milazzo J S, Rouphail N M, Hummer J E, et al. 1998. The effect of pedestrians on the capacity of signalized intersections. Transportation Research Record, National Research Council, Washington D C

Morrall J F, Ratnayake L L, Seneviratne P N. 1991. Comparison of central business district pedestrian characteristics in Canada and Sri Lanka. Transportation Research Record, National Research Council, Washington D C

Okazaki S, Matsushita S. 1993. A study of simulation model for pedestrian movement with evacuation and queuing// International Conference on Engineering for Crowd Safety, London, UK: 271-280

Pauls J, Nelson H E, Maclennan H A. 1995. SFPE Handbook of Fire Protection Engineering[M]. Quincy, MA: National Fire Protection Association

Pelechano N, Malkawi A. 2008. Evacuation simulation models: Challenges in modeling high rise building evacuation with cellular automata approaches. Automation in Construction, 17(4): 377-385

Predtechenskii V M, Milinskii A I. 1978. Planning for Foot Traffic Flow in Buildings. New Delhi: Amerind Publishing

Rabaud V, Belongie S. 2006. Counting crowded moving objects//IEEE Conference on Computer Vision and Pattern Recognition, New York, USA: 705-710

Rahmalan H, Nixon M S, Carter J N. 2006. On crowd density estimation for surveillance//The Institution of Engineering and Technology Conference on Crime And Security, London, UK: 540-545

Rittscher J, Tu P H, Krahnstoever N. 2005. Simultaneous estimation of segmentation and shape//IEEE Computer Society Conference on Computer Vision and Pattern Recognition, San Diego, USA: 486-493

Ryan D, Denman S, Fookes C, et al. 2008. Scene invariant crowd counting for real-time surveillance//International Conference on Signal Processing and Communication Systems, Gold Coast, Australia: 1-7

Ryan D, Denman S, Fookes C, et al. 2009. Crowd counting using multiple local features//International Conference on Digital Image Computing: Techniques and Applications,

Melbourne, Australia: 81-88

Ryan D, Denman S, Sridharan S, et al. 2011. Scene invariant crowd counting//International Conference on Digital Image Computing: Techniques and Applications, Noosa, Australia: 237-242

Sarkar A K, Janardhan K. 1997. A study on pedestrian flow characteristics//Proceedings 76th Transportation Research Board Annual Meeting, Washington D C

Shen T S. 2005. ESM: A building evacuation simulation model. Building & Environment, 40(5): 671-680

Tanaboriboon Y, Hwa S S, Chor C H, et al. 1986. Pedestrian characteristics study in singapore. Journal of Transportation Engineering, 112(3): 229-235

Tang F, Ren A. 2012. GIS-based 3D evacuation simulation for indoor fire. Building and Environment, 49(1): 193-202

Thompson P A, Marchant E W. 1995. Computer and fluid modelling of evacuation. Safety Science, 18(4): 277-289

Virkler M R, Elayadath S. 1994. Pedestrian speed-flow-density relationships. Transportation Research Record: 1438

Wang X, Ma X, Grimson W E L. 2009. Unsupervised activity perception in crowded and complicated scenes using hierarchical Bayesian models. IEEE Transactions on Pattern Analysis and Machine Intelligence, 31(3): 539-555

Weidmann U. 1993. Transportation technique for pedestrians. Schriftenreihe des Instituts für Verkehrsplanung, Transporttechnik, Straβen-und Eisenbahnbau number 90, ETH Zürich, Switzerland

Wolfgram S. 1983. Statistical mechanics of cellular automata. Reviews of Modern Physics, 55: 601-644

Wu X, Liang G, Lee K K, et al. 2006. Crowd density estimation using texture analysis and learning//IEEE International Conference on Robotics and Biomimetics, Kunming, China: 214-219

Xiong G, Cheng J, Wu X, et al. 2012. An energy model approach to people counting for abnormal crowd behavior detection. Neurocomputing, 83: 121-135

Yang H, Cao Y, Su H, et al. 2014. The large-scale crowd analysis based on sparse spatial-temporal local binary pattern. Multimedia Tools and Applications, 73(1): 41-60

Yin J H, Velastin S A, Davies A C. 1995. Image processing techniques for crowd density estimation using a reference image//Asian Conference on Computer Vision, Singapore: 489-498

Zhao T, Nevatia R. 2003. Bayesian human segmentation in crowded situations//IEEE Computer Society Conference on Computer Vision and Pattern Recognition, Madison, USA: 459-466

第 5 章　人群特征提取技术

目前基于视频的人群特征提取大都针对特定监控场景，场景依赖性强，对监控设备的稳定性要求较高，监控探头姿态有少许变化便会影响模型的精度。对具有大量监控探头的监控区域，模型训练工作量大，浪费了大量的人力与时间。因监控探头安装高度、姿态及内参的不同，导致相同目标在监控图像中具有不同的表现特征，使得特定场景的人群分析模型不具有普适性，提取的人群特征值表现为不同尺度的像素值，无法在 GIS 环境下对人群特征进行统一分析与表达。

5.1　可跨相机的人群密度估计模型

人群密度估计模型的场景依赖性及人群特征值量纲的不一致性是由监控图像尺度多样化引起的。统一图像空间与地理空间参考，精确定位监控场景中的动态目标，解决不同监控设备获取图像数据的尺度多样化问题，是实现模型跨相机应用及人群特征值量纲一致性首要解决的问题。目前，公众聚集场所大都为平面场景，如车站广场、庙会、步行街等。由于透视效应的影响，相机获取的像点随真实点距相机远近产生近大远小的变形现象，无法与地理空间数据相匹配，故需对其进行透视校正处理，并将其映射至地理参考，实现视频数据在地理空间参考下的尺度统一。

现有人群密度估计方法具有较强的场景依赖性，对于具有大量监控相机的监控区域，需要为各相机训练人群密度估计模型，浪费了大量的人力与时间，阻碍了基于视频的自动人群密度估计在大尺度区域的应用。究其原因，模型的场景依赖性是由监控图像透视效应与尺度多样化造成的，不同相机参数设置造成了监控图像不同的透视效应与尺度。为提高模型的普适性，本章介绍一种可跨相机的人群密度估计方法(sceneinvariant crowd density estimation method，SICDEM)，即利用某相机数据训练的人群密度估计模型可应用于其他相机，大大提高了人群密度估计模型的构建效率，使得大区域自动人群密度估计成为可能。

5.1.1　低密度人群估计模型

在 GIS 环境下，采用基于像素的方法对低密度人群进行密度估计，利用地理空间映射处理的人群图像构建低密度人群数量估计模型。具体构建方法如图 5.1 所示。

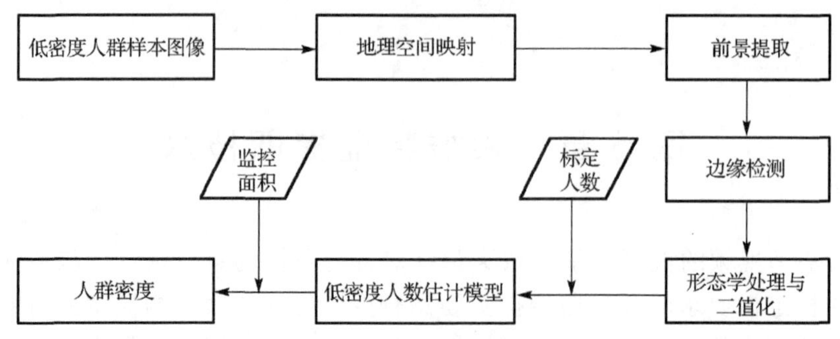

图 5.1　低密度人群密度估计模型构建方法

(1) 选取低密度人群图像样本，利用第 5 章所述方法对其进行地理空间映射处理；

(2) 利用空间映射处理后的人群监控图像，在地理空间提取人群活动范围前景图像；

(3) 对前景图像进行边缘检测、形态学处理等操作；

(4) 标定人群数量，根据像素数目与人群数量之间的关系，利用最小二乘法拟合地理空间下的低密度人群数量线性估计模型；

(5) 根据人群数量与监控图像中的人群活动区域面积，计算人群密度值。

5.1.2　高密度人群估计模型

针对高密度人群，采用纹理分析与支持向量机(support vector machines，SVM)分类相结合的方法，利用空间映射处理的人群图像构建高密度人群密度估计模型。灰度共生矩阵(gray level co-occurrence matrix)是一种分析图像纹理特征的重要方法，它建立在图像的二阶组合条件概率密度函数基础之上(王波等，2006；常利利等，2008)。灰度共生矩阵描述了角度 θ 方向上距离为 d、灰度级为 m 和 n 的两个像素出现频率的相关矩阵 $P(I,j,d,\theta)$。它的第 i 行、第 j 列元素表示图像上所有在 θ 方向、间隔为 d、一个灰度值为 i、另一个灰度值为 j 像素点的出现概率。灰度共生矩阵的计算主要涉及灰度级数、距离和方向 3 个参数的确定，具体参数值的设定应根据实验结果确定。

SVM 是一种广义线性分类器，对基于小样本的高维非线性系统具有较好的拟合效果(陈杰等，2011；占文凤等，2011)，且抗噪声能力强。大量分类实验表明，SVM 的分类结果比传统最大似然、人工神经网络等分类器的分类结果精度高。给定样本训练数据集 $D=\{(x_1,y_1),\cdots,(x_i,y_i),\cdots,(x_l,y_l),\ x\in R_n,\ y\in\{-1,1\}\}$，$x_i$ 为训练样本，l 为样本量，y 为类别标号。SVM 的目的在于寻找分类超平面 H：$w^{\top}x+b=0$，使得样本数据集满足：

$$y_i(w^{\top}x+b)-1\geqslant 0,\quad i\in\{1,2,\cdots,n\} \tag{5-1}$$

其中，w 是权重向量，b 为偏置。当两类中距离超平面最近点之间的距离最大时，此超平面可将两类点分开，两侧距离最优平面距离最短的向量称为支持向量。

为将 SVM 推广到非线性情况，Vapnik 提出了核函数概念(田源等，2008)，根据泛函理论，若核函数满足 Mercer 条件，在最优分类面中用适当的内积核函数可实现从低维空间到高维空间的映射，使得在高维空间能够对非线性问题进行分类。核函数的引入避免了显示高维空间向量内积时造成的大量运算。应用较多的核函数主要有多项式核函数、径向基核函数和 Sigmoid 核函数。SVM 直接针对两种类别进行分类，为解决多类别分类问题，可通过修改优化公式实现一次性分类，但其难度较大，计算复杂度高。也可将多类别分类分解为一系列两类问题进行多次分类，如一对一、一对多等方法。一对一分类法在一般的 n 类分类中需构建 $n(n-1)/2$ 个分类器，计算量大；一对多方法用一类和剩下的其他所有类判别分类，其缺点是存在混分或漏分问题。

具体的高密度人群密度估计模型构建方法如图 5.2 所示。

(1)选取不同密度等级的高密度人群监控样本图像，对其进行地理空间映射处理；

(2)利用地理空间映射处理后的人群图像，在地理空间提取人群活动范围前景图像；

(3)计算前景图像的灰度共生矩阵，提取纹理特征值；

(4)采用一对一判别策略，根据人群密度等级与纹理特征值，训练可跨相机的 SVM 分类器；

(5)在地理空间提取空间映射处理后的人群图像纹理特征，利用 SVM 分类器确定人群密度等级。

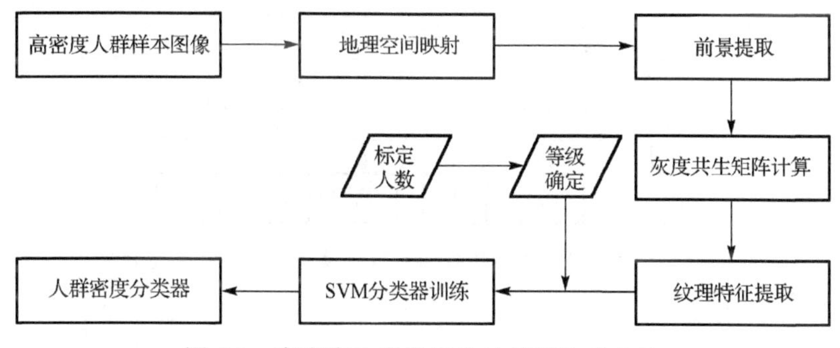

图 5.2　高密度人群密度估计模型构建方法

5.1.3　自适应人群密度估计

鉴于人群流动的随机性，人群密度会存在高低密度共存的状况，为了更高精度地感知监控人群密度，对低密度人群采用基于像素的方法，对高密度人群采用纹理分析的方法。基于地理空间的低密度与高密度人群密度估计模型，在人群密度估计过程中设定阈值，可自适应地选取模型来估计人群密度(图 5.3)。

(1)输入监控视频序列，并对人群图像进行地理空间映射处理；

(2)在地理参考下提取人群活动范围前景图像；

(3)对前景图像进行边缘检测、形态学处理等操作；

(4)若前景边缘像素数目小于设定的阈值，则采用低密度人群估计模型计算人群密度，并根据人群密度等级标准进行分类；

(5)若前景边缘像素数目大于阈值，则提取前景图像的纹理特征，在地理空间利用纹理分析方法并结合 SVM 人群密度分类器确定人群密度等级。

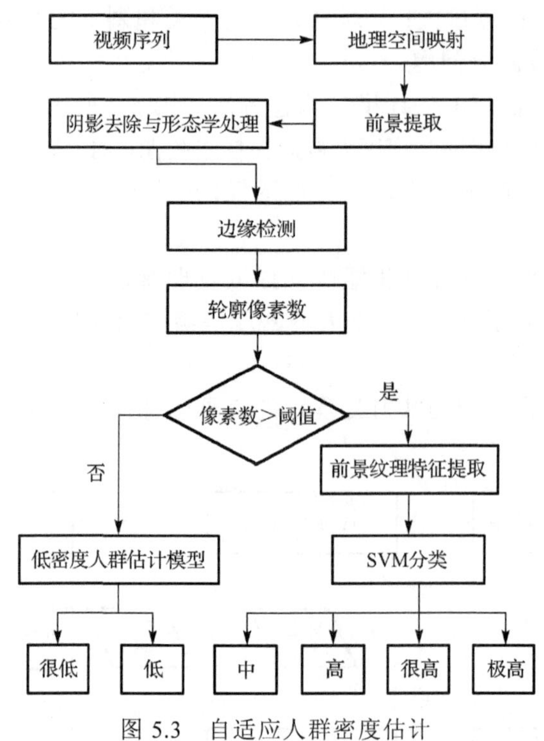

图 5.3　自适应人群密度估计

5.2　人群运动特征提取

目前大都基于图像空间提取视频场景中动态目标的运动矢量场，只能获取动态目标像素级的度量参考，无法获取其在地理环境中真实的度量值(包括大小和方向)。为精确度量与分析人群运动矢量场，我们利用视频数据的地理空间映射方法，建立视频场景与地理空间的映射关系，将图像空间的运动矢量场映射至地理空间，生成可真实度量的人群运动矢量场，以便后续在地理环境下进行群体行为模式分析。

5.2.1　光流法原理概述

光流(optical flow)是关于视域中物体运动检测的概念。用来描述相对于观察者运动而造成的观测目标、表面或边缘运动。光流由 Gibson 在 20 世纪 50 年代提出，它是指图像中模式运动的速度(刘国锋等，1997)。光流场是一种二维瞬时速度场，其中二维速度矢量是三维速度矢量在成像表面的投影。光流法在军事航天、交通监管、信息科学、气象、医学等多个领域具有重要作用，如利用光流场可有效地对图像目标进行检测和分割，这对导弹的精确制导、自动飞行器的精确导航与着陆、战场的动态分析、城市交通的车流量监管、气象中对云图的运动分析、医学上异常器官细胞的分析与诊断等都具有重要价值。

光流算法评估了两幅图像之间的变形，它的基本假设是体素和图像像素守恒，即假设一个物体的颜色在前后两帧没有较大且明显的变化。基于此思路，可得到图像约束方程。光流计算方法大致可分为基于匹配、频域和梯度等三类，不同方法解决了不同假设条件的光流问题。光流具有动态目标的运动信息，它能在场景任何信息都未知的情况下检测动态目标。

5.2.2　Lucas-Kanade 光流算法

将图像中每个像素与速度关联，或与表示像素在连续两帧之间的位移关联，可得到稠密光流(dense optical flow)，即将图像中的每个像素都与速度关联。稠密光流的计算有 Horm-Schunck 方法(Horn et al., 1980)与块匹配(Huang et al., 1995; Beauchemin et al.，1995)等方法。稠密光流需使用某种插值方法在比较容易跟踪的像素之间进行插值，以解决运动不明确的像素，其计算量大，求解较困难，无法胜任对实时性要求较高的应用，于是出现了稀疏光流(sparse optical flow)。对于稀疏光流来说，需在被跟踪前指定一组角点，若这些点具有某种明显特性，则其跟踪结果就会相对稳定、可靠，在实际应用中，稀疏跟踪的计算开销较稠密跟踪小得多。Lucas-Kanade(L-K)光流跟踪方法是最流行的光流计算方法，此方法与图像金字塔相结合，可实现对更快运动的光流跟踪。

L-K 算法最初于 1981 年由 Lucas 与 Kanade 提出，主要用于求解稠密光流。由于此方法易用于输入图像中的一组点，后来发展成为求解稀疏光流的一种重要方法。L-K 算法基于以下三个假设：

(1)亮度恒定。图像场景中目标的像素在帧间运动时外观上保持不变。对于灰度图像(此方法也可应用于彩色图像)来讲，需假设像素被逐帧跟踪时其亮度不发生变化。

(2)时间连续或运动是“小运动”。即图像运动随时间变化比较缓慢，实际应用中是指时间变化相对图像中运动的比例足够小，使得目标在帧间的运动较小。

(3)空间一致。一个场景中同一表面上的临近点具有相似运动，在图像平面上的投影也在临近区域。

L-K 算法只需要各感兴趣点周围小窗口的局部信息，故可应用于稀疏内容，但使用小窗口的L-K算法存在不足之处，较大的运动会将点移出此小窗口，使其无法再找到这些点。结合金字塔的 L-K 算法(Bouguet，1999)可解决此问题，从金字塔的最高层(细节最少)开始向金字塔的低层(丰富的细节)进行跟踪，通过跟踪金字塔可允许小窗口捕获较大运动。所以，金字塔L-K光流法的跟踪方法是：在图像金字塔最高层计算光流，利用运动估计结果作为下一层金字塔起点，重复此过程直至金字塔最底层。这样就可将不满足运动假设的可能性降到最低，从而实现更快与更长的运动跟踪。

L-K 算法是计算两帧在时间 t 到 $t+\delta t$ 之间每个像素点位置的移动。由于它是基于图像信号的泰勒级数，此类方法称为差分，即对于空间与时间坐标使用偏导数。图像约束方程可表示为：

$$I(x,y,z,t)=I(x+\delta x,y+\delta y,z+\delta z,t+\delta t) \tag{5-2}$$

其中，$I(x,y,z,t)$ 为在 (x,y,z) 位置的体素。假设移动足够小，对图像约束方程使用泰勒公式，可得到：

$$I(x+\delta x,y+\delta y,z+\delta z,t+\delta t)=I(x,y,z,t)+\frac{\partial I}{\partial x}\delta x+\frac{\partial I}{\partial y}\delta y+\frac{\partial I}{\partial z}\delta z+\frac{\partial I}{\partial t}\delta t+\text{H.O.T.} \tag{5-3}$$

H.O.T.指更高阶，在移动足够小时可忽略。从方程式(5-3)可得到：

$$\frac{\partial I}{\partial x}\delta x+\frac{\partial I}{\partial y}\delta y+\frac{\partial I}{\partial z}\delta z+\frac{\partial I}{\partial t}\delta t=0 \tag{5-4}$$

或：

$$\frac{\partial I}{\partial x}\frac{\delta x}{\delta t}+\frac{\partial I}{\partial y}\frac{\delta y}{\delta t}+\frac{\partial I}{\partial z}\frac{\delta z}{\delta t}+\frac{\partial I}{\partial t}\frac{\delta t}{\delta t}=0 \tag{5-5}$$

可得：

$$\frac{\partial I}{\partial x}V_x+\frac{\partial I}{\partial y}V_y+\frac{\partial I}{\partial z}V_z+\frac{\partial I}{\partial t}=0 \tag{5-6}$$

其中，V_x,V_y,V_z 分别是 $I(x,y,z,t)$ 的光流向量中 x,y,z 的组成。$\frac{\partial I}{\partial x}$，$\frac{\partial I}{\partial y}$，$\frac{\partial I}{\partial z}$ 和 $\frac{\partial I}{\partial t}$ 则

是图像在点(x,y,z,t)相应方向的差分。所以$I_xV_x+I_yV_y+I_zV_z=-I_t$可表示为：

$$\nabla I^{\top}\cdot\vec{V}=-I_t \tag{5-7}$$

此方程有三个未知量，目前尚未被解决，这是光流算法的光圈问题，要得到光流向量需其他解决方案。L-K 算法是非迭代算法，假设流$(V_x,\ V_y,\ V_z)$在某一大小为$m\times m\times m\ (m>1)$的小窗中是一常数，那么从像素$1,\cdots,n,\ \ n=m^3$中可以得到方程组：

$$\begin{cases} I_{x1}V_x+I_{y1}V_y+I_{z1}V_z=-I_{t1} \\ I_{x2}V_x+I_{y2}V_y+I_{z2}V_z=-I_{t2} \\ \cdots \\ I_{xn}V_x+I_{yn}V_y+I_{zn}V_z=-I_{tn} \end{cases} \tag{5-8}$$

求三个未知数但多于三个方程，此方程组为超定方程组，即方程组内有冗余，方程组可表示为：

$$\begin{bmatrix} I_{x1} & I_{y1} & I_{z1} \\ I_{x2} & I_{y2} & I_{z2} \\ \cdots & \cdots & \cdots \\ I_{xn} & I_{yn} & I_{zn} \end{bmatrix}\begin{bmatrix} V_x \\ V_y \\ V_z \end{bmatrix}=\begin{bmatrix} -I_{t1} \\ -I_{t2} \\ \cdots \\ -I_{tn} \end{bmatrix} \tag{5-9}$$

记作：$A\vec{v}=-b$，为解决超定问题，采用最小二乘法：$A^{\top}A\vec{v}=A^{\top}(-b)$或$\vec{v}=(A^{\top}A)^{-1}A^{\top}(-b)$，可得：

$$\begin{bmatrix} V_x \\ V_y \\ V_z \end{bmatrix}=\begin{bmatrix} \sum I_{xi}^2 & \sum I_{xi}I_{yi} & \sum I_{xi}I_{zi} \\ \sum I_{xi}I_{yi} & \sum I_{yi}^2 & \sum I_{yi}I_{zi} \\ \sum I_{xi}I_{zi} & \sum I_{yi}I_{zi} & \sum I_{zi}^2 \end{bmatrix}\begin{bmatrix} -\sum I_{xi}I_{ti} \\ -\sum I_{yi}I_{ti} \\ \cdots \\ -\sum I_{zi}I_{ti} \end{bmatrix} \tag{5-10}$$

其中的求和是从 1 到 n，也就是说寻找光流可通过在四维上图像导数的分别累加得出。为突出窗口中心点坐标，需要一个权重函数 $W(i,j,k),i,j,k\in[1,m]$，利用高斯函数作为权重函数较为合适。此算法不足之处在于不能产生一个密度较高的流向量，如在运动的边缘与同质区域中的微小运动信息会被忽略，其优点是在具有噪声存在的情况下鲁棒性较好。

5.2.3　GIS 环境下的光流场计算

计算光流是为了得到视频序列中动态目标的运动速度与方向，但传统的光流计算只针对图像空间，得到的光流速度场大小以像素为单位，其方向以图像空间为参考，无法获取其真实的速度与方向。为了得到视频监控场景中动态目标的真实速度，在GIS环境下，对地理空间映射处理后的视频数据进行光流场计算(图5.4)。

(1)利用视频监控图像，选取设定视频监控场景中的人群活动区域；

(2)对人群活动区域进行地理空间映射处理，包括图像透视校正处理及地理空间映射变换求解；

(3)基于透视校正后的人群活动区域图像，利用L-K光流算法求解透视校正图像的动态目标光流场；

(4)对图像空间的光流场进行地理空间映射变换，将其映射至地理空间，实现GIS环境下的光流场计算，得到监控场景中动态目标的真实速度与方向。

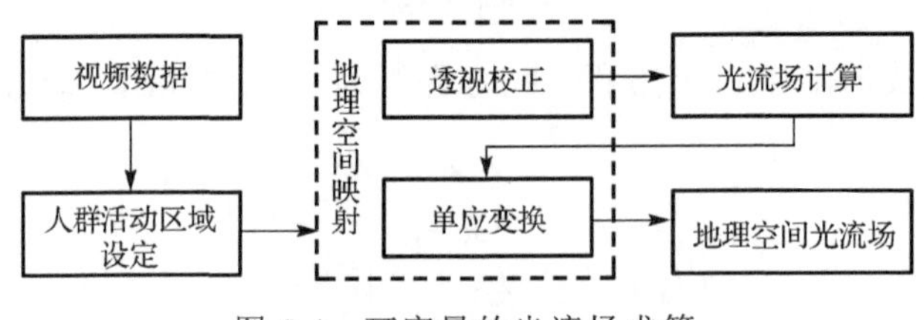

图5.4　可度量的光流场求算

5.3　人群特征提取实验

5.3.1　视频的地理空间映射结果分析

在原始图像(图5.5(a))中选取人群活动范围，如图5.5(b)中边框所示。利用第3章的透视校正方法校正该图像块，结果如图5.5(c)所示。将透视校正图像统一至地理空间后，可实现与遥感影像、矢量数据等空间数据的叠加(图5.5(d))。

转换模型对视频数据空间化结果精度具有决定性影响，采用式(5-11)分析转换模型的精度。

$$\sigma_m=\sqrt{\frac{\sum_{i=1}^{n}(\Delta_{x_i}^2+\Delta_{y_i}^2)}{n}} \tag{5-11}$$

其中，Δ_{x_i}、Δ_{y_i}分别为第i个待定位点转换前后在X、Y方向的差值，n为待定位点个数。σ_m越大，转换精度越低，反之，精度越高。实验采用夫子庙步行街某监控探头的监控图像，根据4组待定位点与控制点的对应关系，求得转换模型参数如下：

(a) 原始图像

(b) ROI选取

(c) 透视校正图像

图 5.5　视频数据的地理空间映射结果

$$\begin{bmatrix} k_1 & k_2 & t_x \\ k_3 & k_4 & t_y \\ 0 & 0 & 1 \end{bmatrix} = \begin{bmatrix} 0.003900 & 0.010086 & 668758.227 \\ -0.006937 & 0.015622 & 3545945.270 \\ 0 & 0 & 1 \end{bmatrix} \tag{5-12}$$

选取八个待定位点，利用该转换模型计算其对应的地理坐标值，采用式(5-11)精度评价模型，可得转换模型中误差为 1.57cm(表 5.1)，能够满足在地理空间对动态目标的精确定位要求。

表 5.1　转换模型精度评价表(中误差 σ_m=1.57cm)

点号	待定位点坐标		实测坐标		模型计算坐标		差值	
	x_t/m	y_t/m	x_g/m	y_g/m	x/m	y/m	Δx/m	Δy/m
1	120.71	−58.73	668758.48	3545943.53	668758.47	3545943.52	0.01	0.01
2	378.10	−86.67	668759.35	3545941.31	668759.36	3545941.29	−0.01	0.02
3	346.77	−136.62	668759.06	3545940.72	668759.05	3545940.73	0.02	−0.01
4	161.35	−185.73	668758.14	3545941.26	668758.13	3545941.25	0.01	0.01
5	102.93	−239.92	668757.72	3545940.82	668757.69	3545940.81	0.02	0.01
6	349.31	−288.18	668758.44	3545938.33	668758.47	3545938.35	−0.02	−0.01
7	41.97	−293.26	668757.24	3545940.38	668757.25	3545940.40	−0.01	−0.02
8	163.05	−184.88	668758.16	3545941.23	668758.14	3545941.25	0.02	−0.02

5.3.2　人群密度估计结果分析

依据公共场所人群安全管理报告(Au et al.，1993)的人群密度建议值，结合我国人口具体情况设定人群密度等级。实验利用南市京夫子庙地区“东牌坊内”场景地理空间映射处理后的人群图像数据作为训练样本，在地理空间构建跨相机人群密度估计模型。

在实验区选取了东牌坊内、帮贵火锅和贡院西街三个监控场景进行实验分析，图5.6为实验场景的示例图像，分辨率均为1280 × 720。利用传统方法(conventional method，CONM)结合像素的人群密度估计方法，分别构建东牌坊内、帮贵火锅和贡院西街的低密度估计模型。拟合的低密度人群数量估计模型分别为：$y = 0.0017x+34.1951$、$y = 0.0029x+36.2948$、$y = 0.0042x + 18.2352$，其中x为前景像素数目，y为估计人数。利用式(5-13)评价模型的精度。

$$\text{accuracy} = \frac{\sum_{i=1}^{n} \frac{|y(i) - p(i)|}{p(i)}}{n} \times 100\% \tag{5-13}$$

其中，$y(i)$为估计人数，$p(i)$为人工标定人数，n为测试样本数量。对各监控场景选取100帧低密度人群图像(图5.6)，得出各模型的精度分别人91.43%，90.67%，90.78%。实验将东牌坊内的估计模型应用于帮贵火锅场景与贡院西街场景，其精度分别为74.34%和53.21%，误差较大。

东牌坊内

帮贵火锅

贡院西街

图5.6　实验场景示例图像

SICDEM实验采用通用墨卡托投影，人群图像像元大小设定为2cm × 2cm，基于前述模型构建方法，拟合的低密度人群数量估计模型为：$y = 0.01973x-5.3126$。分别选择东牌坊内、帮贵火锅和贡院西街场景的监控图像各100帧，根据模型估计与标定结果(图5.7)，得到本模型的精度分别为89.77%、89.73%、89.47%。可见，利用本章方法构建的低密度人群数量估计模型，其精度略低于传统方法，但传统方法需要为各场景一一构建人群数量估计模型，而SICDEM方法只需为某特定监控场景构建人群数量估计模型，即可将此模型应用于其他监控场景，其精度完全能够满足应用需求，减少了模型构建的人力与时间，大大提高了人群数量估计模型的构建效率。

人群数量较多时人与人之间的遮挡现象较严重，采用像素的方法会导致较大误差，我们使用纹理分析与SVM相结合的方法估计高密度人群的密度。综合考

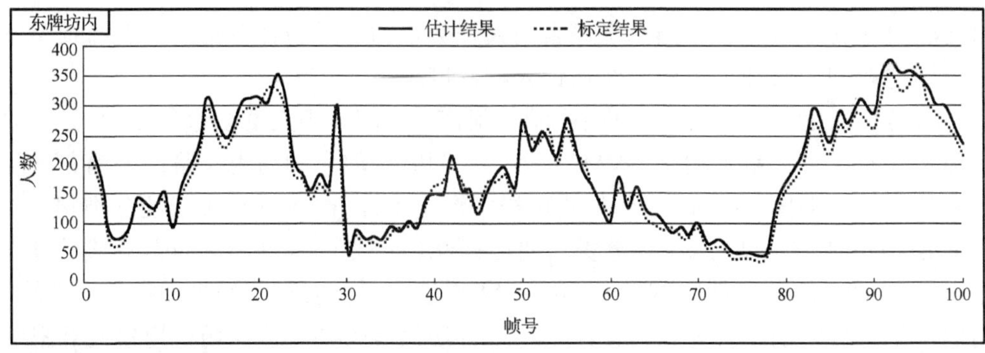

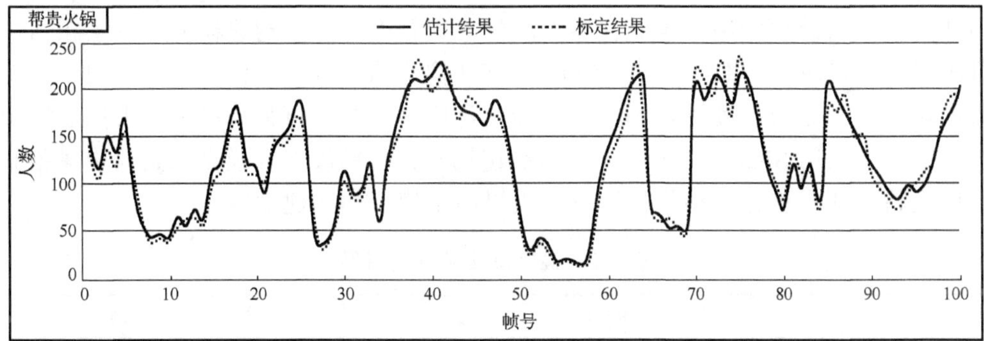

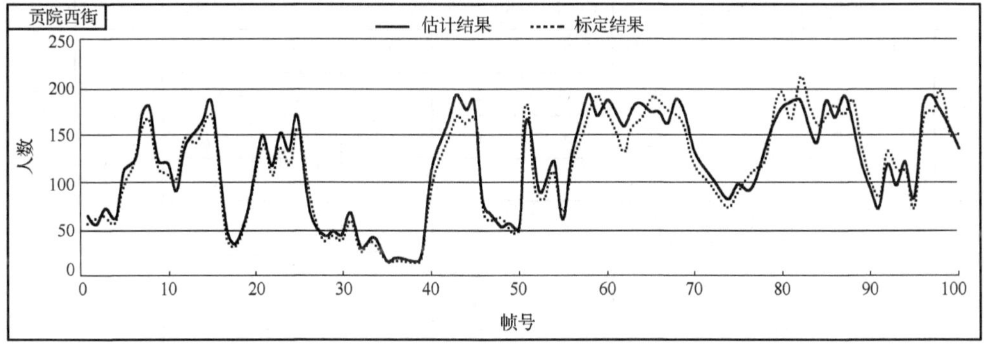

图 5.7　低密度人群数量估计模型测试结果

虑精度与算法效率，根据实验结果，将图像灰度级定为 16 级，距离设定为 8。实验得知在 0°、45°、135°三个方向具有一致的纹理特征，与 90°方向的纹理特征差别较大，故选取 0°和 90°两个方向计算灰度共生矩阵。经过反复测试，利用能量、相关性、对比度、熵、逆差矩等 5 个纹理特征的分类结果较好，利用本方法对中、高、很高、极高 4 类进行分类。东牌坊内、帮贵火锅和贡院西街 3 个监控场景的人群活动区域面积分别为 271.78m^2、150.62m^2 和 135.53m^2，根据表 4.2 的人群密度等级标准，当人群密度大于 1.53 人/m^2 时为中密度人群，故利用本模型估计的人数阈值分别为 416 人、230 人和 207 人，对应的像素数目阈值分别为

21354、11926 和 10760，当基于像素的人群数量估计模型计算结果大于场景阈值时，则选取利用纹理分析的方法估计人群密度。

本实验利用东牌坊内场景的中、高、很高、极高 4 类人群图像各 40 幅作为训练样本，基于上述参数构建 SVM 分类器，同时选取东牌坊内、帮贵火锅和贡院西街的 4 类人群图像各 40 幅作为测试样本，用于评价 SVM 分类器的分类精度，验证 SICDEM 方法结合 SVM 分类器的可行性(表 5.2)。从表 5.2 的实验结果可以看出，CONM 的分类精度略高于 SICDEM 方法，但需要对各场景进行样本训练，构建各场景特定的人群密度估计模型，本方法只需为某一监控场景构建人群密度估计模型，将此模型应用于其他监控场景，其精度与用于构建模型的场景相当，可满足应用需求。若将某一利用 CONM 方法构建的人群密度估计模型应用于其他监控场景，其分类精度不足 50%，不能满足应用需求。可见，在具有大量监控相机的区域，利用 SICDEM 方法，能够快速构建人群密度估计模型，无须构建各监控场景特定的人群密度估计模型，大大提高了模型的构建效率。

表 5.2　高密度实验分类结果

<table>
<tr><th colspan="2" rowspan="2">测试样本</th><th colspan="2">中(40)</th><th colspan="2">高(40)</th><th colspan="2">很高(40)</th><th colspan="2">极高(40)</th><th colspan="2">准确率/%</th></tr>
<tr><th>SICDEM</th><th>CONM</th><th>SICDEM</th><th>CONM</th><th>SICDEM</th><th>CONM</th><th>SICDEM</th><th>CONM</th><th>SICDEM</th><th>CONM</th></tr>
<tr><td rowspan="4">东牌坊内</td><td>中</td><td>38</td><td>40</td><td>1</td><td>2</td><td>0</td><td>0</td><td>0</td><td>0</td><td rowspan="4">95.63</td><td rowspan="4">97.50</td></tr>
<tr><td>高</td><td>2</td><td>0</td><td>39</td><td>38</td><td>2</td><td>1</td><td>0</td><td>0</td></tr>
<tr><td>很高</td><td>0</td><td>0</td><td>0</td><td>0</td><td>38</td><td>39</td><td>2</td><td>1</td></tr>
<tr><td>极高</td><td>0</td><td>0</td><td>0</td><td>0</td><td>0</td><td>0</td><td>38</td><td>39</td></tr>
<tr><td rowspan="4">帮贵火锅</td><td>中</td><td>39</td><td>40</td><td>3</td><td>1</td><td>0</td><td>0</td><td>0</td><td>0</td><td rowspan="4">94.37</td><td rowspan="4">96.88</td></tr>
<tr><td>高</td><td>1</td><td>0</td><td>37</td><td>39</td><td>1</td><td>2</td><td>0</td><td>0</td></tr>
<tr><td>很高</td><td>0</td><td>0</td><td>0</td><td>0</td><td>38</td><td>38</td><td>3</td><td>2</td></tr>
<tr><td>极高</td><td>0</td><td>0</td><td>0</td><td>0</td><td>1</td><td>0</td><td>37</td><td>38</td></tr>
<tr><td rowspan="4">贡院西街</td><td>中</td><td>38</td><td>39</td><td>1</td><td>1</td><td>0</td><td>0</td><td>0</td><td>0</td><td rowspan="4">95.00</td><td rowspan="4">96.25</td></tr>
<tr><td>高</td><td>2</td><td>1</td><td>39</td><td>39</td><td>2</td><td>2</td><td>0</td><td>0</td></tr>
<tr><td>很高</td><td>0</td><td>0</td><td>0</td><td>0</td><td>37</td><td>38</td><td>2</td><td>2</td></tr>
<tr><td>极高</td><td>0</td><td>0</td><td>0</td><td>0</td><td>1</td><td>0</td><td>38</td><td>38</td></tr>
</table>

采用传统方法构建的人群密度估计模型精度稍高于 SICDEM 方法，主要是由以下原因造成：①传统方法利用各场景图像数据构建特定的人群密度估计模型；②SICDEM 方法虽然对场景图像进行了地理空间映射，但由于相机透视变形、地理空间映射精度等因素的影响，在一定程度上降低了模型的精度；③SICDEM 方法对各场景数据进行了地理空间映射，因各场景地理空间映射模型的精度不同，

在一定程度上影响了 SICDEM 的精度。

从表 5.3 可知转换模型精度对人群密度估计结果有一定影响，大致为转换模型精度越高，则人群密度估计结果精度越高。由于人群密度模型构建过程中受转换模型精度的影响，人群密度估计模型在训练场景中的估计结果精度越高，当模型应用于其他场景时，其精度受相应场景地理空间映射转换模型精度的影响，转换模型精度与训练场景转换模型精度越相近，则估计结果的精度与训练场景模型估计结果精度越接近。

表 5.3　转换模型精度对人群密度估计模型精度的影响

监控场景	转换模型精度/cm	低密度模型精度/%	高密度分类精度/%
东牌坊内	1.65	89.77	95.63
帮贵火锅	2.03	89.73	94.37
贡院西街	1.78	89.47	95.00

可见，基于 SICDEM 方法，将某监控场景的人群密度估计模型应用于其他监控场景，低密度人群密度估计的精度在 90%左右，高密度分类结果精度为 95%左右，精度略低于 CONM 方法，可满足实际应用需求，但不需为各监控场景单独构建特定的人群估计模型，在一定程度上克服了人群密度估计模型的场景依赖性，提高了模型的构建效率。

5.3.3　人群运动矢量场结果分析

基于图像空间求解的动态目标运动矢量场，无法获得其真实速度与方向，基于地理空间映射处理的视频数据，在 GIS 环境下计算动态目标的运动矢量场，可得到其在地理空间的真实速度大小与方向。由于人群监控的实时性要求较高，若采用稠密光流法计算光流场，无法满足实时性要求，故采用金字塔 L-K 稀疏光流法，在 GIS 环境下实时计算动态目标的光流场。

图 5.8 是人群运动矢量场求算结果。其中图 5.8(a)是原始监控场景图像，图 5.8(b)是基于原始监控场景整幅图像计算的人群运动矢量场。由于相机透视效应的影响，场景中目标具有距相机近大远小的效果，图 5.8(b)显示了距离相机近的人群运动速度远大于距相机较远的人群，造成场景中人群运动速度大小的不一致性。另外，由于场景中其他动态目标的影响(如树木、灯笼等)，为人群运动矢量场增加了噪声。

为解决监控场景中动态目标的尺度一致性，屏蔽其他动态目标对人群运动矢量特征提取的影响，需在监控场景中有针对性地选取人群活动区域，并对其进

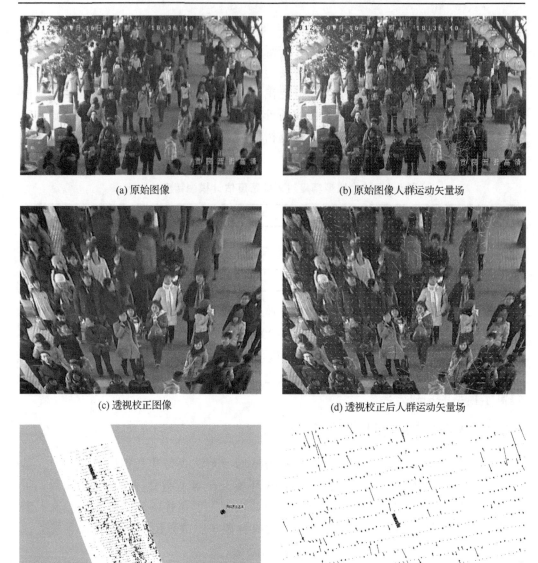

(a) 原始图像　　(b) 原始图像人群运动矢量场

(c) 透视校正图像　　(d) 透视校正后人群运动矢量场

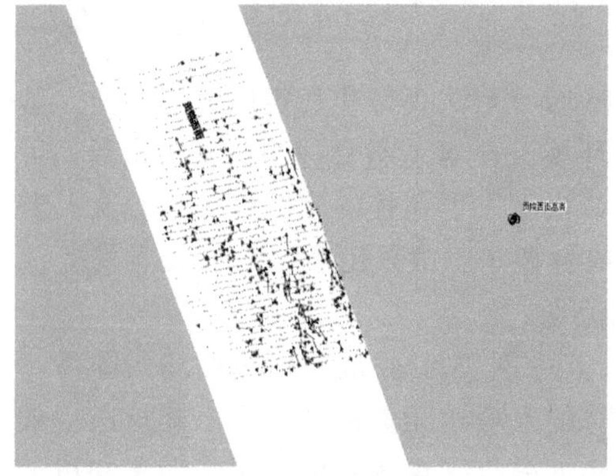

(e) 地理空间下人群运动矢量场　　(f) 地理空间下人群运动矢量场(放大后)

图 5.8　可度量人群运动矢量场求算结果

行透视校正。图 5.8(c)是对监控场景中选取人群活动区域的透视校正结果，可以看到透视校正后消除了人群目标近大远小的现象。图 5.8(d)是基于透视校正图像求算的人群运动矢量场，与基于原始监控图像求算的人群运动矢量场相比，消除了场景中人群运动速度大小的不一致性，解决了距相机近的人群运动速度远大于距相机较远人群速度的问题，同时屏蔽了其他动态目标对人群运动特征提取的影响。

图 5.8(b)和图 5.8(d)分别为基于原始图像与透视校正图像计算的人群运动矢量场，其大小以像素来表达，无具体量纲，方向以图像空间为参考，无法感知其真实速度的大小与方向。利用我们的视频数据的地理空间映射方法，将监控图像进行透视校正，并将其映射至地理空间。基于空间映射后的人群图像，在地理空间计算人群运动矢量场，可获得其真实速度的大小与方向。图 5.8(e)是在地理空间计算的监控场景(图 5.8(a))人群运动矢量场，图 5.8(f)是局部放大后的效果，可以很直观地查看监控场景中人群运动的真实方向与速度大小。

从实验结果(图 5.8(e)、图 5.8(f))可以看出，只利用地理空间的人群运动矢量场，无法感知场景中人群运动的行为模式，因此需进一步对运动人群运动矢量场进行分析，进而可得到地理环境下的群体行为模式。

监控视频数据具有透视效应，即场景中目标因距相机远近不同呈现近大远小的现象，此现象对人群分析精度具有较大影响。另外，由于各监控探头的分辨率及参数设置不同，造成了各监控场景数据的尺度多样化，难以对相机之间的分析结果进行对比分析，模型的场景依赖性强，无法实现人群分析模型的跨相机应用。本章对场景中的人群活动平面区域进行透视校正，并将其映射至地理空间，纠正了监控视频数据的透视效应，使各场景人群活动区域具有统一的地理参考。基于此，提出了 SICDEM 方法，并可在地理参考下提取可度量的人群运动矢量场。

现有的人群密度、人群数量估计方法具有场景依赖性，利用某监控场景样本数据训练的模型，无法应用于其他监控场景，需为各监控场景训练人群密度估计模型，对具有大量监控相机的区域，将浪费大量的人力与时间，阻碍了基于视频的人群监控应用。本章提出的可跨相机的人群密度估计方法，基于地理空间映射处理的视频数据，在地理参考下处理人群图像数据，训练人群密度估计模型，实现了人群密度估计模型的跨相机应用，克服了以往模型构建的场景依赖性，大大提高了模型的构建效率。

在图像空间提取的动态目标运动矢量场无量纲，无法真实度量运动矢量的大小，也不能获得运动矢量在真实地理环境中的方向。所以，利用图像空间的人群运动矢量场，只能分析人群在图像空间中的运动特征，无法得到其在地理环境下的运动特征。本章基于地理空间映射处理的视频数据，在地理参考下提取人群运动矢量场，得到人群在地理环境下的运动矢量场，此时的人群运动矢量具有真实的大小与方向。利用地理空间人群运动矢量场，可进一步分析监控场景中人群在地理环境下的群体行为，且可在地图空间直观表达人群的运动状态，为进一步在 GIS 环境下的人群运动分析奠定了基础。

参 考 文 献

常利利，马俊，邓中民，等. 2008. 基于灰度共生矩阵的织物组织结构差异分析. 纺织学报, 29(10): 43-46

陈杰，邓敏，肖鹏峰，等. 2011. 结合支持向量机与粒度计算的高分辨率遥感影像面向对象分类. 测绘学报, 40(2): 135-141

刘国锋，诸昌钤. 1997. 光流的计算技术. 西南交通大学学报, 32(6): 656-662

田源，塔西甫拉提·特依拜，丁建丽，等. 2008. 基于支持向量机的土地覆被遥感分类. 资源科学, 30(8): 1268-1274

王波，姚宏宇，李弼程. 2006. 一种有效的基于灰度共生矩阵的图像检索方法. 武汉大学学报(信息科学版), 31(9): 761-764

占文凤，陈云浩，周纪，等. 2011. 支持向量机的北京城市热岛模拟: 热岛强度空间格局曲面模拟及其应用. 测绘学报, 40(1): 96-103

Au S Y, Ryan M C, Carey M S, et al. 1993. Managing crowd safety in public venues: A study to generate guidance for venue owners and enforcing authority inspectors. HSE Contract Research Report, 53: 1-993

Beauchemin S S, Barron J L. 1995. The computation of optical flow. ACM Computing Surveys, 27(3): 433-466

Bouguet J Y. 1999. Pyramidal implementation of the Lucas Kanade feature tracker description of the algorithm. OpenCV Documents, 22(2): 363-381

Horn B K P, Schunck B G. 1980. Determining optical flow. Artificial Intelligence, 17(1-3): 185-203

Huang Y, Zhuang X. 1995. Motion-partitioned adaptive block matching for video compression//IEEE International Conference on Image Processing, Washington D C, USA: 554-557

Lucas B D, Kanade T. 1981. An iterative image registration technique with an application to stereo vision//International Joint Conference on Artificial Intelligence, Vancouver, Canada: 674-679

第 6 章　人群行为模式分析

群体行为模式描述了场景中人群的运动状态，利用群体行为模式可很好地掌握人群流动的发展态势。在地理环境下分析群体运动模式、群体运动趋势、群体运动速度、群体异常行为等群体行为模式，可在地理空间准确真实地表达与分析群体行为模式与地理空间的关系，实时动态地感知监控区域人群流动趋势、人群状态的时空格局等，为安防部门有效管理人群提供科学依据。

6.1　群体运动模式分析

6.1.1　群体运动模式的分类

人群在不同的空间场所运动，可表现出不同的运动模式。根据监控区域内的人群运动方向，可将群体运动模式划分为单向运动、双向运动、中心聚拢、四周发散和散漫无序五类。

(1) 单向运动模式。单向型群体运动模式是指人群朝同一个方向行进，如某马拉松赛场监控场景(图 6.1)。从图中可以看出，人群的运动是朝向同一方向的。另外，如地铁换乘单行通道中的人群流动、大型场馆入口和出口处的人群流动、因交通管制规定的步行街单向行走路段等均属于单向人群运动模式。

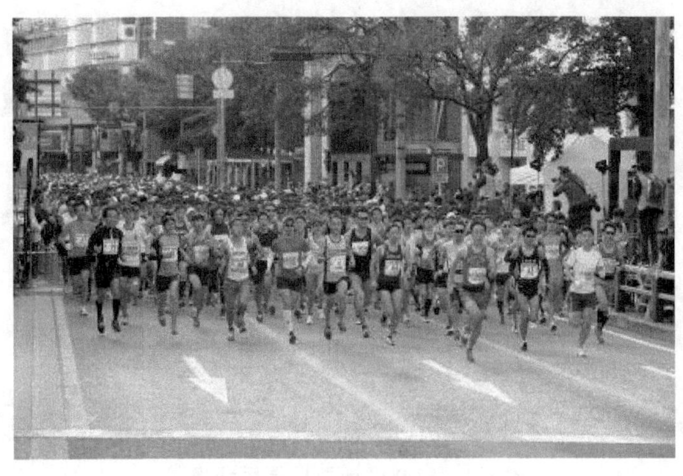

图 6.1　单向型群体运动模式

(2) 双向运动模式。双向型群体运动模式是指人群顺着道路走向呈现相反两个方向运动的运动模式，图 6.2 为双向人群运动模式的某监控场景，人群会通过自组织方式在道路上形成相反两个方向的群体运动模式。在人群聚集的路段，由于人群的双向行进通常会自发分成两个方向的人群流动模式，形成“自组织现象”。例如非单行道地铁通道里的人群流动、过街天桥上的人群流动、步行街的人群流动等。

图 6.2　双向型群体运动模式

(3) 中心聚拢模式。中心聚拢型群体运动模式指人群朝向同一个中心点聚拢，在密集人群中由于某点发生打架斗殴等事件，造成四周的人群涌向该爆发点，如图 6.3 所示。在人群密集的区域，因某地点发生吸引人群注意力的事件而造成人群涌

图 6.3　中心聚拢型群体运动模式

向该地点，由于人群的从众心理会导致距此地点较远的人群也朝此方向运动。如促销商场的聚集抢购、场馆发生事故时人们朝同一个狭窄出口逃离等。此类型的人群流动会促使聚集中心点的人群密度急剧增大，更易发生人群拥挤、踩踏等事故。

(4)四周发散模式。四周发散型群体运动模式是指人群从某中心点朝向周围方向流动，如图6.4所示，某监控场景中由于某点发生了相关异常事件，使得人群迅速朝向四周运动。此类群体运动模式是由于在人群密集区的某点发生突发事件，导致人群向四周发散运动。如若在人群密集场所发生爆炸、打架斗殴等事件时，聚集的人群会朝向四周运动，此时极易发生人群拥挤、踩踏等突发事件。

图6.4　四周发散型群体运动模式

(5)散漫无序模式。散漫无序型群体运动模式是指人群在某场所各自按照自己设定的方向行进，无特定的行进方向，如图6.5所示，人群的行进方向呈现无序的状态。此状态的人群流动常见于广场、步行街等场所闲逛的人群。

图6.5　散漫无序型群体运动模式(Mehran et al.，2009)

6.1.2 群体运动模式的判断

人群运动模式可以很好地反映当前人群流动状态。实时感知监控公众聚集场所的群体运动模式，能够及时获取监控区域的人群运动状态，分析密集人群的群体行为，为决策部门提供实时的人群运动状态信息。例如，在特定路段设定人群运动模式为单向行进，对该区域进行实时监控，若检测结果与规定的单向运动模式冲突，则进行报警处理。

在地理参考下分析人群运动模式，可得到地理空间特定监控区域内人群的运动模式，分析方法如图 6.6 所示：

(1) 在视频监控场景中选取人群活动区域，设定感兴趣的人群活动区域范围；

(2) 对选取的人群活动区域进行地理空间映射处理，将其统一至地理参考；

(3) 计算人群活动区域图像块在地理参考下的光流场，得到可度量的地理空间人群运动矢量场；

(4) 将地理空间的人群运动矢量场变换至极坐标下，通过分析极坐标空间的人群运动矢量场分布特征，进而判断人群运动模式。

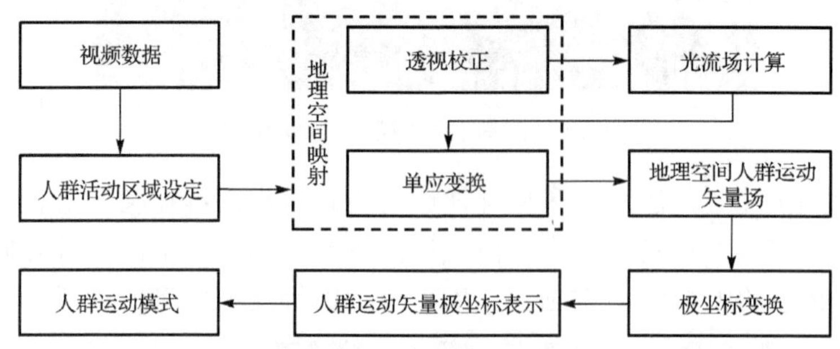

图 6.6　群体运动模式分析方法

获取到地理空间人群运动矢量场后，因各运动矢量分布在整个人群活动监控区域，无法直接通过矢量场判断人群运动模式。在数学中，极坐标系统是一个二维的坐标系统，极坐标系中的点是由一个夹角和一个相对于中心点(极点)的线段距离表示。极坐标系的应用领域比较广泛，如数学、物理、航海等领域。若两点间关系能够用夹角和距离表示时，极坐标系可极大地显现其优势。由于运动矢量为一个具有方向和长度大小的向量，所以利用极坐标可以很好地表示各向量。将人群运动矢量场中的各矢量转换至极坐标空间，可在极参考下表示整个运动矢量场的分布格局，进而判断人群的运动模式。

地理空间的人群运动矢量具有真实的地理参考方向，将其转换至极坐标系后，应保持其真实方向，故将极坐标系的 0° 方向确定为正东方向，沿逆时针方向的

90°方向为正北方向，以此类推确定极坐标的各地理参考方向。将地理空间的人群运动矢量转换至极坐标系时，以矢量长度和该矢量与地理参考系横轴夹角确定其在极坐标参考中的位置。对于单向型人群运动模式，在地理空间的运动矢量场分布格局大致朝向同一方向(图 6.7)，转换至极坐标系其表现形式如图 6.8 所示。

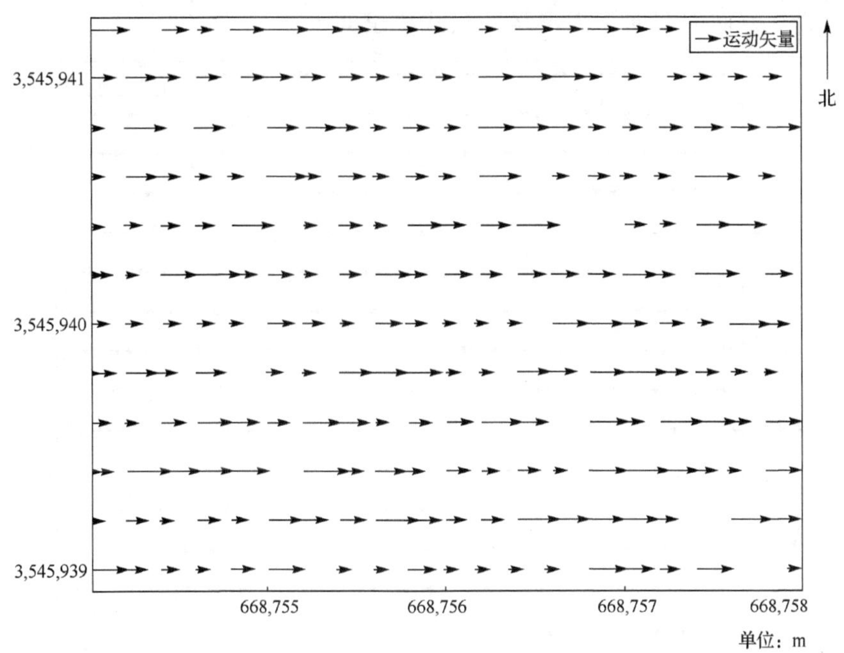

图 6.7　单向型人群运动矢量场

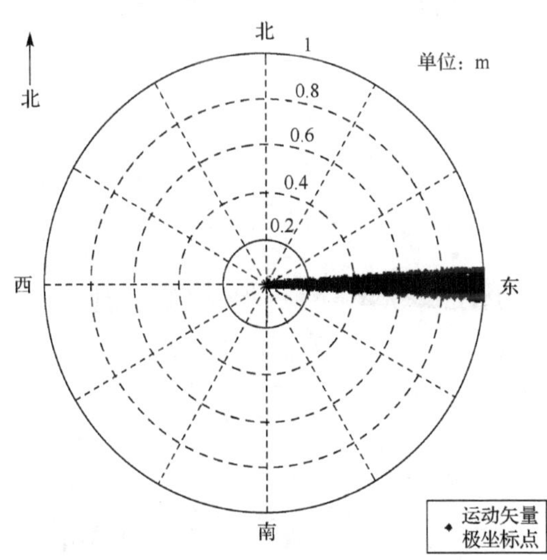

图 6.8　单向型群体运动模式

可以看出，图 6.8 表示人群运动模式为朝正东方向的单向型群体运动模式。若人群运动为单向型群体运动模式，则在极坐标参考下，人群运动矢量场应大致分布在同一方向。同理，若人群运动为双向型群体运动模式，则人群运动矢量场在极坐标参考下应大致朝向两个相反的方向，图 6.9 为双向型人群运动矢量场，图 6.10 为“东-西”方向的双向型人群运动模式极空间表达。

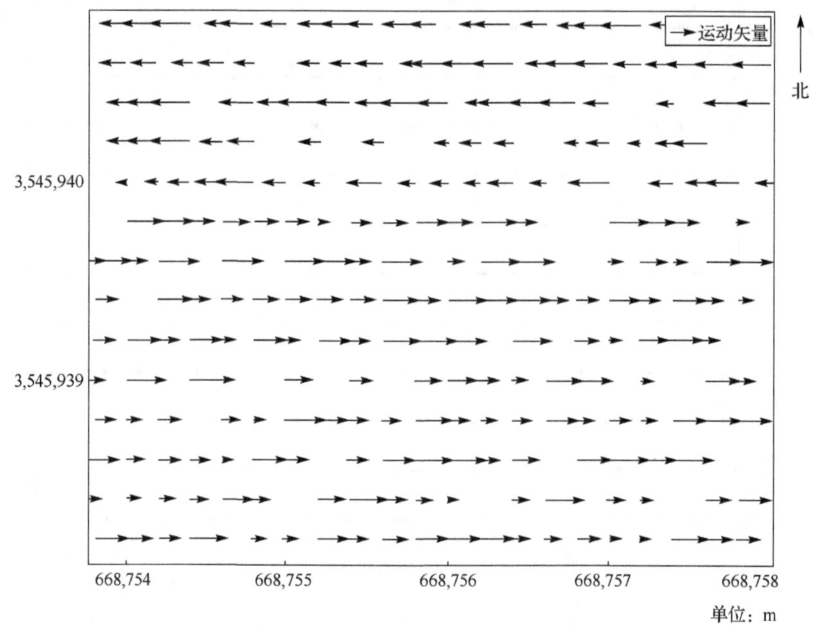

图 6.9　双向型人群运动矢量场

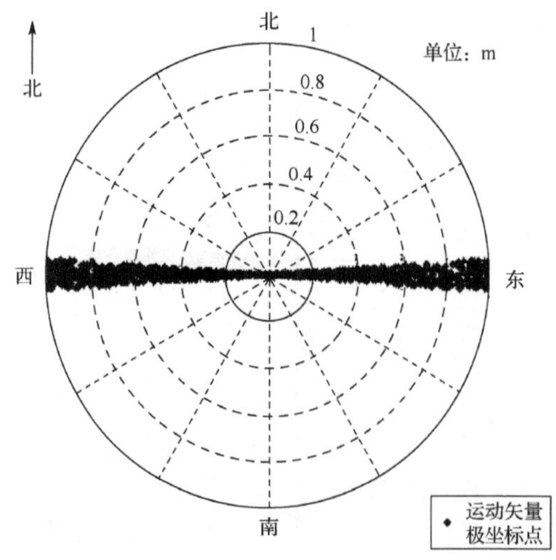

图 6.10　双向型群体运动模式

图 6.11～图 6.14 分别为中心聚拢型和四周发散型人群运动矢量场及其在极坐标系下的分布格局。可以看出，中心聚拢型和四周发散型人群运动矢量场在极坐标参考下具有相同的分布模式。从图 6.12 和图 6.14 可知，人群运动矢量分布在半径 0.1m 范围内的较少，说明在求算此矢量场的时间间隔内，人群运动的位移大于 0.1m。图 6.12 和图 6.14 是中心聚拢型和四周发散型的一个特例，这两种群体运动模式矢量场的极坐标分布大致均匀地以极坐标系极点为圆心，以一定长度为半径的圆形分布。可见，单纯从运动矢量场在极坐标参考下的分布，无法区分中心聚拢型和四周发散型人群运动模式。这两种人群运动模式在一定程度上表现为群体的异常行为，为进一步区分这两种人群运动模式，我们利用矢量分析的相关理论与方法，分析与判断群体的骤聚/骤散等异常行为，从而可以利用此方法来区分中心聚拢型和四周发散型人群运动模式，具体将在 6.4 节的群体异常行为分析与检测中具体阐述。

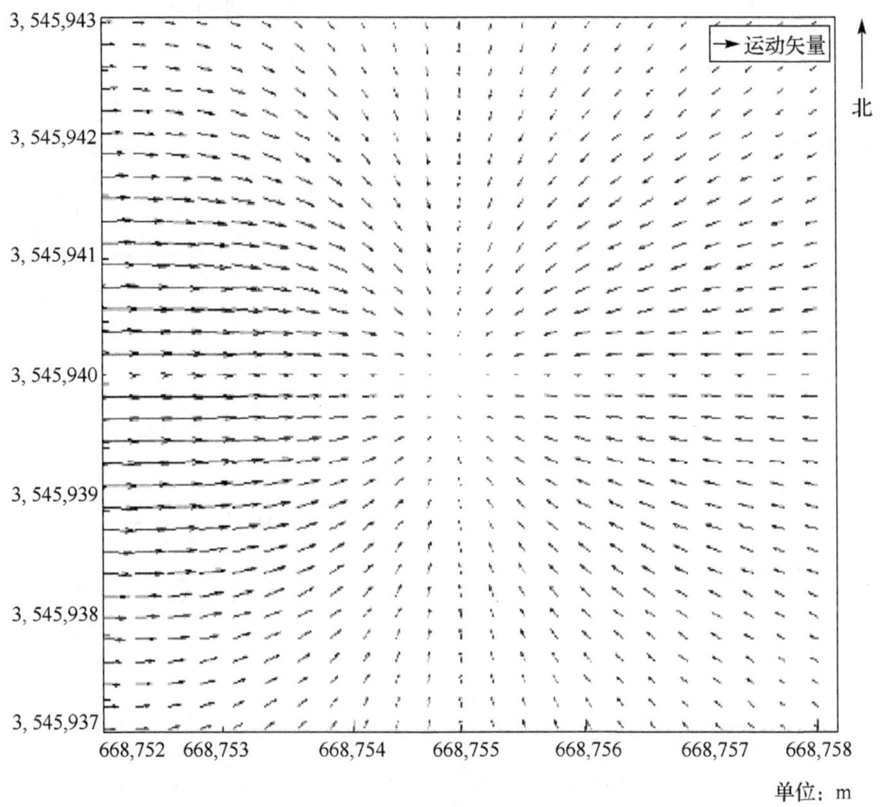

图 6.11　中心聚拢型人群运动矢量场

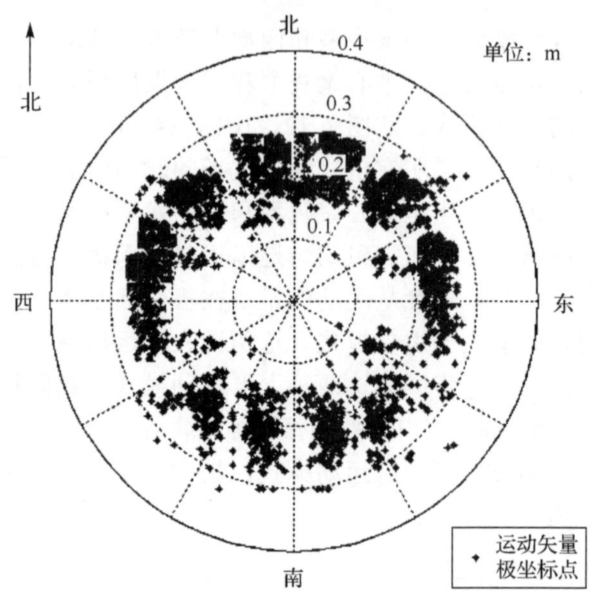

图 6.12　中心聚拢型群体运动模式

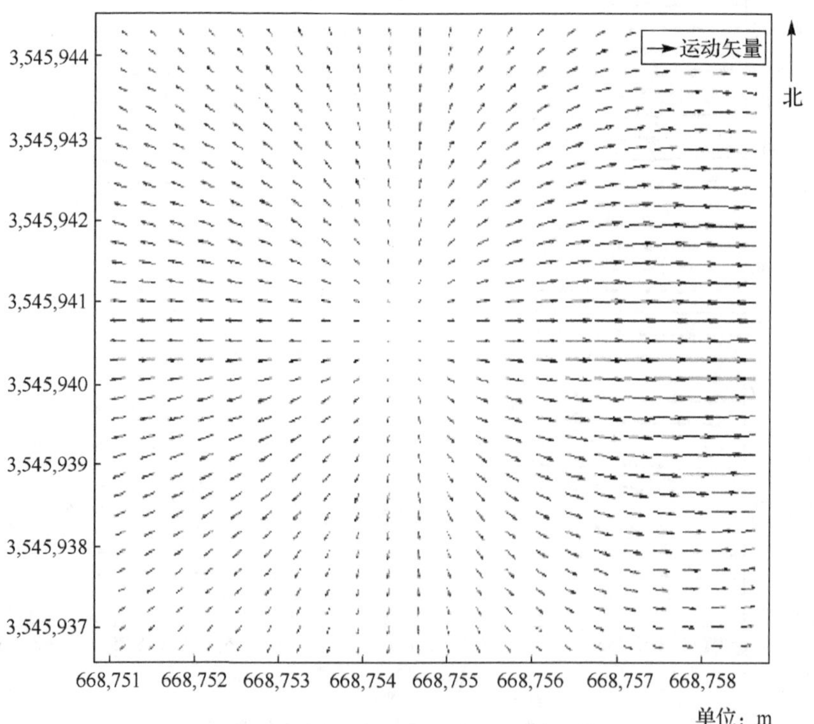

图 6.13　四周发散型人群运动矢量场

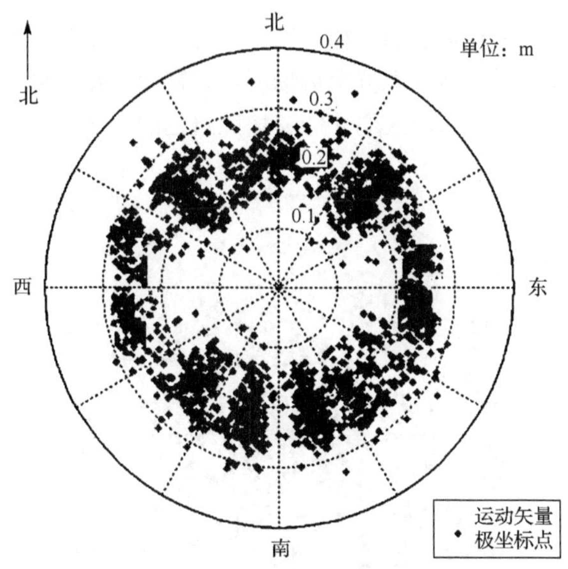

图 6.14　四周发散型群体运动模式

随机型群体运动模式的人群运动矢量场如图 6.15 所示，人群运动矢量场在极坐标参考系下的分布模式如图 6.16 所示。可以看出，人群运动矢量场在极坐标参考系中的

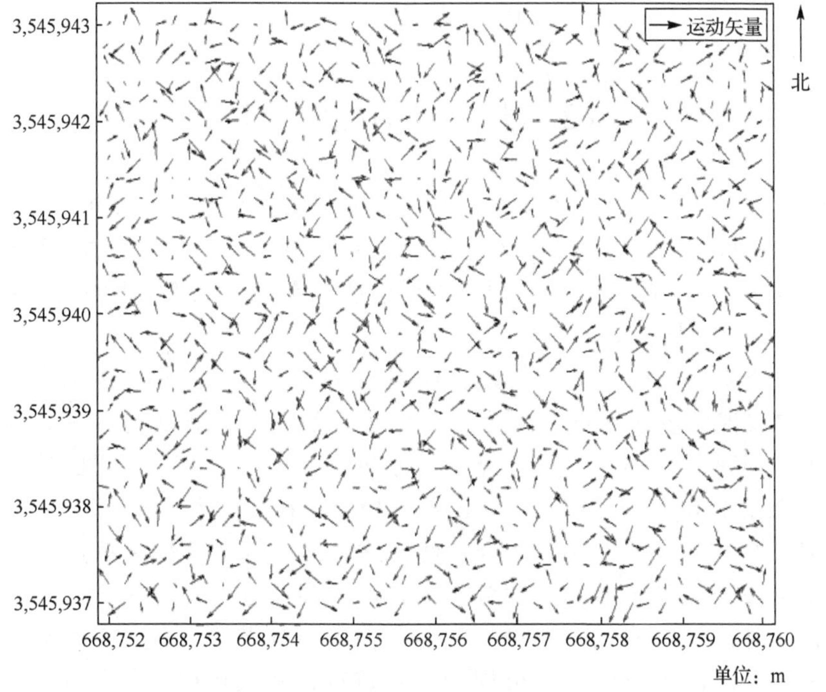

图 6.15　随机型人群运动矢量场

分布格局为随机状态，没有特定的规律可循，人群运动速度差别相对较大，此类群体运动模式多见于广场、步行街等人群聚集场所，且常出现在人群密度较低的场所，因为只有在人群密度较低的场所，人们才能够按照自己的意愿任意选择行进方向。

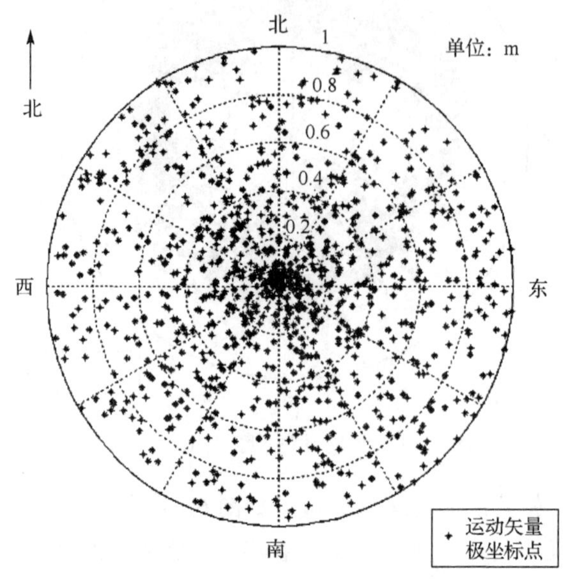

图 6.16　随机型群体运动模式

6.2　群体运动趋势分析

人群运动趋势可以很好地反映人群流动进一步发展态势，依据人群运动趋势能够及时掌握与预测人群运动状态。人群运动趋势代表了人群运动的发展态势，利用人群运动特征数据，分析与判断人群运动趋势，可为进一步的人群管理、警力部署等提供科学依据。

风向玫瑰图是根据某地区气象台观测的风向资料，在极坐标图上绘制出的图形，风向玫瑰图表示风向的频率。风向频率是在一定时间内各种风向出现的次数占所有观察次数的百分比。根据各方向风的出现频率，以相应的比例长度按风向描绘在用 8 个或 16 个方位表示的极坐标图上，将各相邻方向的端点用直线连接，绘出一个像玫瑰的闭合折线，这就是风向玫瑰图。风向玫瑰图是一个给定地点在一定时段内的风向分布图，可得到该地的主导风向，即图中线段最长者。同时，风向玫瑰图还可指示各风向的风速范围，能够直观地表示年、季、月等的风向，可应用于城市规划、建筑设计和气候研究等领域。

为分析与表达人群的运动趋势，利用风向玫瑰图的理论与方法，将极坐标系从东偏北 11.25° 起，按逆时针方向以 22.5° 的间隔将坐标系划分为 16 个部分，如图 6.17 所示。将人群运动矢量根据其所在的范围将其累加至对应的方向，并计算所属该方向的运动矢量个数占所有运动矢量总数的百分比，得到人群运动趋势图，且可表示运动矢量大小的范围。利用此方法，便可得到监控场景中群体运动的主体运动趋势。

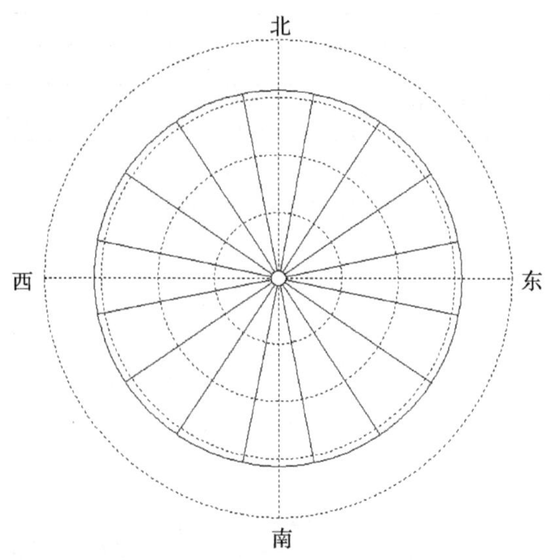

图 6.17　群体运动趋势方向划分示意

群体运动趋势分析包括视频数据处理、运动矢量计算和运动趋势分析三部分，如图 6.18 所示。①在视频监控场景中选定人群活动区域，并对人群活动区域范围内的人群图像进行地理空间映射处理，将其映射至地理参考下；②在地理空间进行光流场计算，得到地理参考下的人群运动矢量场，将人群运动矢量场映射至极坐标参考系；③按照划定的人群运动矢量主体方向标准，判断运动矢量所属的主体方向，根据风向玫瑰图的原理与方法生成人群运动趋势玫瑰图，得到 16 个方向上的人群运动矢量累积频率，同时可表达运动矢量大小在各方向的分布状况，进而可判断人群运动趋势。

基于群体运动趋势分析方法，利用风向玫瑰图表示各方向人群运动矢量的累积频率，以及运动矢量大小在各方向的分布格局。图 6.19 为单向型群体运动趋势玫瑰图，可知，人群的总体运动趋势为正东方向，人群运动矢量大小的分布表示在求算人群运动矢量场的时间间隔内，人群在正东方向上运动位移的分布状态。

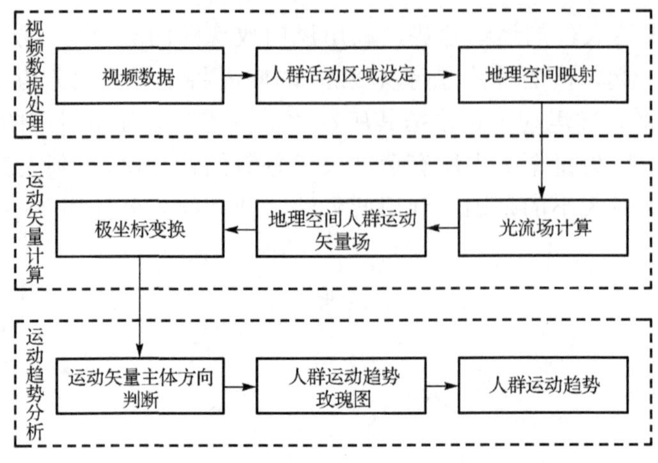

图 6.18　群体运动趋势分析方法

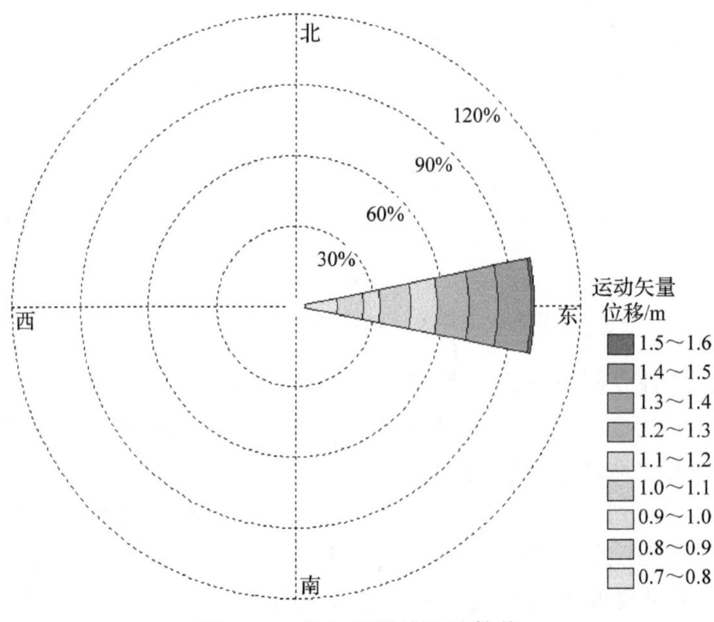

图 6.19　单向型群体运动趋势

图 6.20 为双向型群体运动模式的群体运动趋势图，大约有 62%的人群朝正东方向行进，约 38%的人群朝西方向行进，由此可判断人群的主体运动方向为正东方向，通过人群运动矢量大小在东-西方向的分布，可知在“东-西”两个方向上人群运动矢量位移的分布格局大致相同。

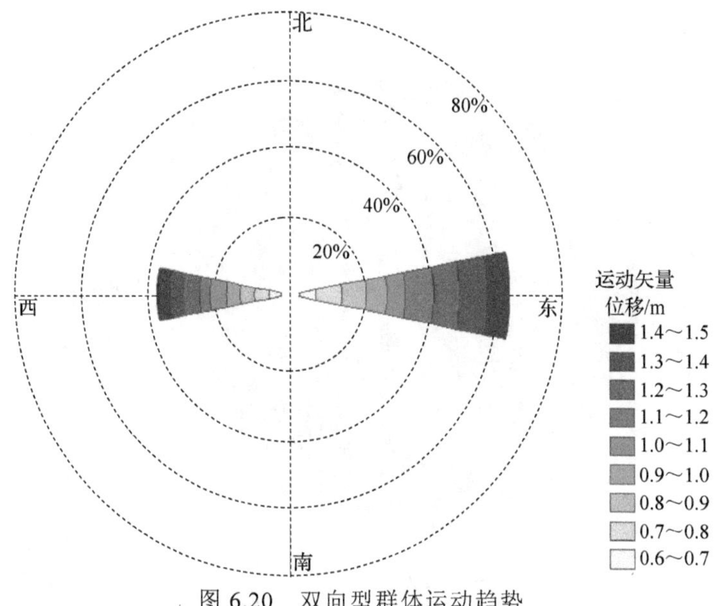

图 6.20　双向型群体运动趋势

图 6.21 和图 6.22 分别为中心聚拢和四周发散型群体运动模式的玫瑰图，可以看出，中心聚拢型和四周发散型群体运动具有大致相同的群体运动趋势，这两类群体运动模式常见于聚集有密集人群的开阔场所，当某地点发生碰撞、打架斗殴、

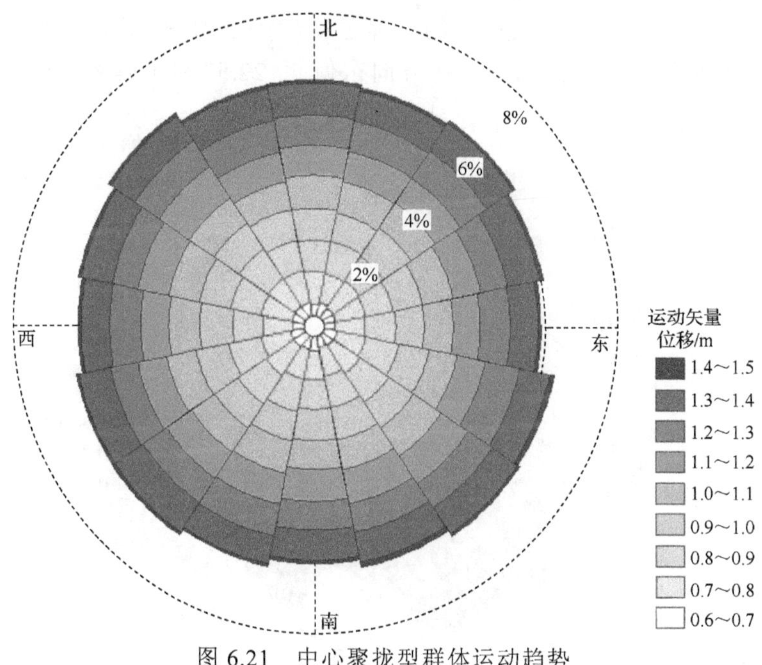

图 6.21　中心聚拢型群体运动趋势

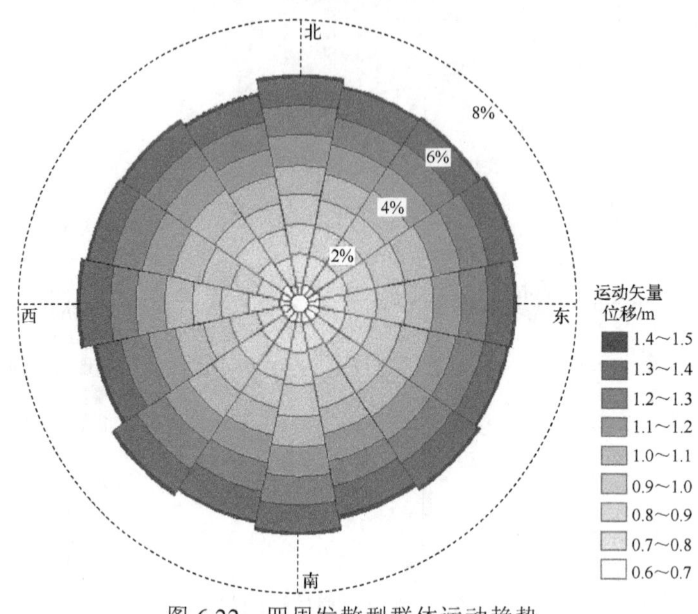

图 6.22　四周发散型群体运动趋势

火灾、爆炸等突发事件时，会产生中心聚拢或四周发散的群体运动，通过人群运动趋势玫瑰图，可判断这两种群体运动模式的人群分布在各方向上的概率，进而分析监控场景中人群运动的发展趋势。

图 6.23 为随机型群体运动模式的群体运动趋势玫瑰图，由图可知各方向人群运动矢量概率的分布呈随机状态，在方向东偏北 22.5°和东偏南 45°的人群运动

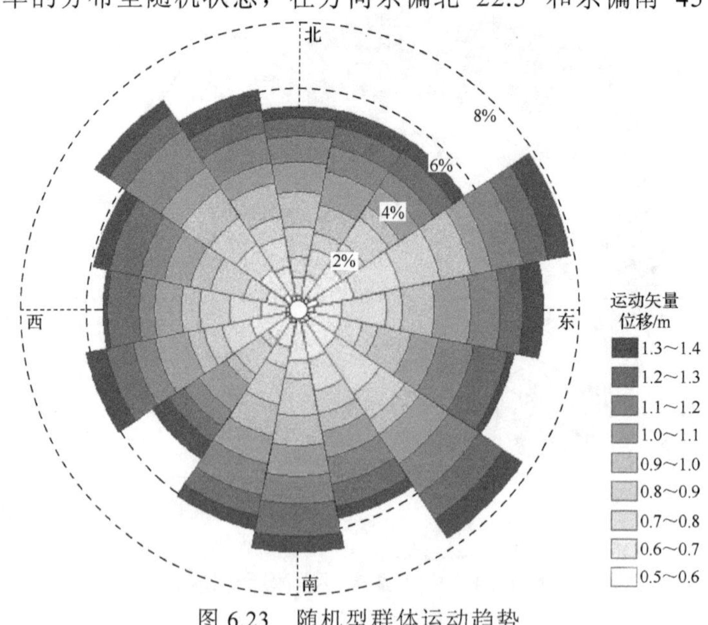

图 6.23　随机型群体运动趋势

矢量分布概率较大，西偏南 45°的人群运动矢量分布概率最小，可进一步分析预测该监控场景中人群运动的发展态势。

通过以上分析可知，仅采用地理空间人群运动矢量场，无法精确地定量分析人群在地理环境中的运动状态，不能精确分析群体的运动趋势与进一步发展态势。而将基于地理空间的人群运动矢量场投影至极坐标空间，利用风向玫瑰图的理论与方法表达群体运动趋势，可以直观地表达人群在监控场景中的群体运动状态，为群体运动趋势的定量分析提供了有力依据。

6.3　群体运动速度估算

群体运动趋势的分析结果，只能定量表达人群运动矢量场在各方向的分布概率，无法获取各方向的人群运动速率。为定量表征各方向的人群运动速度大小，须在地理环境下估算各方向的人群运动平均速率。以往利用视频对动态目标运动速度大小的估算是在图像空间展开的，只能得到以像素为单位、以图像空间为参考的动态目标运动速度大小与方向。在地理环境下分析具有地理参考的人群运动矢量场，可在地理参考下定量估算各方向的群体运动平均速率。

为计算群体在某方向的运动速度，将极坐标系以 0°为起始方向，以 45°为间隔按逆时针方向，分别划分为东、东北、北、西北、西、西南、南和东南八个方向，如图 6.24 所示，利用极坐标空间的人群运动矢量场，分别计算以上各主方向的人群运动速率。

各方向群体运动速率的计算方法如图 6.25 所示。主要包括监控场景设置与视频数据处理，地理空间人群运动矢量计算与分析，以及各方向人群运动速率估算三部分。具体步骤为：①在视频监控场景中选取人群活动区域，对该区域进行地理空间映射处理，实时接收视频信号，将划定的人群活动区域图像映射至地理空间；②实时处理视频数据，在地理参考下提取人群运动光流场，得到地理空间的人群运动矢量场；③将地理参考下的人群运动矢量场转换至极坐标空间，根据在极坐标系下的方向划定标准判断各运动矢量所属的方向；④对各方向的运动矢量位移进行累积计算，并统计各方向范围内所属的运动矢量个数，计算各方向运动矢量位移的均值，最后根据人群运动矢量场提取的时间间隔，进行各方向的人群运动速率求解，同时，利用人群运动速率实时变化，可计算某时段内的人群运动速率变化，进而得到人群运动加速度。

表 6.1 列举了各种群体运动模式在各方向的人群运动参数，包括累积位移、平均位移和平均速率。累积位移是指分布在规定方向范围内人群运动矢量的位移

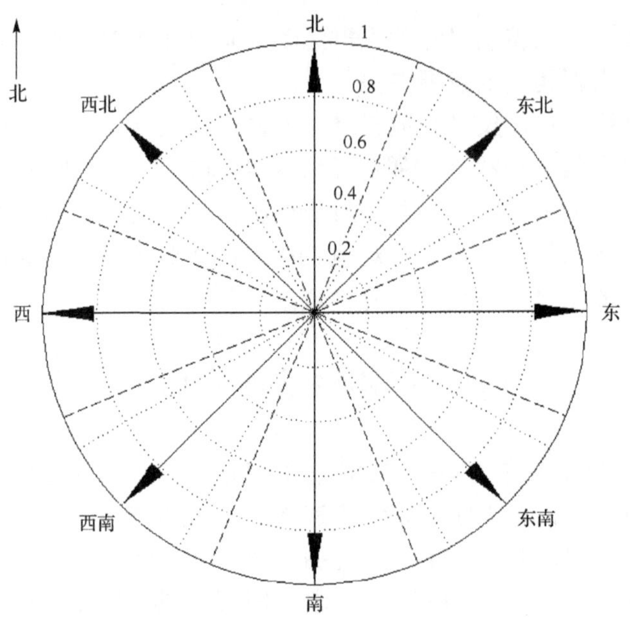

图 6.24　用于群体运动速率估算的方向划分

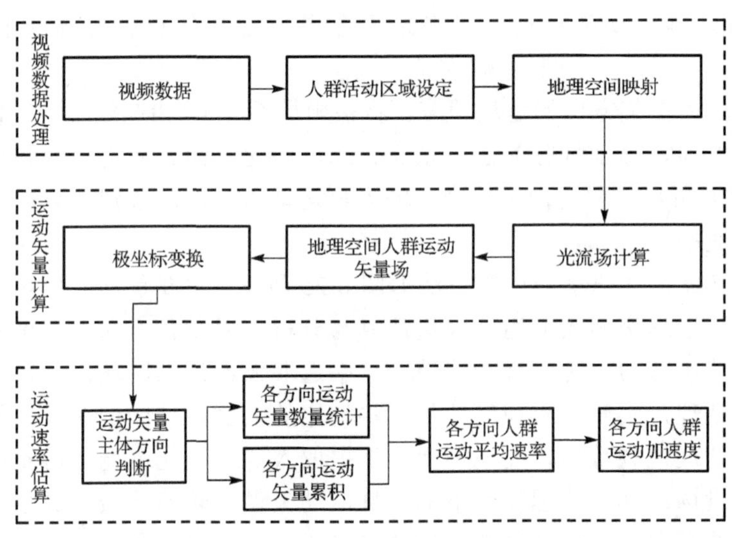

图 6.25　各方向群体运动速率估算

之和，其大小可以定量表示各方向的人群运动趋势。平均位移指在某方向上的位移累积量与其对应矢量个数的比值，表示在一定时间间隔内，人群在规定方向范围内的移动距离。平均速率是指每秒钟人群在相应方向上的运动距离。表 6.1 的内容是基于 6.1.2 节模拟人群运动矢量场的计算结果，假定以时间间隔 1 秒钟的两帧人群图像提取人群运动矢量场。利用表中的结果，可以定量描述各种运动模式人群在各方向的运动状态，进而更精确地分析与理解人群运动状态。

如对于表 6.1 中的单向型人群运动模式，其主体运动方向为向东，在正东方向上，人群运动矢量场的累积位移为 467.475m，平均位移量为 0.486m，人群运动平均速率为 0.486m/s，其他方向上的累积位移、平均位移、平均速率等参数为 0，可见利用此结果可以定量分析各种运动模式的人群运动状态。

表 6.1　各运动模式人群运动参数估计结果

运动模式	运动参数	运动方向							
		东	东北	北	西北	西	西南	南	东南
单向	累积位移/m	467.48	0.00	0.00	0.00	0.00	0.000	0.00	0.00
	平均位移/m	0.49	0.00	0.00	0.00	0.00	0.000	0.00	0.00
	平均速率/(m/s)	0.49	0.00	0.00	0.00	0.00	0.000	0.00	0.00
双向	累积位移/m	265.16	0.00	0.00	0.00	198.78	0.000	0.00	0.00
	平均位移/m	0.51	0.00	0.00	0.00	0.52	0.000	0.00	0.00
	平均速率/(m/s)	0.51	0.00	0.00	0.00	0.52	0.000	0.00	0.00
中心聚拢	累积位移/m	70.35	72.44	68.66	63.34	75.37	77.745	80.36	74.40
	平均位移/m	0.62	0.58	0.56	0.54	0.67	0.607	0.71	0.59
	平均速率/(m/s)	0.62	0.58	0.56	0.54	0.67	0.607	0.71	0.589
四周发散	累积位移/m	72.35	72.44	68.66	71.32	75.37	77.745	77.36	74.40
	平均位移/m	0.63	0.58	0.56	0.61	0.67	0.607	0.678	0.59
	平均速率/(m/s)	0.63	0.58	0.56	0.61	0.67	0.607	0.678	0.59
随机	累积位移/m	57.23	102.80	47.84	85.03	68.23	105.92	56.02	116.5
	平均位移/m	0.60	0.73	0.51	0.64	0.65	0.69	0.62	0.732
	平均速率/(m/s)	0.60	0.73	0.51	0.64	0.65	0.69	0.62	0.732

6.4 群体异常行为分析

6.4.1 群体异常行为类型

人群状态检测是智能视频监控的主要研究内容之一，也是实现自动人群管理的基本要求。动态场景中的人群异常状态常伴随各种潜在危险，使得利用视频数据进行异常行为检测成为计算机视觉等研究领域的一个重要组成部分。实时感知监控群体异常行为，可及时对监控场景中的突发事件进行报警，为实现人群的智能化管理提供有力保障。人们通过常识能够认知的非正常状况称为异常事件，在公众聚集场所密集人群中发生的异常事件称为群体异常行为，主要包括：骤聚（中心聚拢）、骤散（四周发散）、运动速率突变、运动方向突变、逆向行走等类型。场景中各类群体异常事件最终都以运动特征表现出来，所以群体异常行为检测实质上是对场景中动态目标运动特征的检测与分析，并根据分析结果判断场景中的人群异常状态。

6.4.2 矢量场分析

在许多科学、技术问题中，经常需要考察某物理量（如温度、密度、电位、力、速度等）在空间的分布和变化规律。为揭示和探索这些规律，数学上引入了场的概念（谢树艺，2012）。如果在全部空间或部分空间里的每一点，均对应着某物理量的一个确定值，则在此空间确定了该物理量的一个场。如果此物理量是数量，称其为数量场；如果是矢量，则称之为矢量场。如温度场、密度场、电位场是数量场；而力场、速度场等为矢量场。若场中的物理量在各点处的对应值不随时间变化，则称该场为稳定场；否则，称为不稳定场。

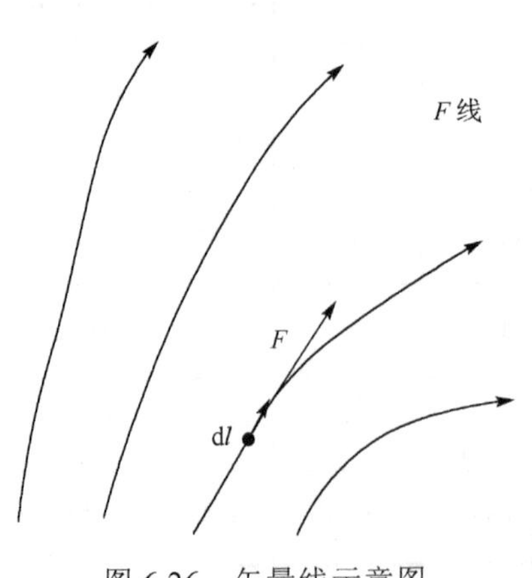

图 6.26 矢量线示意图

对于空间区域 V 内的任意一点 r，若有矢量 $\boldsymbol{F}(r)$ 与之对应，则称此矢量函数 $\boldsymbol{F}(r)$ 是定义于 V 的矢量场。为了直观地表示矢量的分布状况，引入了矢量线的概念。所谓矢量线，是指在该曲线与曲线上各点所对应的矢量相切（图 6.26），如静电场中的电力线、磁场中的磁力线、流速场中的流线等均为矢量线。

为克服矢量线不能定量描述矢量场大小的问题，引入了通量的概念。在场区域的某点选取面元，穿过该面元的矢量线的总数称为矢量场对于该面元的通量。通量的定义如下：设有矢量场 $\boldsymbol{A}(M)$，沿其中有向曲面 S 某一侧的曲面积分：

$$\phi = \iint_{S} A_n \mathrm{d}S = \iint_{S} \boldsymbol{A} \cdot \mathrm{d}\boldsymbol{S} \tag{6-1}$$

式中，ϕ 为矢量场 $\boldsymbol{A}(M)$ 向积分所沿一侧穿过曲面 S 的通量(谢树艺，2012)。矢量场通过闭合曲面的通量有三种结果：当 $\phi>0$ 时，表示流出多于流入，此时在 S 内必有产生流体的源。当然，也可能存在排出流体的漏洞，但所产生的流体必定多于排出的流体。因此，在 $\phi>0$ 时，不论 S 内有无漏洞，S 内总有正源；同理，当 $\phi<0$ 时，则在 S 内有负源。以上两种情况合称为 S 内有源。但当 $\phi=0$ 时，不能断言 S 内无源，因为此时在 S 内可能出现既有正源又有负源的情况，二者恰好相互抵消使得 $\phi=0$。

所以，在一般矢量场 $\boldsymbol{A}(M)$ 中，对于穿出闭合曲面 S 的通量 ϕ，当其不为 0 时，可根据其正或负来确定 S 内有无产生通量 ϕ 的正源或负源。至于其源的实际意义应视具体的物理场而定。但仅此还不能了解源在 S 内的分布情况及源的强弱程度等。为研究此问题，引入了矢量场的散度概念。设有矢量场 $\boldsymbol{A}(M)$，在场中一点 M 的某个邻域内作一包含 M 点在内的任一闭曲面 ΔS，设其所包围的空间区域为 $\Delta\Omega$，以 ΔV 表示其体积，以 $\Delta\phi$ 表示从其内穿出 S 的通量。当 $\Delta\Omega$ 以任意方式缩向 M 点时有：

$$\frac{\Delta\phi}{\Delta V} = \frac{\oiint_{\Delta S} \boldsymbol{A} \cdot \mathrm{d}\boldsymbol{S}}{\Delta V} \tag{6-2}$$

若式(6-2)的极限存在，则称此极限为矢量场 $\boldsymbol{A}(M)$ 在点 M 处的散度，记作 $\operatorname{div}\boldsymbol{A}$，即：

$$\operatorname{div}\boldsymbol{A} = \lim_{\Delta\Omega \to M} \frac{\Delta\phi}{\Delta V} = \lim_{\Delta\Omega \to M} \frac{\oiint_{\Delta S} \boldsymbol{A} \cdot \mathrm{d}\boldsymbol{S}}{\Delta V} \tag{6-3}$$

由此定义可见，散度 $\operatorname{div}\boldsymbol{A}$ 为一数量，表示在场中一点处通量对体积的变化率，即在该处对一个单位体积来说所穿出的通量，称为该点处源的强度。所以，当 $\operatorname{div}\boldsymbol{A}$ 的值不为零时，其符号为正或负，分别表示在该点处有散发通量的正源或有吸收通量的负源，其绝对值 $|\operatorname{div}\boldsymbol{A}|$ 相应地表示在该点处散发通量或吸收通量的强度；当 $\operatorname{div}\boldsymbol{A}$ 的值为零时，表示在该点处无源。因此，称 $\operatorname{div}\boldsymbol{A}\equiv 0$ 的矢量场 $\boldsymbol{A}$ 为无源场。如果把矢量场 $\boldsymbol{A}$ 中每一点的散度与场中的点一一对应起来，可得到一个数量场，称为由此矢量场产生的散度场。

散度具有以下三方面的物理意义：①矢量场的散度代表矢量场通量源的分布特性；②矢量场的散度是一个标量；③矢量场的散度是空间坐标的函数。

不是所有的矢量场都由通量源激发。存在另一类不同于通量源的矢量源，它所激发的矢量场的力线是闭合的，对于任何闭合曲面的通量为零，此类矢量源称为环量。设有矢量场 $\boldsymbol{A}(M)$，则沿着场中某封闭的有向曲线 l 的曲线积分：

$$\Gamma = \oint_l \boldsymbol{A} \cdot \mathrm{d}\boldsymbol{l} \tag{6-4}$$

叫作此矢量场按积分所取方向沿曲线 l 的环量(谢树艺，2012)。根据环量的定义可知，某矢量场的环量为通过矢量场中以 l 为边界的一块曲面 S 的总环流量强度。显然，仅此还不能了解矢量场中任一点 M 处通向任意方向 $\boldsymbol{n}$ 的环流量强度。为研究此问题，需引入环量面密度的概念。

设 M 为矢量场 $\boldsymbol{A}$ 中的一点，在 M 点处取定一个方向 $\boldsymbol{n}$，过 M 点任意选取一小曲面 ΔS，以 $\boldsymbol{n}$ 为其在 M 点处的法向量，以 ΔS 表示此曲面的面积，其边界 Δl 的正向作为与 $\boldsymbol{n}$ 构成右手螺旋关系，如图 6-17 所示，当 M 点保持在曲面 ΔS 上的条件下，曲面 ΔS 沿着自身缩向 M 点时，则矢量场沿 Δl 正向的环量 $\Delta\Gamma$ 与面积 ΔS 之比 $\Delta\Gamma / \Delta S$ 的极限存在，称其为矢量场 $\boldsymbol{A}$ 在点 M 处沿方向 n 的环量面密度(环量对面积的变化率)，记作 μ_n，即：

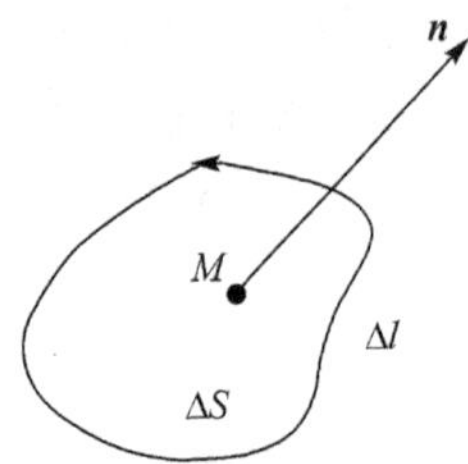

图 6.27 环量面密度示意图

$$\mu_n = \lim_{\Delta S \to M} \frac{\Delta\Gamma}{\Delta S} = \lim_{\Delta S \to M} \frac{\oint_{\Delta l} \boldsymbol{A} \cdot \mathrm{d}\boldsymbol{l}}{\Delta S} \tag{6-5}$$

通过上述介绍可知，环量面密度是一个与方向有关的概念，正如数量场中的方向导数与方向有关一样。在数量场中，可找出一个梯度矢量，在给定点处，它的方向表示最大方向导数的方向，其模即为最大方向导数的数值，且它在任一方向的投影，是该方向上的方向导数。因此，需要找到这样一种矢量，它与环量面密度的关系，正如梯度与方向导数之间的关系一样。

为此，引入了旋度的概念，若在矢量场 $\boldsymbol{A}$ 中的一点 M 处存在一个矢量 $\boldsymbol{R}$，矢量场 $\boldsymbol{A}$ 在点 M 处沿其方向的环量面密度为最大，这个最大的数值为$|\boldsymbol{R}|$，则称矢量 $\boldsymbol{R}$ 为矢量场 $\boldsymbol{A}$ 在点 M 处的旋度，记作 **rot** $\boldsymbol{A}$，即：

$$\mathbf{rot}\,\boldsymbol{A} = \boldsymbol{R} \tag{6-6}$$

简言之，旋度矢量在数值和方向上表示最大的环量面密度。

旋度具有以下三方面的物理意义：①矢量场 $\boldsymbol{A}$ 的旋度是一个矢量，其大小是矢量场 $\boldsymbol{A}$ 在给定点处的最大环量面密度，其方向是当面元的取向使环量面密度最大时，该面元矢量的方向；②描述了矢量场 $\boldsymbol{A}$ 在改点处的旋涡源强度；③若某区域中各点的旋度为零，则称 $\boldsymbol{A}$ 为无旋场或保守场。

6.4.3 群体异常行为检测

以往基于视频的异常行为检测主要针对单个人体，识别个体的跑、跳等异常行为。对于群体异常行为，则只能检测出异常发生，但不能区别具体的异常行为类别，且只局限于图像空间内，无法获取异常事件发生的具体空间位置，也无法分析其与真实地理环境之间的时空关系。要识别与理解监控场景中发生的具体复杂行为与事件，需要在对场景图像信息处理和分析的基础上，解释和描述场景图像的内容，包括场景中人与人、人与地物的行为以及他们之间的时空关系。所以，需要将基于视频的行为理解与地理环境结合，在地理参考下检测人群的异常行为，进而分析与表达人群状态的时空热点。

本节在地理参考下主要检测骤聚、骤散、运动速率突变、运动趋势突变、逆向行走等 5 种群体异常行为。其中运动速率突变、运动趋势突变、逆向行走等异常行为是否发生，可根据需要设定阈值，并利用群体运动速度(加速度)、群体运动趋势、群体运动模式的实时监控进行判断。骤聚/骤散单纯从速度的大小和方向很难对二者进行区分，此现象在 6.1.2 节已提及。矢量分析是指通过对矢量场的分析，计算矢量场的散度、旋度等参数，定量表达矢量场的状态特征。散度用于表征空间各点矢量场发散的强弱程度，可用来表示矢量场的负源和正源，若散度大于 0，表示该点为具有散发通量的正源，为发散状态；若散度小于 0，则表示该点具有吸收通量的负源，为聚集状态；若散度等于 0，则表示该点为无源场。可知，散度表示的负源和正源分别对应于人群运动矢量场中的骤聚、骤散现象，所以本节利用矢量场分析中的散度来检测与分析骤聚、骤散异常。

图 6.28 为群体异常行为检测方法的技术流程，主要包括监控场景设置与视频数据处理、地理空间的人群运动矢量场计算、人群运动矢量场分析和群体异常行为判断四部分。具体为：①在视频监控场景中选取用于群体异常行为检测的人群活动区域，建立人群活动区域与地理空间的映射关系，实时获取视频信号，对设定人群活动区域的人群图像进行地理空间映射处理；②在地理参考下计算人群运动光流场，得到地理空间的人群运动矢量场，并将人群运动矢量场投影转换至极坐标空间；③根据 6.1～6.3 节所述方法分别进行群体运动模式分析、群体运动趋势分析、群体运动速度估算，并实时计算地理空间人群运动矢量场的散度分布；④根据第③步的实时计算结果，当人群运动的加速度变化大于设定阈值时，判定此时发生运动速率突变异常；在规定为单向型运动模式的监控区域，若检测到存在相反方向的人群运动，则判断逆向行走异常行为发生；利用散度在人群活动区域的空间分布格局来判断人群运动的骤聚和骤散异常。

对于运动速率突变异常的判断，首先要对监控场景中各方向的运动速率/加速度变化设定阈值，若速率/加速度的变化量超过阈值，则判断在该方向发生了运动速率突变异常，否则为正常状态。运动趋势突变异常是指在一定时间间隔内，监控场景中的群体运动趋势发生骤变，图6.29为某时刻的群体运动趋势图，图6.30为在某时刻发生运动趋势突变后的群体运动趋势，此时可判断该场景发生了群体运动趋势突变异常。

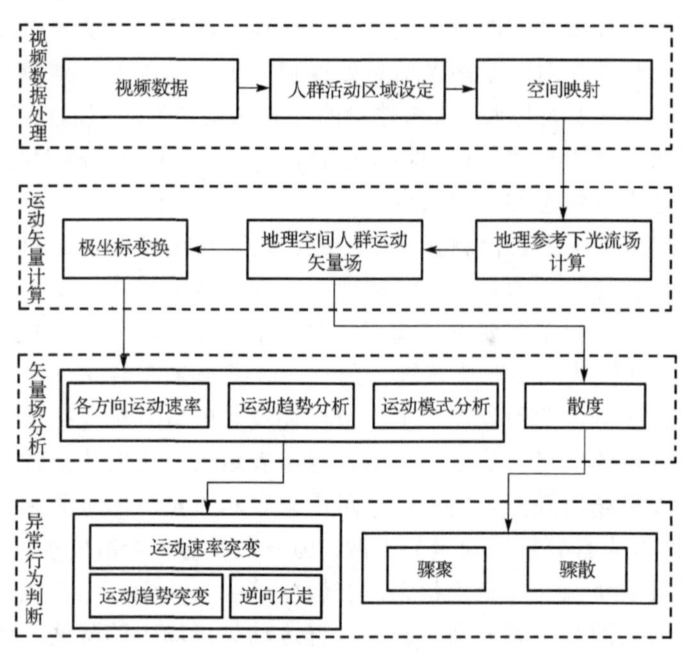

图6.28　群体异常行为检测方法

当设定某监控区域的人群只能单向行走时，若有人从规定行走方向的反方向行走，将会有突发事件发生的潜在危险，此行为称为逆向行走异常。逆向行走异常行为可通过人群运动趋势分析方法进行检测。实时感知监控该区域各方向的人群运动趋势，若规定行走方向的反方向人群运动矢量累积量突然增加，则可判断逆向行走异常行为发生。图6.31为逆向行走异常行为的示例场景，图中所示矩形框区域内的人体为逆向行走。图6.32为逆向行走异常行为的人群运动矢量场，从中可以看出，逆向行走人体的矢量方向与人群的运动矢量方向相反，所以，可通过人群运动趋势分析检测此行为的发生，图6.33为逆向行走行为发生前的群体运动趋势图，图6.34表示逆向行走行为发生时的群体运动趋势图，从逆向行走异常趋势图中可以看出，较逆向行走发生前的群体运动趋势，在群体运动主体方向的反方向出现了较小的人群运动矢量分布，故可据此判断监控场景中发生了逆向行走异常行为。

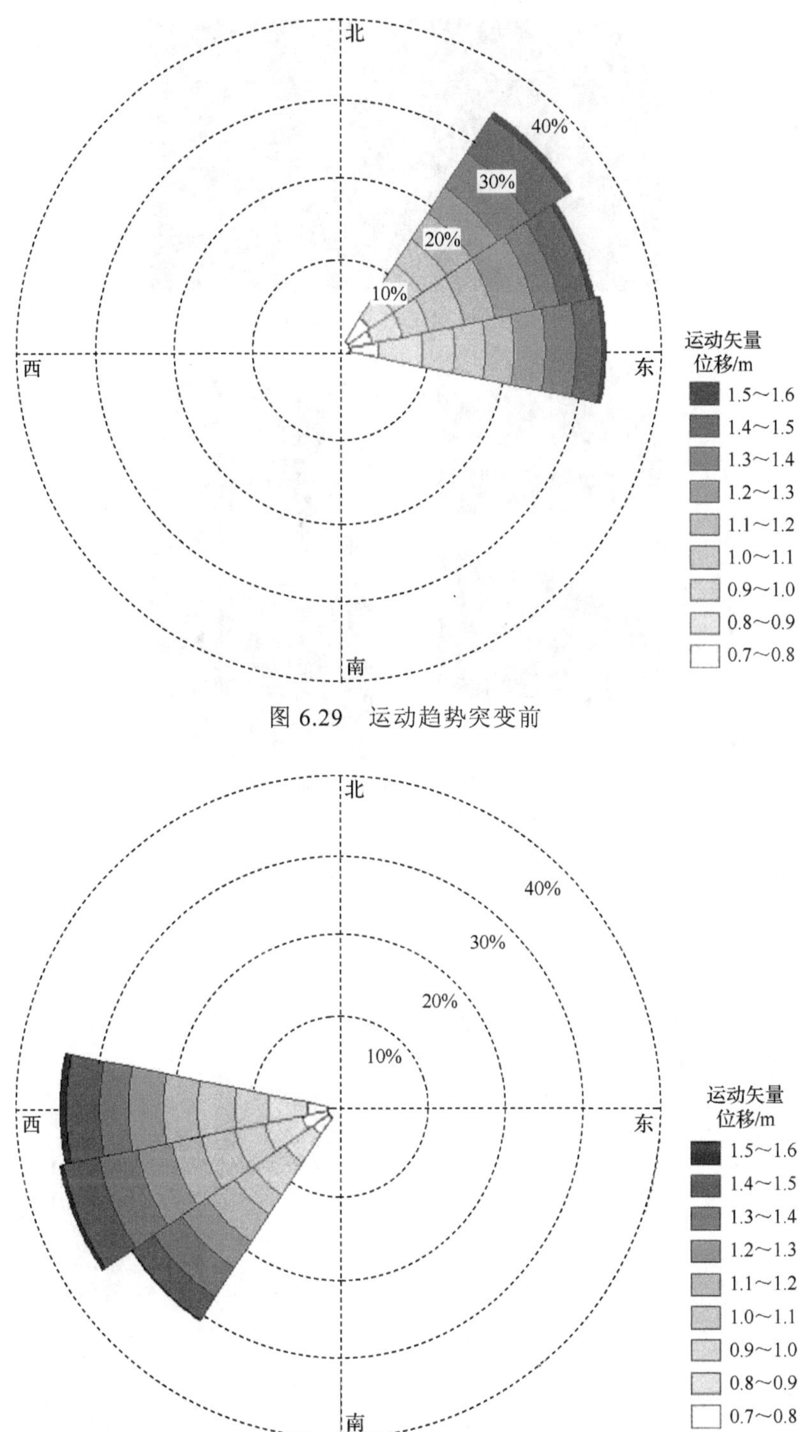

图 6.29　运动趋势突变前

图 6.30　运动趋势突变后

图 6.31　逆向行走异常行为示例

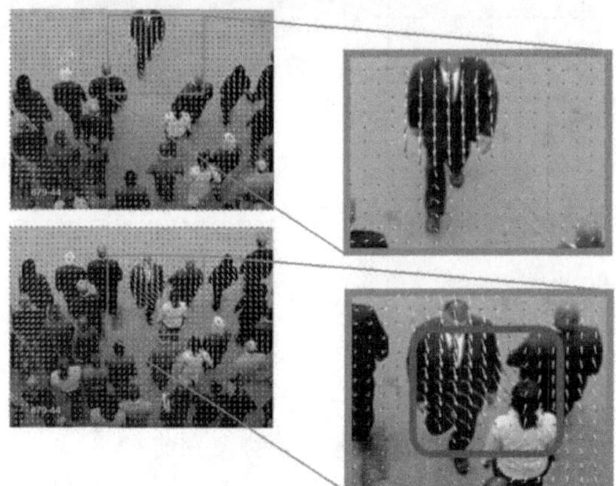

图 6.32　逆向行走人群运动矢量场

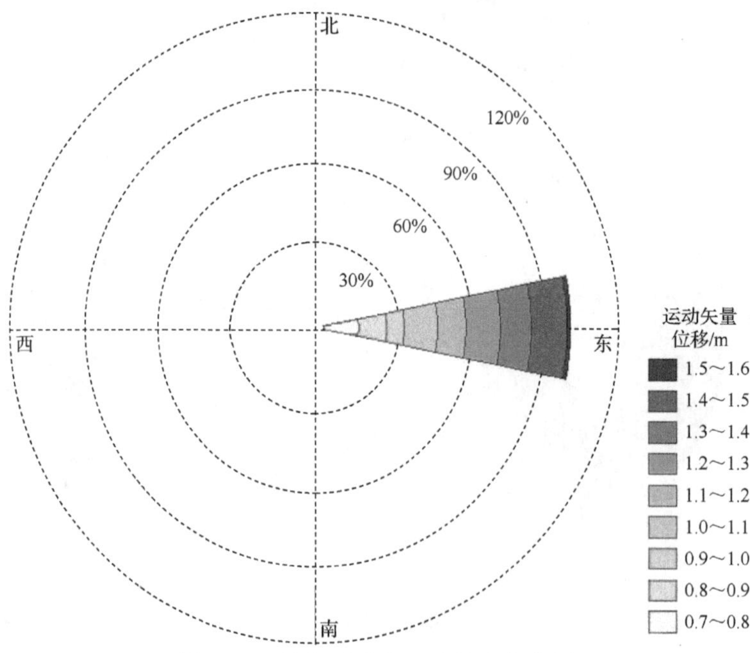

图 6.33　单向型群体运动模式趋势图

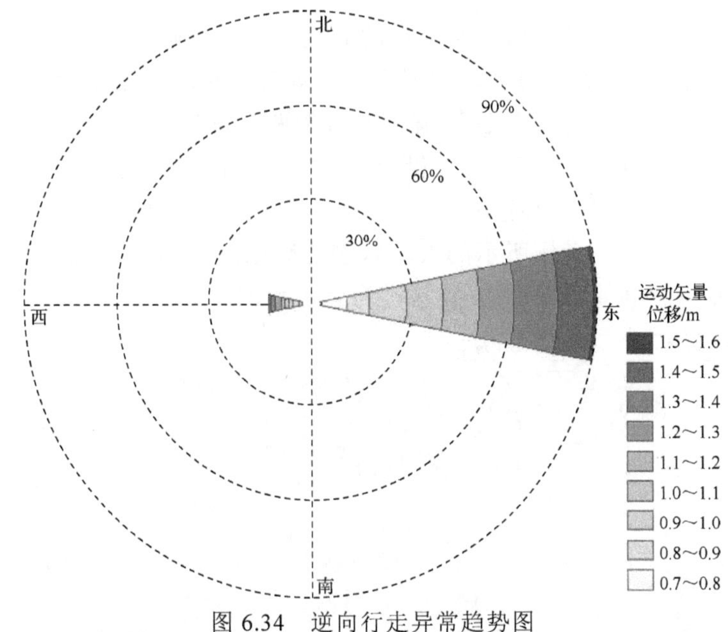

图 6.34　逆向行走异常趋势图

图 6.35 表示某监控场景人群活动区域的人群运动矢量场，并标示了区域内人群运动速率的等值线。从图中可以看出，此人群运动矢量场包含骤聚与骤散两种群体运动异常行为。为了分析与定量表达骤聚/骤散群体异常行为，利用矢量场分析的理论与方法求算人群运动矢量场的散度，结果如图 6.36 所示。

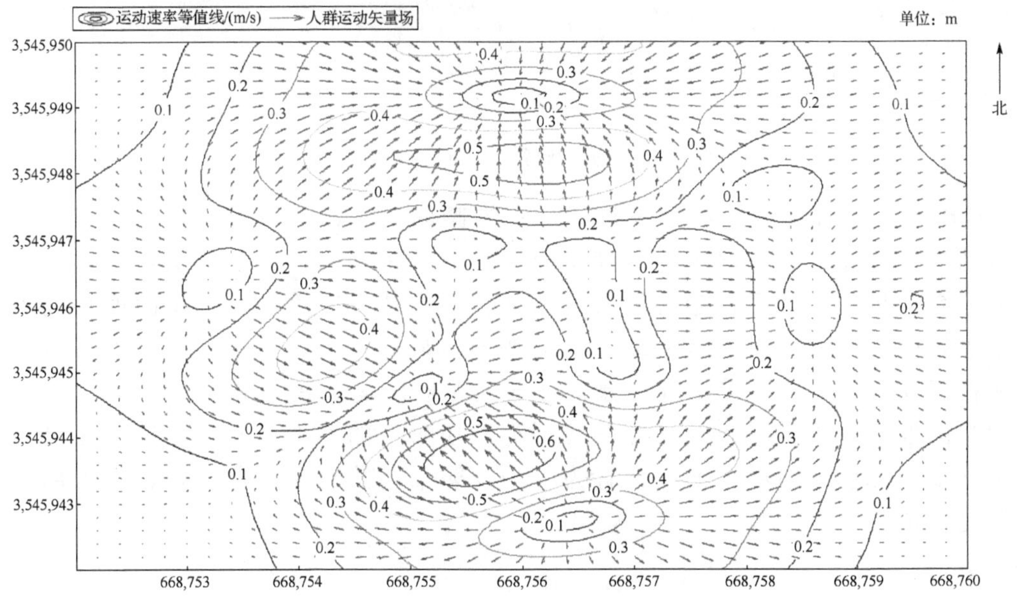

图 6.35　人群运动矢量场与速率等值线

根据散度的物理意义可知，若某点的散度大于 0，则表示该点处的矢量场为发散状态；反之，若散度小于 0，则表示该点处的矢量场为聚集状态。可以看出，图 6.36 的散度分布可以很好地区分骤聚与骤散两种群体异常行为。散度大于 0，表示人群运动为发散状态，值越大说明该点的骤散速度越快；散度小于 0，则表示人群运动为聚拢状态，值越小表明该点处人群的骤聚速度越快。可见，散度的分布格局与人群运动矢量场所示的人群状态能够很好地吻合。所以，利用矢量场分析中的散度检测群体骤聚/骤散异常行为是可行的。

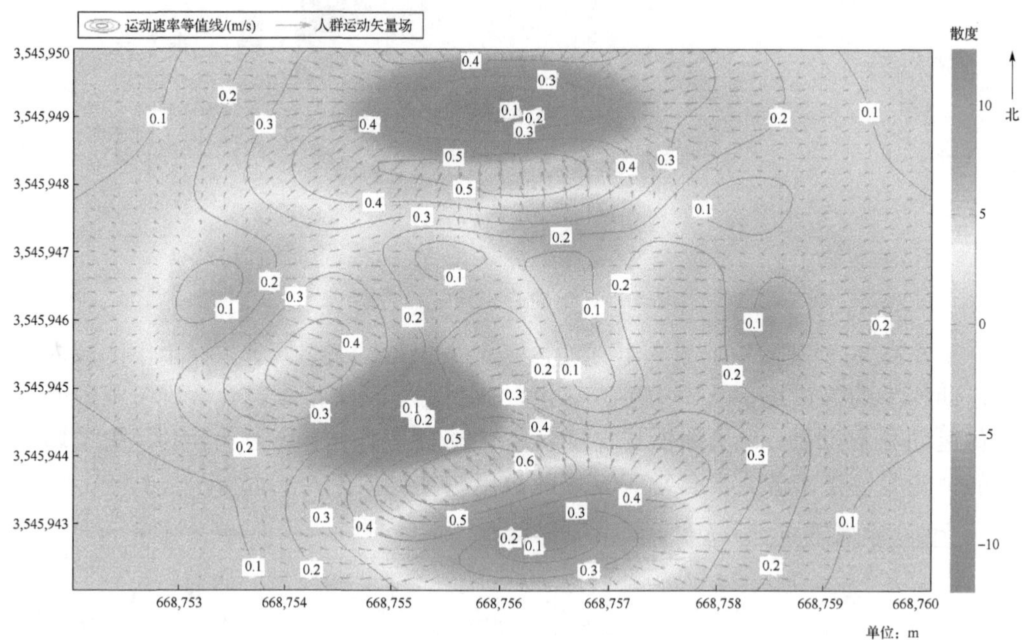

图 6.36　骤聚/骤散异常行为检测结果

因相关事件的发生导致人群运动速率瞬间增大，或因人群拥堵导致人群运动速率骤减，这些属于运动速率突变群体异常行为。在公众聚集场所，相关因素会导致人群运动趋势的改变，如广告宣传、舆论传播等可改变人们的行进目的，从而产生人群运动趋势突变异常群体行为。另外，由于人群中出现打架斗殴、火灾、爆炸等现象，会导致人群出现骤聚/骤散异常。以上异常行为的发生，极易导致拥挤踩踏等群死群伤事件的发生，利用上述方法可实时感知监控场景中群体的异常行为，为安防部门的自动人群管理、警力部署等提供依据。

6.5　实验结果分析

采用南京夫子庙步行街某监控场景数据对上述群体行为分析方法进行验证，包括群体运动模式分析、群体运动趋势分析、群体运动速率估算和群体异常行为检测，为评价本文群体运动速率的估算精度，选取了南京师范大学仙林校区地理科学学院广场某监控场景作为实验数据。

图 6.37 为夫子庙步行街某监控场景的示例人群图像，可以看出，该场景中的人群运动为双向型运动模式。在该场景中选择人群活动区域，对其进行地理空间映射处理，采用光流法求算地理空间的人群运动矢量场，图 6.38 表示该场景在一定时间间隔内，人群活动区域对应人群运动矢量位移的空间分布状态，可见，计算的结果与场景中人群的分布状态是相符的。

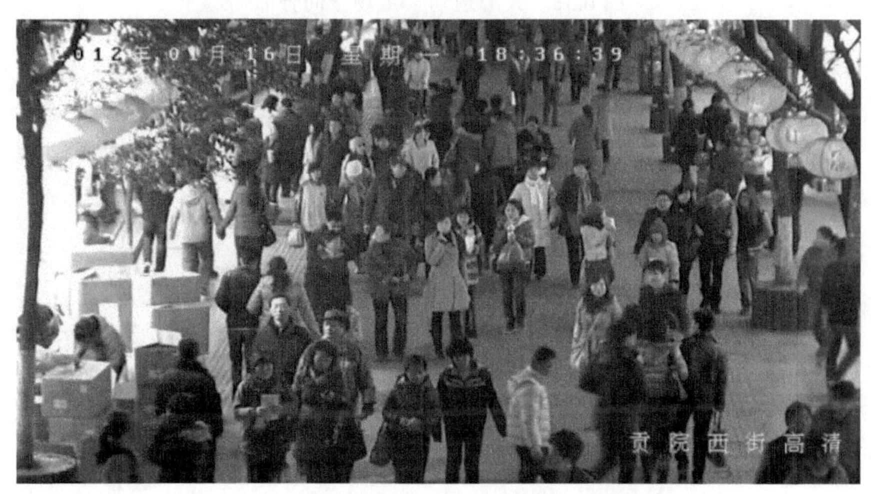

图 6.37　夫子庙步行街某监控场景人群图像

将地理空间的人群运动矢量场数据转换至极坐标空间(图 6.39)。可知，人群运动主要集中在西北-东南方向，进而可判断此场景的群体运动模式呈“西北-东南”方向的双向运动模式。所以，利用群体运动模式分析方法可有效判断场景中的群体运动模式。

图 6.40 为场景中人群的群体运动趋势玫瑰图，可知该场景的人群在东北方向和西南方向上具有较大的人群运动概率分布，分别为 37%和 23%，在正东方向的人群运动概率分布约为 7%，人群在其他方向运动的概率分布均较小，可判断该场景人群的主体运动趋势为“东北-西南”方向，人群流动主方向为东北方向，该分析结果与实际观察的结果相吻合。所以，利用群体运动趋势分析方法，可以

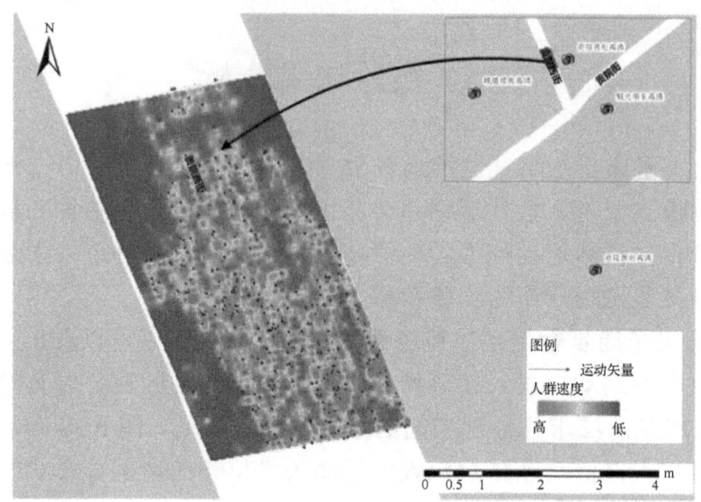

图 6.38　人群运动矢量场空间分布

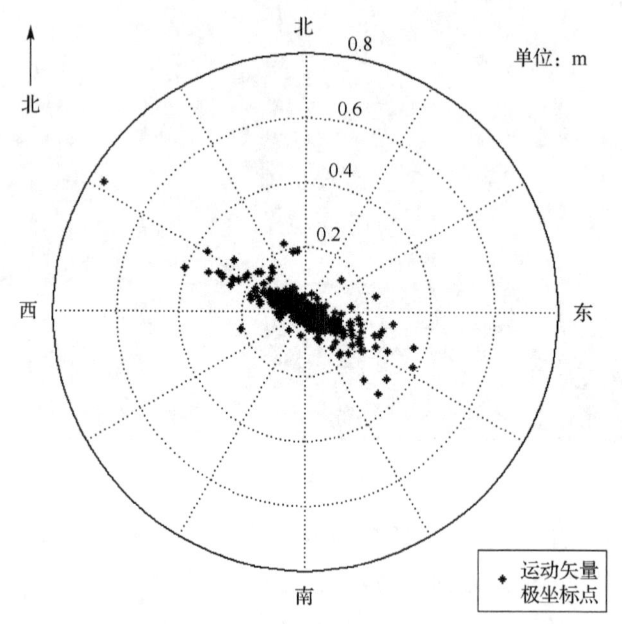

图 6.39　群体运动模式分析结果

直观地定量分析监控场景中人群在各方向的运动概率，得到监控场景中人群的运动趋势。

本实验每隔 100ms 捕获一帧图像，对捕获的相邻两帧图像进行光流计算，在地理空间求算场景中的人群运动矢量场，利用 6.3 节所述方法计算地理空间各方向的运动速率，计算结果如表 6.2 所示，其中位移的单位为 m，速率的单位为 m/s。

从表中可知，在人群运动的主要方向西北和东南方向，人群的运动速率分别为 0.237m/s 和 0.223m/s。

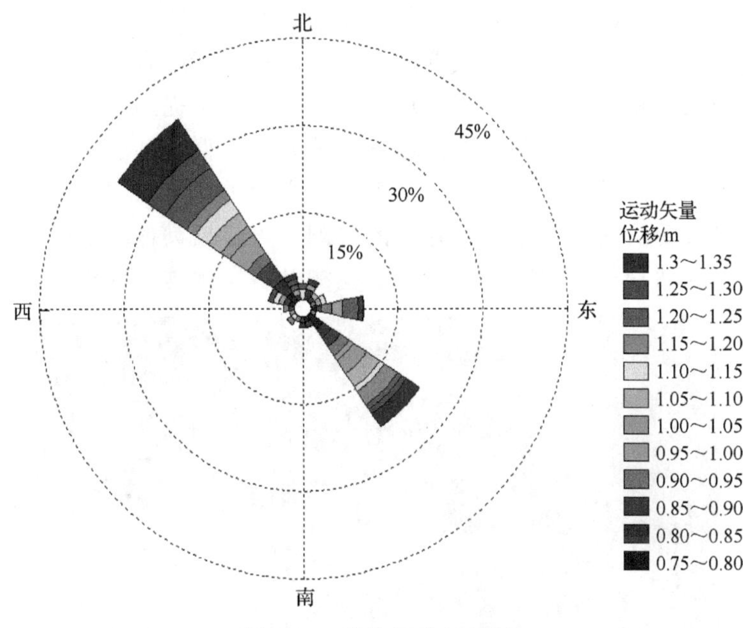

图 6.40　群体运动趋势图

表 6.2　人群平均速度估计结果

运动参数	东	东北	北	西北	西	西南	南	东南
累积位移/m	1.6427	1.8658	15.7674	16.5049	0.0000	1.2492	15.5104	22.9317
平均位移/m	0.0083	0.0114	0.0279	0.0237	0.0000	0.0084	0.0210	0.0223
平均速率/(m/s)	0.0830	0.1140	0.2790	0.2370	0.0000	0.0840	0.2100	0.2230

表 6.2 是基于南京夫子庙某监控场景人群图像的实验结果，因未能获取其真实速度，无法验证本结果的精度。为评价本方法人群运动速率的计算精度，选取了南京师范大学仙林校区地理科学学院广场作为实验场景(图 6.41)。本实验只是为了验证动态目标在地理参考下求算运动速度的精度，所以本实验场景中只选取了一个人体目标，用于评估本方法的精确性。场景中的人行走时利用 GPS 接收机实时记录其行走速度，利用上述人群运动速率计算方法，计算 8 个时刻在人体运动方向上的运动速率，结果如图 6.42 所示。利用式(6-7)来定量评价速率估算结果的精度：

$$\text{accuracy} = \frac{\sum_{i=1}^{n} \frac{|v_e(i) - v(i)|}{v(i)}}{n} \times 100\% \tag{6-7}$$

其中，$v_e(i)$ 为运动速率估算结果，$v(i)$ 为实际测定的运动速率值，n 为实验中的测试时刻数。可得，估算结果的精度可达 89.91%，所以，利用此方法计算各主方向的人群运动速率，其精度可以满足现实需求。另外，监控场景的地理空间映射精度，以及光流场的求算精度对人群运动速率的计算精度有较大影响。所以，提高视频数据的空间映射精度与光流计算精度，可进一步提高人群运动速率的计算精度。本章的重点是提供一种用于计算各主体方向人群运动速率的方法，其精度可以满足现有应用需求，故不进一步研究讨论光流求算算法的改进。运动速率突变、运动趋势突变及逆向行走群体异常的检测，可根据具体应用需求设置运动速率变化阈值、运动趋势变化阈值等，用于检测是否发生这几种异常行为。

图 6.41　运动速率估算精度评价场景

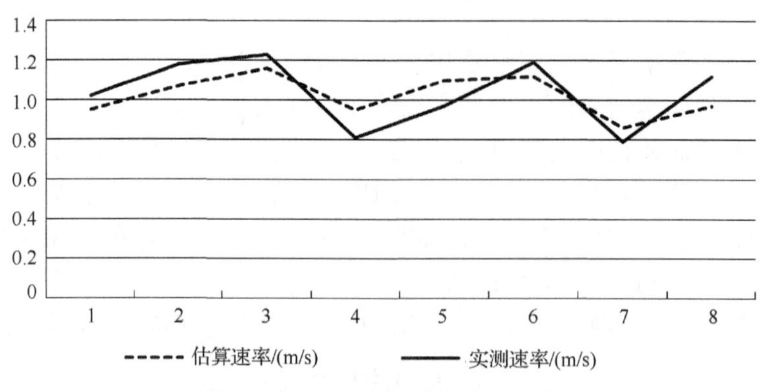

图 6.42　运动速率估算精度评价

现有基于视频的群体运动分析以图像空间为参考，无法真实度量监控场景的人群特征与群体行为。例如，对于群体运动趋势，现有方法分析结果只能表达朝向图像的上方、下方、左方、右方等，不能得到地理环境下的真实方向，对于群体运动速率，基于图像空间的计算结果以像素为单位，无法得到真实的运动速率。另外，现有基于视频数据的异常行为检测大都针对个体，对群体异常行为的研究，特别是地理环境下的群体异常行为研究较少涉及。

本章利用地理空间的人群运动矢量场，设计了地理参考下群体行为模式分析方法，包括群体运动模式分析、群体运动趋势分析、群体运动速度计算以及相关群体异常行为分析等。可在地理空间分析人群的运动特征，得到监控场景中人群在地理环境下的群体行为模式，并能够检测群体运动速率突变、运动趋势突变、逆向行走，以及骤聚、骤散等群体异常行为。在地理环境下分析群体行为，可掌握监控场景中人群的运动状态，且可以预测判断人群的进一步发展态势。实验表明，本章提出的群体运动模式分析、群体运动趋势分析、群体运动速度计算、群体异常行为检测等方法，应用于监控场景中群体行为模式分析是可行的。

参考文献

谢树艺. 2012. 工程数学: 矢量分析与场论. 北京: 高等教育出版社

Mehran R, Oyama A, Shah M. 2009. Abnormal crowd behavior detection using social force model//IEEE Conference on Computer Vision and Pattern Recognition，Miami: 935-942

第 7 章　区域人群特征的时空分析

监控区域的相机布设大都离散、无重叠，只能监控布设监控相机区域的人群状态，无法感知整个区域的人群状态。本章设计了群体行为模式 GIS 表达模型，基于此构建了区域人群状态推演模型，可利用稀疏的人群状态信息推理监控盲区的人群状态。利用区域人群状态的推演结果，进行人群状态的时空格局分析，并根据区域人群状态的时空演化过程，分析整个区域人群状态的时空分布模式。

7.1　群体行为模式的 GIS 表达模型

以上对群体行为模式的分析结果，只能简单判断各监控场景中的群体运动模式、群体运动趋势、群体运动速度、相关异常行为等群体行为模式，无法进行监控场景间群体行为在地理环境下的协同分析与理解等高层次应用，需要研究群体行为模式在 GIS 环境下的表达方法，构建群体行为模式的 GIS 表达模型，以实现地理环境下的群体行为模式分析与表达(图 7.1)。

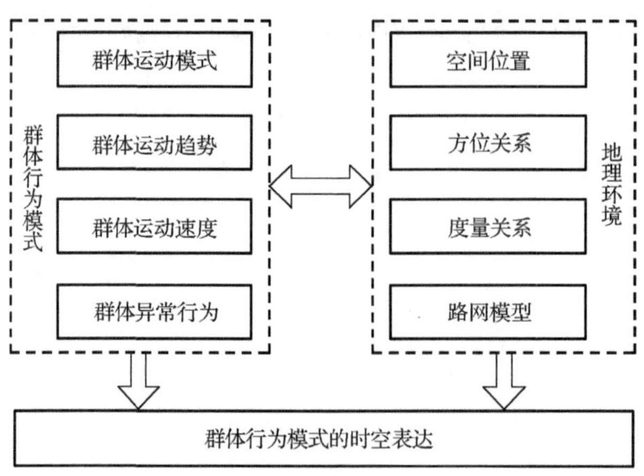

图 7.1　群体行为模式的 GIS 表达概念模型

地理环境中地物目标的空间位置、空间关系及度量关系的描述在 GIS 中起着举足轻重的作用。图 7.1 为群体行为模式的 GIS 表达概念模型，群体行为模式的分析结果需转换为地理环境下的空间位置、方位关系、度量关系等，以完成在 GIS 环境下的分析与表达。群体运动模式用来表示某方向人群的运动模式，利用极坐标空间的分析结果，进一步分析提取场景中群体运动模式在地理空间的方位关系，可在 GIS 中表达各监控场景的群体运动模式。群体运动趋势表示人群在各方向行进的概率分布，根据场景中相应路网模型路段的方向，确定群体运动趋势在 GIS 中的方位关系与度量关系表达。各方向的运动速度可将 GIS 的方位关系和度量关系相结合对其进行表达。涉及的群体异常行为包括运动趋势突变、运动速率突变、逆向行走，以及骤聚/骤散等群体异常行为，其中运动趋势突变、运动速率突变、逆向行走异常是在整个场景中检测是否存在此类异常。而骤聚/骤散异常是人群聚散程度在场景中的分布格局，所以可进一步判断骤聚/骤散异常行为发生的具体空间位置，即可探测引起骤聚、骤散异常行为的爆发点，利用 GIS 的空间位置进行精确定位。

在 GIS 中表达地理环境下的群体行为模式，可得到各类群体行为模式的时空分布状态，结合 GIS 空间数据(如道路路网数据)，可进一步分析地理环境下群体行为的时空模式。图 7.2 为群体行为模式的 GIS 表达数据模型，图中表示各种群体行为模式需要在 GIS 中表达的相关参数。群体运动模式包括运动模式类型及其在 GIS 环境中的方位关系。群体运动趋势包括人群在各主方向行走的概率分布，以及该监控区域对应路段的方向，若监控相机布设在道路交叉口，则应表示出各路段的方向。群体运动速度的表达参数主要有各主方向的速度(包括速率和加速度)，以及监控场景中对应路段的方向。对于群体异常行为，主要表达监控场景是

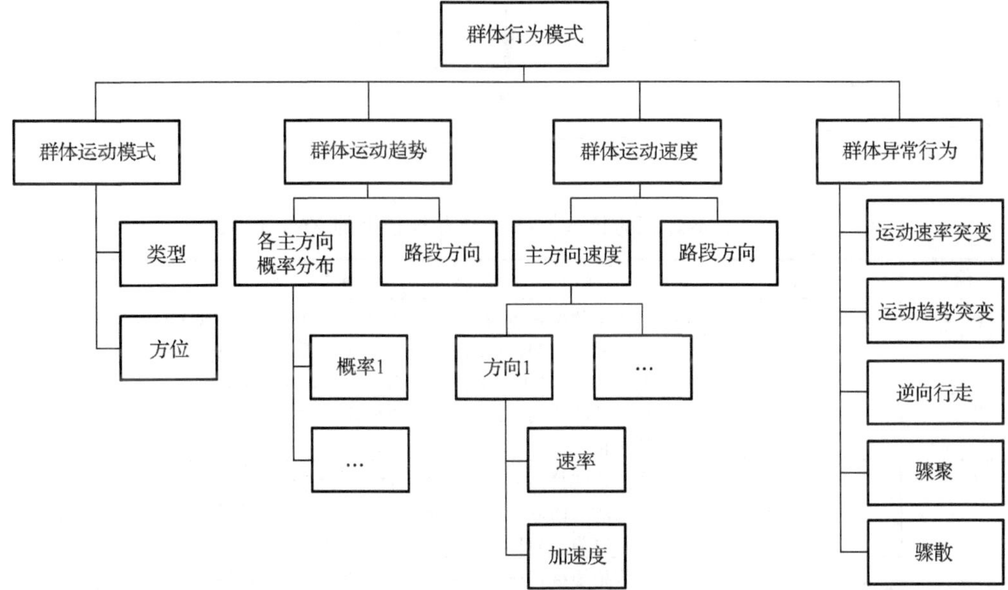

图 7.2　群体行为模式的 GIS 表达数据模型

否发生运动速率突变、运动趋势突变、逆向行走、骤聚/骤散等异常行为，若发生骤聚/骤散异常，则记录发生骤聚/骤散异常行为的具体空间位置，用于骤聚/骤散异常的 GIS 空间定位。

图 7.3 为我们规定的各主方向对应方位关系编码示意，正东方向编码为 0，自正东方向起沿逆时针方向，每隔 45°的东北、北、西北、西、西南、南、东南，分别编码为 1、2、3、4、5、6、7。基于群体行为模式的 GIS 表达模型，可采用多种方式来组织群体行为模式数据，本章主要采用 XML 文档来组织存储群体行为模式数据。表 7.1 为用于描述地理环境下群体行为模式的 XML 元素标签释义。

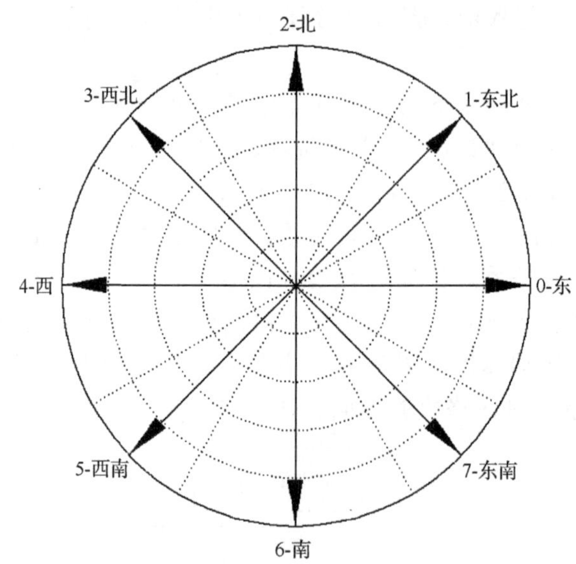

图 7.3　方位关系编码示意

表 7.1　群体行为模式 GIS 表达数据模型的 XML 释义

编号	标签名称	描述
1	MovementMode	用于描述群体运动模式，包括子标签 Type 和 Direction，分别表示运动模式类型和在地理环境中的方位关系，对于 Type 标签，0，1，2，3，4，5 分别代表单向、双向、中心聚拢、四周发散和散漫无序的群体运动模式，Direction 依照方位关系的编码描述场景中群体运动模式的方位
2	MovementTrend	用于描述群体运动趋势，Directions Probability 标签用于描述人群在各方向运动的概率，如<Prob1>0.0734</Prob1>代表人群在正东方向运动的概率为 7.34%
3	MovementVelocity	用于描述群体在各方向的运动速度，包括运动速率和加速度，分别用 Rate 和 Acceleration 标签表示，单位分别是 m/s 和 m/s^2

续表

编号	标签名称	描述
4	AbnormalBehavior	用于描述场景中的群体异常行为，标签 VelocityMutation 表示运动速率突变异常，其子标签 Occurrence 描述该异常是否发生，0 表示未发生异常，1 表示发生异常，同时可以描述发生速率突变异常的方向及运动速率、加速度的变化量；TrendMutation 标签用于描述运动趋势突变异常，可描述该异常是否发生，及发生运动趋势突变前后的方向；ReverseDirection 用于描述监控场景中逆向行走异常是否发生；CenterGather 和 AroundDivergence 分别用来描述骤聚和骤散异常行为，并可描述发生骤聚/骤散异常的具体空间位置
5	RoadSegmentDirs	用于描述场景中所含各路段的方位关系，包括各路段的编号 ID 及其对应的方位关系 Dir

表 7.2 为利用 XML 文档对某监控场景群体行为模式的描述示例。通过对 XML 文档的解析，可得到场景中的群体行为模式，并可利用相应参数在 GIS 中表达该场景在地理环境下的群体行为模式。从表 7.2 中的 XML 信息可知，场景中人群运动为“西北-东南”方向的双向型群体运动模式，在西北方向的人群运动分布概率为 37.61%，东南方向的人群运动分布概率为 22.94%。西北方向的人群运动速率为 0.237m/s，东南方向的人群运动速率为 0.210m/s，场景中未发生异常行为，人群活动的方位关系为“西北-东南”方向。可见，基于群体行为模式的 GIS 表达模型，利用 XML 可以描述地理环境下的群体行为模式。

表 7.2　某监控场景群体行为模式的 XML 表达

```
<?xml version=” 1.0” encoding=” utf-8” ?>
<CrowdBehaviorPattern>
 <MovementMode>
    <Type>1</Type>
    <Direction>3，7</Direction>
  </MovementMode>
  <MovementTrend>
      <Prob1>0.0734</Prob1>
<Prob2>0.0275</Prob2>
<Prob3>0.0183</Prob3>
<Prob4>0.0367</Prob4>
      <Prob5>0.0275</Prob5>
  <MovementVelocity>
      <Vel1>
        <Rate>0.0830</Rate>
        <Acceleration>0</Acceleration>
      </Vel1>
      <Vel2>
        <Rate>0.1140</Rate>
<Prob6>0.0459</Prob6>
      <Prob7>0.3761</Prob7>
      <Prob8>0.0459</Prob8>
      <Prob9>0.0183</Prob9>
      <Prob10>0</Prob10>
      <Prob11>0.0183</Prob11>
<Prob12>0</Prob12>
<Prob13>0.0183</Prob13>
      <Prob14>0.0183</Prob14>
<Prob15>0.2294</Prob15>
<Prob16>0.0461</Prob16>
</MovementTrend>
</MovementVelocity>
<AbnormalBehavior>
<VelocityMutation>
 <Occurrence>0</Occurrence>
<VelChange>
 <Rate>0</Rate>
<Acceleration>0</Acceleration>
```

续表

<Acceleration>0</Acceleration>	<Direction></Direction>
</Vel2>	</VelChange>
<Vel3>	</VelocityMutation>
<Rate>0.2790</Rate>	<TrendMutation>
<Acceleration>0</Acceleration>	<Occurrence>0</Occurrence>
</Vel3>	<DirChangeBefore></DirChangeBefore>
<Vel4>	<DirChangeAfter></DirChangeAfter>
<Rate>0.2370</Rate>	</TrendMutation>
<Acceleration>0</Acceleration>	<ReverseDirection>0</ReverseDirection>
</Vel4>	<CenterGather>
<Vel5>	<Occurrence>0</Occurrence>
<Rate>0</Rate>	<Coordinates></Coordinates>
<Acceleration>0</Acceleration>	</CenterGather> <AroundDivergence>
</Vel5>	<Occurrence>0</Occurrence>
<Vel6>	<Coordinates></Coordinates>
<Rate>0.0840</Rate>	</AroundDivergence>
<Acceleration>0</Acceleration>	</AbnormalBehavior>
</Vel6>	<RoadSegmentDirs>
<Vel7>	<Segment>
<Rate>0.2100</Rate>	<ID>1</ID>
<Acceleration>0</Acceleration>	<Dir>3，7</Dir>
</Vel7>	</Segment>
<Vel8>	</RoadSegmentDirs>
<Rate>0.2230</Rate>	</CrowdBehaviorPattern>
<Acceleration>0</Acceleration>	
</Vel8>	

7.2　区域人群状态推演模型

7.2.1　贝叶斯网络模型

贝叶斯网络又叫作信度网络，最早由Pearl在1988年提出，是对Bayes方法的进一步扩展，主要应用于不确定知识表达和推理领域。贝叶斯网络是一个有向无环图(directed acyclic graph，DAG)，它是由代表变量的节点以及节点之间的有向边构成。有向图中的节点表示随机变量，有向边表示随机变量之间的关系，利用条件概率描述节点间关系的强度，采用先验概率描述无父节点的节点概率。随机变量节点可以是对任意问题的抽象，适合于表达与分析具有不确定性与概率性的事件。

贝叶斯网络具有以下特点：①是一种不确定性的因果关联关系模型，将多元知识图解可视化并用于概率知识的表达与推理，蕴含了随机变量节点之间的因果以及条件相关关系；②主要用于处理具有不确定性的问题，各节点要素之间的关系用条件概率来表达，可在有限、不完整、不确定的条件下进行学习与推理；③可有效实现对多源信息与知识的融合表达。

7.2.2　人群流动系统的贝叶斯网络模型

随着监控相机成本的降低，城市各个角落安装了大量监控相机，这些相机大都稀疏地布控在路口等重点监控部位，由于各相机之间无重叠，无法获取各相机之间的几何关系，也不能得到动态目标与各相机之间运动关系。为得到相机与相机之间监控盲区的人群状态数据，需建立用于推理监控盲区人群状态数据的推理模型。

为实现监控盲区人群状态数据的推演，我们引入了基于有向无环图的贝叶斯网络模型，利用已知相机监控区域的人群状态信息，可靠地预测推理相机未覆盖区域的人群状态信息。图 7.4 表示最简人群流动系统抽象表达的节点拓扑关系，即贝叶斯网络模型。图中 Y_0、Y_2 代表视频监控数据，将某路段抽象为 X_0、X_1、X_2 节点，其中 X_0 和 X_2 为布设有监控相机的路段，X_1 为未布设监控相机的路段。根据视频与地理空间的映射关系，可得到 X_0 和 X_2 的人群状态数据(包括人群运动速度和人群流量)，利用 X_0 和 X_2 节点的人群状态数据，如何推理得到 X_1 节点的人群状态数据，是构建人群流动系统贝叶斯网络模型要解决的问题。

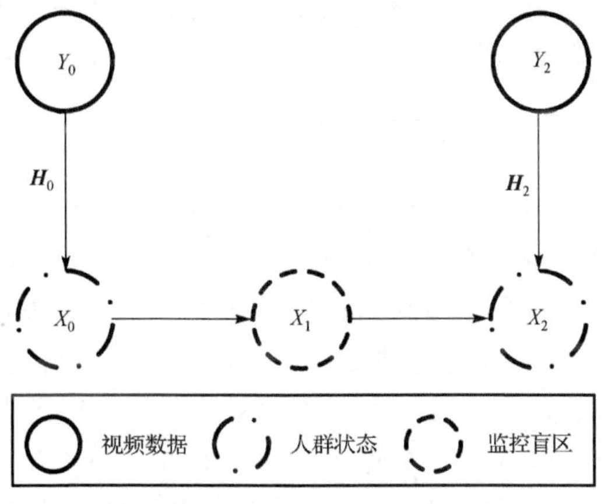

图 7.4　基于图表达的人群流动节点拓扑关系

利用第 3 章和第 4 章所述的人群特征提取与群体行为分析方法，可得到各监控相机监控区域的人群密度，及监控场景中人群的运动模式、运动趋势、运动速率等群体行为模式。第 i 个相机节点 Y_i 的监控数据，由该相机监测的人群密度及各方向人群运动速率组成，可记为：

$$Y_i = \{d_i, m_i, p_i, v_i\} \tag{7-1}$$

其中，d_i 为监控区域 Y_i 的人群密度，m_i 为该监控区域内人群的运动模式，p_i 代表监控区域内人群运动在各方向的概率分布，v_i 为该监控区域人群在各方向的运动速率。

通过上述可知，整个人群流动系统可表示为：

$$X = \{X_i \mid 1 \leqslant i \leqslant k_X\} \tag{7-2}$$

其中，k_X 为路段节点的个数。每个节点代表的路段长度可以从空间数据库中获取，并表示为 d_i。当人群流动系统被分解为有向无环图之后，布设有监控相机区域的人群状态数据节点集合可记为：

$$M(X) \subset X \tag{7-3}$$

所以，监控盲区的人群状态节点可表示为 $\tilde{M}(X)$，可知：

$$X = M(X) \cup \tilde{M}(X) \tag{7-4}$$

X_i 用于对人群状态的可视化表达，包括人群流量 n_i 和人群在该路段方向的运动速度 v_i，可表示为：

$$X_i = (n_i, v_i) \tag{7-5}$$

其中，人群流量 n_i 是指单位时间内在主体运动方向上通过某截面单位长度的人数，平均运动速度 v_i 是指人群在该路段方向上的平均运动速率。本章对监控盲区人群状态的推理主要包括人群流量、运动速率、人群密度等人群特征数据。

7.2.3　人群状态推理贝叶斯网络模型构建

为利用人群状态数据 $M(X)$ 推演预测监控盲区的人群状态数据 $\tilde{M}(X)$，本章采用基于有向无环图的空间相关贝叶斯网络模型，推理监控盲区的人群状态数据，以实现对该区域人群状态空间格局的推理，此处的空间相关是指利用群体行为模式与地理环境的相关关系(如与道路路网的空间相关性等)，基于此构建人群状态推理贝叶斯网络模型。整个区域的人群流动系统采用有向图表示，节点 X_j 到节点 X_i 的有向边代表人群可以从路段节点 X_j 流向路段节点 X_i(图 7.5)。

对于每一个节点 X_i，在节点 X_i 和节点 $I(X_i)$ 之间存在局部空间概率模型(图 7.5)：

$$p_i = P(X_i \mid I(X_i)) \tag{7-6}$$

当定义了贝叶斯网络中所有节点的空间概率模型时，则可利用置信度传播方法(谢树艺，2012)，推理监控盲区节点的后验条件概率：

$$p_i = P(X_i \mid M(X_i)), \quad \forall X_i \in \tilde{M}(X) \tag{7-7}$$

构建贝叶斯网络的关键在于确定节点间各有向弧度的概率，人群流动系统可划分为单向人群流动系统和双向人群流动系统，其中双向人群流动系统可抽象为两个相反方向的单向人群流动系统，所以，重点讨论单向人群流动系统的贝叶斯网络人群状态推理模型的构建。单向型人群流动系统又可分为单向无分支型、单向有分支汇聚型和单向有分支分流型 3 类。

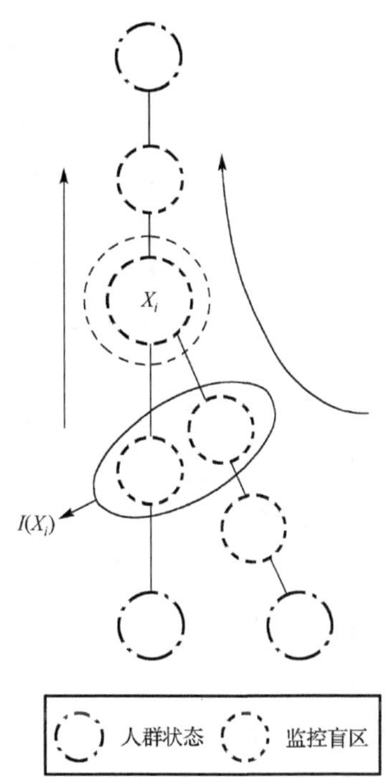

图 7.5　汇聚型人群流动系统示意

图 7.5 为单向型有分支汇聚型的人群流动系统，则可假设 X_i 节点区域的平均人群流量 $X_i|_n$ 对应于输入节点 $I(X_i)$ 平均人群流量之和(式 7-8)，并伴随微小的高斯噪声 w_i：

$$X_i|_n = \sum_{j \in I(X_i)} X_j|_n + w_i \tag{7-8}$$

对于人群运动速度，假设 X_i 节点区域的人群运动平均速率 $X_i|_v$，则 $X_i|_v$ 为输入节点 $I(X_i)$ 人群运动平均运动速率的加权平均值，并伴随微小的高斯噪声 q_i：

$$X_i|_v = \left(\sum_{j \in I(X_i)} P_j X_j|_v \right) / N_{I(X_j)} + q_i \tag{7-9}$$

其中，P_j 为第 j 个节点的权值，权值的大小应根据该节点路段与路段 X_i 夹角大小来确定，夹角越大其权值越小。高斯噪声变量 w_i 和 q_i 分别与节点 X_i 对应路段的长度 d_i 成正比。单向型无分支人群流动系统为有分支汇聚型的特殊情况，则可假设 X_i 节点区域的平均人群流量 $X_i|_n$ 为输入节点 X_{i-1} 的人群流量 $X_{i-1}|_n$，X_i 节点区域的人群平均运动速率 $X_i|_v$ 为输入节点 X_{i-1} 的人群平均运动速率 $X_{i-1}|_v$。可见，输入节点 $I(X_i)$ 中的人群流向节点 X_i 的概率为 1。

以上假设适用于无道路分支或多个路段人群流动汇聚至同一路段的情况，如图 7.4 与图 7.5 所示。对于存在道路分支的分流型人群流动系统，人群流动从某节点路段分流至其他各路段的概率，应根据该节点的群体运动趋势、运动速率及道路宽度等参数共同确定。如图 7.6 所示，假设节点 X_i 的子节点区域为 $O(X_i)$，人群从节点 X_i 分流至 $O(X_i)$ 各子节点，为了利用贝叶斯网络模型推理子节点的人群状态数据，则父节点 X_i 与各子节点 X_j 之间的条件概率表示为 $P(X_j|X_i)$，其中，每一个子节点 $X_j \in O(X_i)$。设由父节点 X_i 流向各子节点 X_j 的概率为 α_j，

$0 \leqslant \alpha_j \leqslant 1\left(\sum_{\forall j} \alpha_j = 1\right)$，则如何确定 α_j 是构建分流型贝叶斯网络的关键。已知：

$$\text{人群流量}(\text{人}/(\text{m} \cdot \text{s})) = \text{人群密度}(\text{人}/\text{m}^2) \times \text{人群速度}(\text{m/s}) \tag{7-10}$$

即：

$$X_i|_n = X_i|_d \times X_i|_v \tag{7-11}$$

所以，人群流量与人群速度成正比。另外，利用群体运动趋势数据，根据各子节点路段的方位关系，确定节点 X_i 流向各子节点 X_j 的概率 α_j，子节点 X_j 人群流量与对应的人群运动趋势概率分布成正比。同时，人群由节点 X_i 流向各子节点 X_j 的概率与各子路段的宽度也有相关性，理论上路段越宽流向该路段的概率越大。所以，节点 X_i 流向各子节点 X_j 的概率，应由各子路段方向上的群体运动趋势概率、运动速率及路宽共同决定。具体确定方法如下：①根据各子节点的路段方向分别得到对应的人群运动趋势概率 p_j、人群运动速率 v_j 及各路段的宽度 w_j；②计算各子节点路段对应 p_j、v_j、w_j 的乘积；③计算由节点 X_i 流向各子节点 X_j 的概率 α_j：

$$\alpha_j = (p_j \times v_j \times w_j) / \sum_{j \in O(X_i)} (p_j \times v_j \times w_j) \tag{7-12}$$

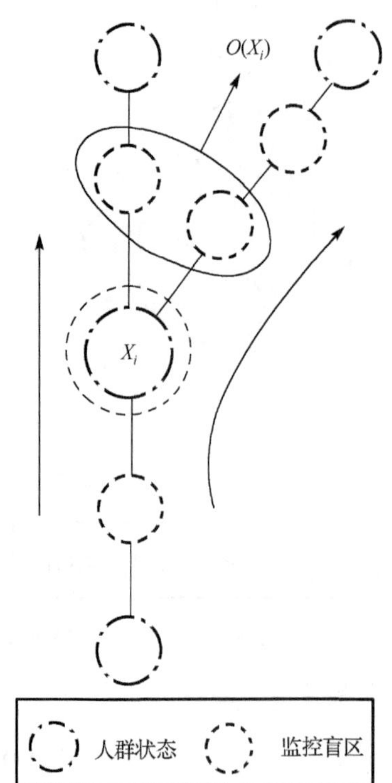

图 7.6 分流型人群流动系统示意

则由 X_i 节点流向各子节点 X_j 的人群流量函数模型可表示为：

$$X_j|_n = \alpha_j X_i|_n + \mu_j \tag{7-13}$$

其中，μ_j 为高斯噪声，噪声的大小与各子节点对应路段的长度 d_j 成正比。

图 7.7 为单向人群运动模式无道路分支的路段，图中 Y_0 和 Y_2 分别为两个监控相机的人群状态监控数据。将其映射至地理空间后，X_0 和 X_2 分别为其在地理参考下的人群状态数据。$X_0|_v$ 和 $X_2|_v$ 分别为节点 X_0 和节点 X_2 对应路段人群运动主体方向的平均运动速率。$X_0|_n$ 和 $X_2|_n$ 分别为节点 X_0 和节点 X_2 对应路段的人群流量，人群流量是指在单位时间内通过单位长度的人群数量，可表示为：

$$X_i|_n = X_i|_v \times X_i|_d \tag{7-14}$$

其中，$X_i|_n$ 为 X_i 节点的人群流量，$X_i|_v$ 为 X_i 节点区域的平均人群运动速率，$X_i|_d$ 是 X_i 节点区域的平均人群密度。根据上述贝叶斯网络模型，人群由 X_0 节点流向

X_1 节点，再由 X_1 节点流向 X_2 节点。所以，可以利用 X_0 与 X_2 节点的人群状态数据推理 X_1 节点的人群状态数据。对于人群运动速率，利用 X_0 和 X_2 节点的平均运动速率，分别作为 X_0 路段起点和 X_2 路段终点的人群运动速率，对 X_0、X_1 和 X_2 组成的路段 Z 进行顾及方向的线性插值，即可得到路段 Z 的人群运动速率分布，其中路段 Z 为由节点 X_0、X_1 和 X_2 组成的路段。节点 X_0 和节点 X_2 的平均人群流量可根据各节点的平均人群密度 $X_i|_d$ 与平均人群运动速率 $X_i|_v$ 得到。所以，可将节点 X_0 和节点 X_2 的平均人群流量，分别作为 X_0 路段起点和 X_2 路段终点的人群流量，对 X_0、X_1 和 X_2 组成的路段进行线性插值，可得到路段 Z 的人群流量分布。最后，根据人群流量分布和人群运动速率分布可计算得到人群的密度分布。

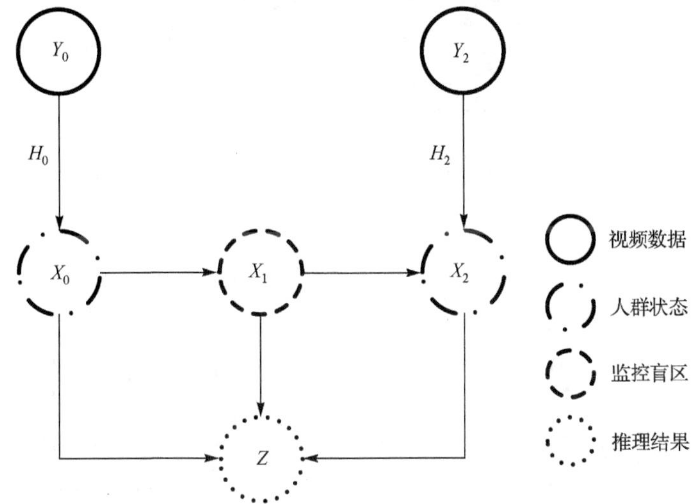

图 7.7　单向无分支路段人群状态推理

图 7.8 为具有道路分支汇聚型单向人群运动路网的贝叶斯网络抽象，下面介绍该类型监控盲区人群状态的推理方法。图中 Y_0、Y_1 和 Y_7 分别为布设有监控相机的人群状态监控数据。将其映射至地理空间后，X_0、X_1 和 X_7 分别为其在地理参考下的人群状态数据。$X_0|_v$、$X_1|_v$ 和 $X_7|_v$ 分别为节点 X_0、X_1 和 X_7 对应路段所属方向的人群运动速率。$X_0|_n$、$X_1|_n$ 和 $X_7|_n$ 分别为节点 X_0、X_1 和 X_7 所对应路段的平均人群流量，X_3 和 X_4 两个节点在 X_5 节点处汇合，人群从 X_3 和 X_4 节点同时流向 X_5 节点，则 X_5 节点的人群运动速率 $X_5|_v$，应为 X_3 和 X_4 节点人群运动速率 $X_3|_v$、$X_4|_v$ 的均值，X_5 节点的人群流量应为 X_3 和 X_4 节点人群流量 $X_3|_n$、$X_4|_n$ 之和。所以，可假设 X_5 节点的人群运动速率 $X_5|_v$ 为 X_0 和 X_1 节点人群运动速率 $X_0|_v$、$X_1|_v$ 的均值，节点 X_5 的人群流量 $X_5|_n$ 为节点 X_0 和 X_1 人群流量 $X_0|_n$、$X_1|_n$ 之和。可根据单向无分支路段的人群状态推理方法，对路段 X_5、X_6 和 X_7 的人群运动速率、

人群流量进行推理，并可进一步计算得到路段 X_5、X_6 和 X_7 的人群密度分布。对于节点 X_3 和 X_4，假设 X_3 和 X_4 的人群运动速率为节点 X_0 和 X_1 人群运动速率 $X_0|_v$、$X_1|_v$ 的均值，设 X_3 与 X_4 节点的人群流量为节点 X_0 和 X_1 人群流量 $X_0|_n$、$X_1|_n$ 之和，则路段 X_0、X_4 及路段 X_1、X_2、X_3 的人群流量和人群运动速率分布，可利用单向无分支路段的人群状态推理方法推理得到，并可进一步计算其人群密度分布。可知，利用上述方法，可推理单向人群运动有分支路段汇聚型路网的人群状态。

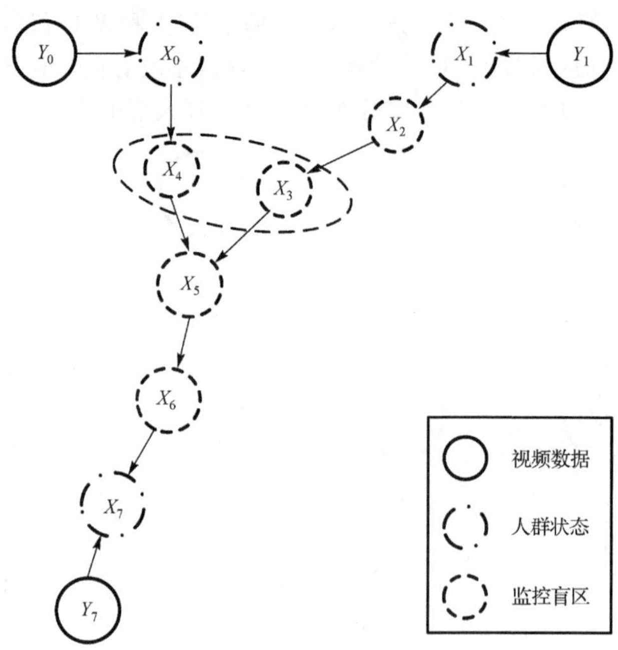

图 7.8　单向有分支路段汇聚型人群状态推理

对于单向人群运动模式有道路分支分流型的路网(图 7.9)，图中 Y_0、Y_6 和 Y_7 分别为布设有监控相机区域的人群状态监控数据。将其映射至地理空间后，X_0、X_6 和 X_7 分别为其在地理参考下的人群状态数据。$X_0|_v$、$X_6|_v$ 和 $X_7|_v$ 分别为节点 X_0、X_6 和 X_7 对应路段方向上的人群运动速率。$X_0|_n$、$X_6|_n$ 和 $X_7|_n$ 分别为节点 X_0、X_6 和 X_7 对应区域的平均人群流量，在 X_2 节点处存在 X_3 和 X_4 两个子节点，人群从 X_2 节点分流流向 X_3 和 X_4 节点，所以 X_2 节点的人群流量应为其子节点 X_3 和 X_4 的人群流量 $X_3|_n$、$X_4|_n$ 之和，由于是单向人群运动模式，所以可近似为节点 X_6 和 X_7 的人群流量之和。对于节点 X_2 区域的人群运动速率，则假设近似为节点 X_6 和节点 X_7 区域人群运动平均速率的均值。

此时，可根据单向无分支路段的人群状态推理方法，对节点 X_0、X_1 和 X_2 对应的路段进行人群状态数据推理，可得到节点 X_0、X_1 和 X_2 对应路段的人群流量、

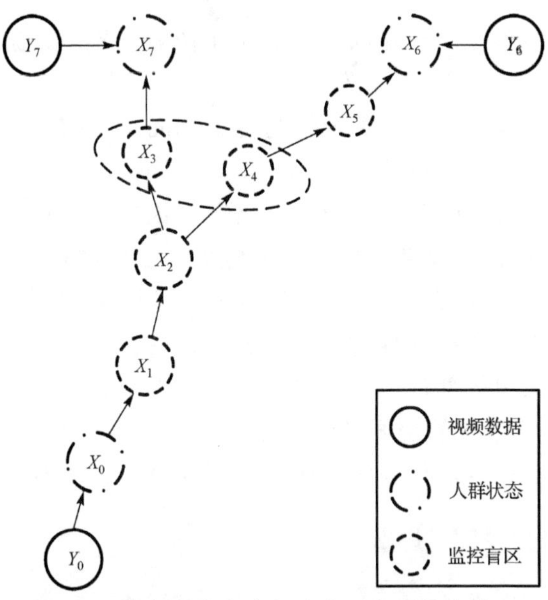

图 7.9　单向有分支路段分流型人群状态推理

人群运动速率分布。根据上述分流型人群状态推理贝叶斯网络构建方法，确定由 X_2 节点流向节点 X_3 和 X_4 的概率，通过人群从节点 X_2 流向其子节点的概率，可得 X_3 节点的人群流量为 $\alpha_1 \times X_3|_n$，X_4 节点的人群流量为 $\alpha_2 \times X_4|_n$。对于节点 X_3 与 X_4 区域的人群运动速率 $X_3|_v$、$X_4|_v$，假设其与节点 X_2 的运动速率 $X_2|_v$ 相等。利用以上条件，则可基于单向人群运动模式无分支路段的人群状态推理方法，对节点 X_3 和 X_7 路段，以及 X_4、X_5 和 X_6 路段进行人群状态推理。通过以上方法的推理，可得到整个路网的人群运动速率分布格局、人群流量分布格局，进一步计算则可得到整个路网的人群密度空间分布格局。

上述基于贝叶斯网络的人群状态推理模型面向的是单向人群运动模式。由于贝叶斯网络要求各节点组成的图结构为单向无环图，对于双向人群运动模式，则需根据上述方法分别建立方向相反的两个贝叶斯网络，其构建与推理方法与上述方法相同。最后，将两个方向的人群状态推理结果进行合成，即可得到双向人群运动模式各节点的人群状态推理结果。

7.3　区域人群状态的推演实验

7.3.1　实验区概况

夫子庙是一组规模宏大的古建筑群，历经沧桑，几番兴废，是供奉和祭祀孔子的地方，中国四大文庙之一，被誉为秦淮名胜而成为古都南京的特色景观区，也是蜚声中外的旅游胜地。现在的夫子庙是集商业、娱乐、游览等多功能于一体的步行街区，仅商铺就有 2000 余家。

据统计，夫子庙步行街区在黄金周与春节期间每日的人群流量约 20 万～24 万(季建乐，2010)。特别是近几年的元宵节夫子庙秦淮灯会，灯会期间前往夫子庙观灯的游客已超过了 40 万人每日，元宵节当天的观灯总人数可达 50 万人。图 7.10 为夫子庙景区的三维全景图，其中灯展中心区面积约 0.22 平方公里，夫子庙景区面积约 0.52 平方公里。人群在该区域大量聚集，潜藏着巨大的安全隐患，若人群密度极高或人群中出现异常行为，极易发生拥挤踩踏等突发事件。在该区域主干道及道路交叉口等部位，已安装了大量监控探头，其中仅高清监控探头达 12 个，图 7.11 为高清探头的空间分布。可见，该区域适合于人群状态与行为的感知监控实验，故选取该区域作为实验区，用于测试验证本章方法的可行性。

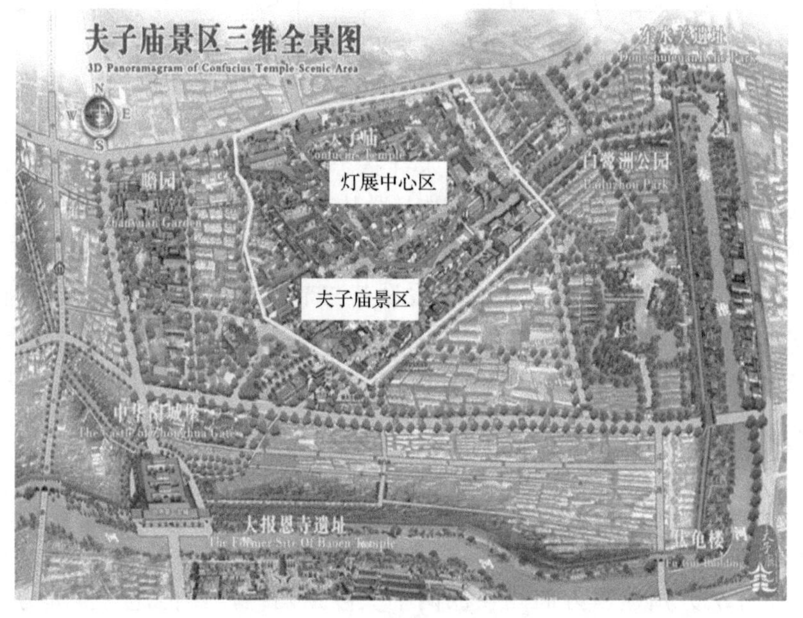

图 7.10　夫子庙景区三维全景图

7.3.2　贝叶斯网络构建

实验区共布设有 12 个高清监控探头，分别为北牌坊、老街唐狮、贡院西街、魁光阁东、晚晴楼角、广场西、帮贵火锅、西牌坊外、文德桥北、东牌坊内、东牌坊外、平江桥等。图 7.12 为实验区高清监控探头与夫子庙步行街路网的关系。

采用北牌坊、老街唐狮、魁光阁东、广场西、帮贵火锅、西牌坊外、文德桥北、东牌坊外、平江桥等 9 个监控场景的人群特征数据，对图 7.12 所示路网的人

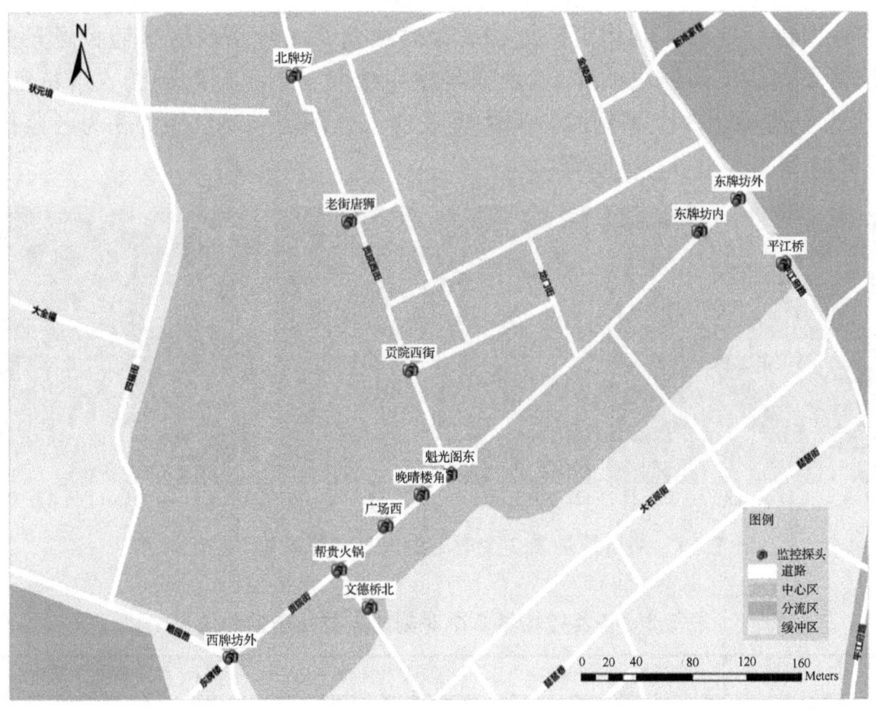

图 7.11　实验区高清监控探头的空间分布

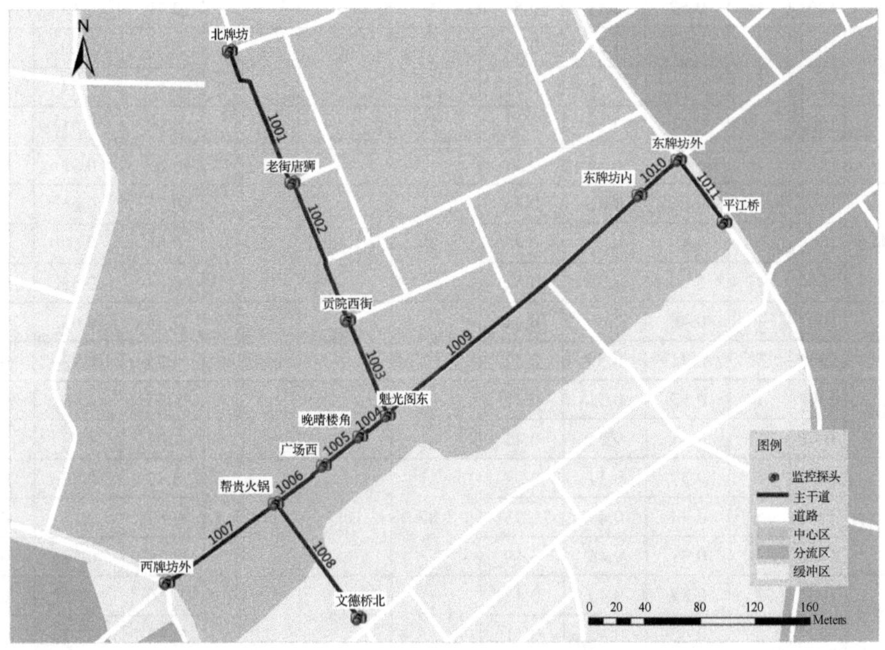

图 7.12　人群流动系统示意

群状态数据进行推理，利用贡院西街、晚晴楼角、东牌坊内 3 个监控场景的人群特征数据来评估推演结果的精度。各监控探头选取 3 个不同时刻的人群特征数据，图 7.13 为文德桥北 3 个不同时刻监控场景的人群图像示例。表 7.3 为各监控场景 3 个不同时刻的人群状态监测数据。

t1：2013 年 1 月 13 日 17：02：21

t2：2013 年 1 月 13 日 17：04：06

t3：2013 年 1 月 13 日 17：08：48

图 7.13　某监控场景 3 个时刻的人群图像数据(文德桥北)

表 7.3　各监控场景 3 个时刻的人群状态监测结果

监控场景	路段		运动速率/(m/s)			人群密度/(人/m^2)			人群流量/(人/(m•s))		
	ID	方向	t_1	t_2	t_3	t_1	t_2	t_3	t_1	t_2	t_3
北牌坊	1001	3	0.57	0.46	0.63	1.35	1.54	1.04	0.77	0.71	0.65
	1001	7	0.52	0.41	0.58				0.70	0.62	0.60
老街唐狮	1001	3	0.44	0.51	0.59	1.44	1.35	1.27	0.63	0.69	0.74
	1002	7	0.40	0.48	0.51				0.57	0.64	0.65
贡院西街	1002	3	0.61	0.57	0.41	1.61	1.77	1.54	0.99	1.01	0.64
	1003	7	0.54	0.55	0.41				0.87	0.98	0.64
魁光阁东	1003	3	0.55	0.46	0.48	1.39	1.42	1.54	0.77	0.66	0.74
	1004	5	0.49	0.43	0.43				0.68	0.60	0.65
	1009	1	0.46	0.39	0.51				0.64	0.55	0.79
晚晴楼	1004	1	0.48	0.40	0.51	1.81	1.58	1.42	0.86	0.63	0.73
	1005	5	0.41	0.59	0.57				0.75	0.93	0.80
广场西	1005	1	0.63	0.51	0.47	1.66	1.33	1.64	1.05	0.68	0.77
	1006	5	0.61	0.55	0.43				1.01	0.73	0.71
帮贵火锅	1006	1	0.39	0.51	0.57	1.87	1.57	1.47	0.72	0.80	0.84
	1007	5	0.44	0.47	0.53				0.81	0.74	0.78
	1008	7	0.41	0.46	0.49				0.77	0.73	0.72
西牌坊外	1007	1	0.38	0.45	0.47	1.76	1.66	1.35	0.66	0.75	0.63
	1007	5	0.42	0.43	0.51				0.74	0.71	0.69

续表

监控场景	路段 ID	路段 方向	运动速率/(m/s) t_1	t_2	t_3	人群密度/(人/m^2) t_1	t_2	t_3	人群流量/(人/(m•s)) t_1	t_2	t_3
文德桥北	1008	3	0.29	0.32	0.35	2.27	2.15	2.07	0.65	0.70	0.71
	1008	7	0.31	0.39	0.38				0.71	0.83	0.79
东牌坊内	1009	1	0.48	0.48	0.50	2.02	2.36	2.22	0.98	1.13	1.10
	1010	5	0.57	0.49	0.59				1.16	1.15	1.31
东牌坊外	1010	5	0.42	0.39	0.41	1.83	2.15	1.98	0.77	0.83	0.81
	1011	7	0.39	0.36	0.37				0.72	0.76	0.73
平江桥	1011	3	0.51	0.43	0.55	1.69	1.87	1.55	0.87	0.80	0.85
	1011	7	0.52	0.49	0.57				0.88	0.92	0.88

所选 3 个时刻各场景的人群运动均为双向型运动模式，故需构建两个相反方向(“方向 1”、“方向 2”)的贝叶斯网络。根据各监控探头监控区域与道路路网的关系(图 7.11)，结合各监控场景群体行为模式的 GIS 表达模型参数描述，可将此人群流动系统抽象为“方向 1”与“方向 2”两个单向型人群流动系统，从而构建“方向 1”与“方向 2”两个人群流动贝叶斯网络模型，如图 7.14 和图 7.15 所示。

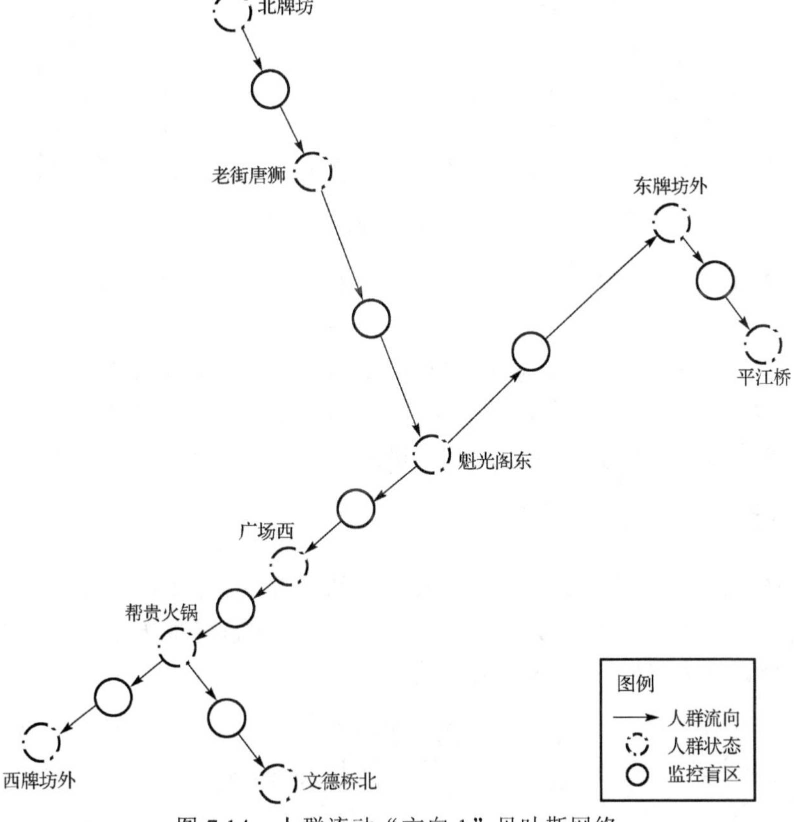

图 7.14　人群流动“方向 1”贝叶斯网络

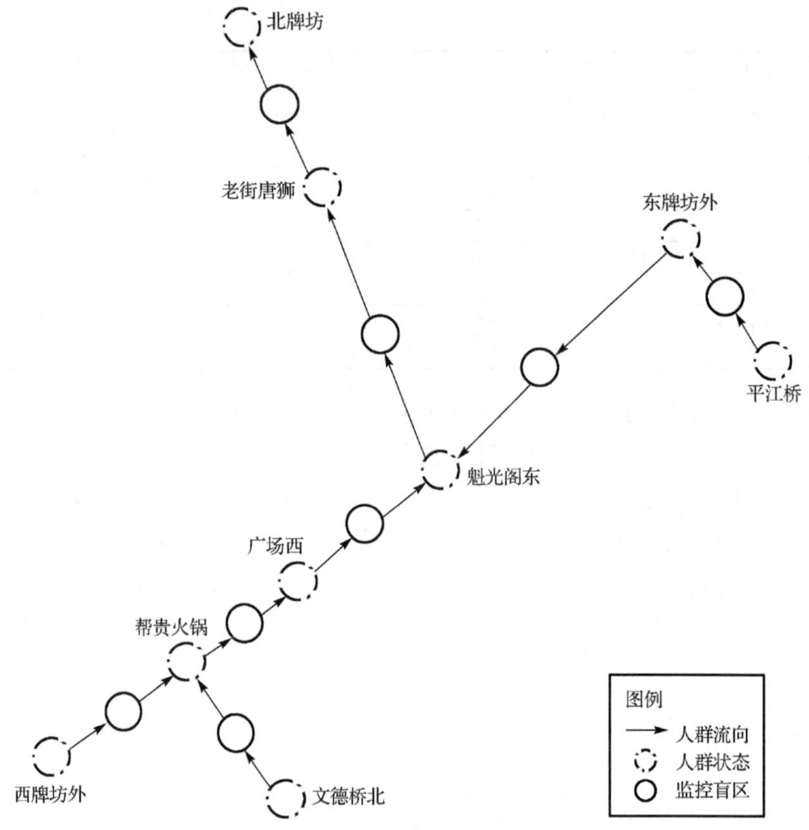

图 7.15　人群流动"方向 2"贝叶斯网络

对选取的 9 个监控探头构建"方向 1"和"方向 2"两个人群流动贝叶斯网络，图中虚线节点为布设有监控探头区域的路段，实线节点为未布设监控探头的监控盲区路段。利用图 7.14 与图 7.15 所示两个单向人群流动贝叶斯网络，基于 7.2 节所述人群状态推演方法，推理图 7.12 中主干道区域的人群运动速率、人群流量、人群密度等人群状态数据的空间格局。

7.3.3　推演结果分析

图 7.16～图 7.18 分别为 t_1、t_2 和 t_3 时刻的人群状态推演结果，可直观看出该区域人群状态分布的空间格局。为分析本章人群状态推理方法的可行性，采用式 (7-15) 来评价人群状态推理结果的精度：

$$\text{accuracy} = \frac{\sum_{i=1}^{n} \frac{|y(i) - s(i)|}{s(i)}}{n} \times 100\% \tag{7-15}$$

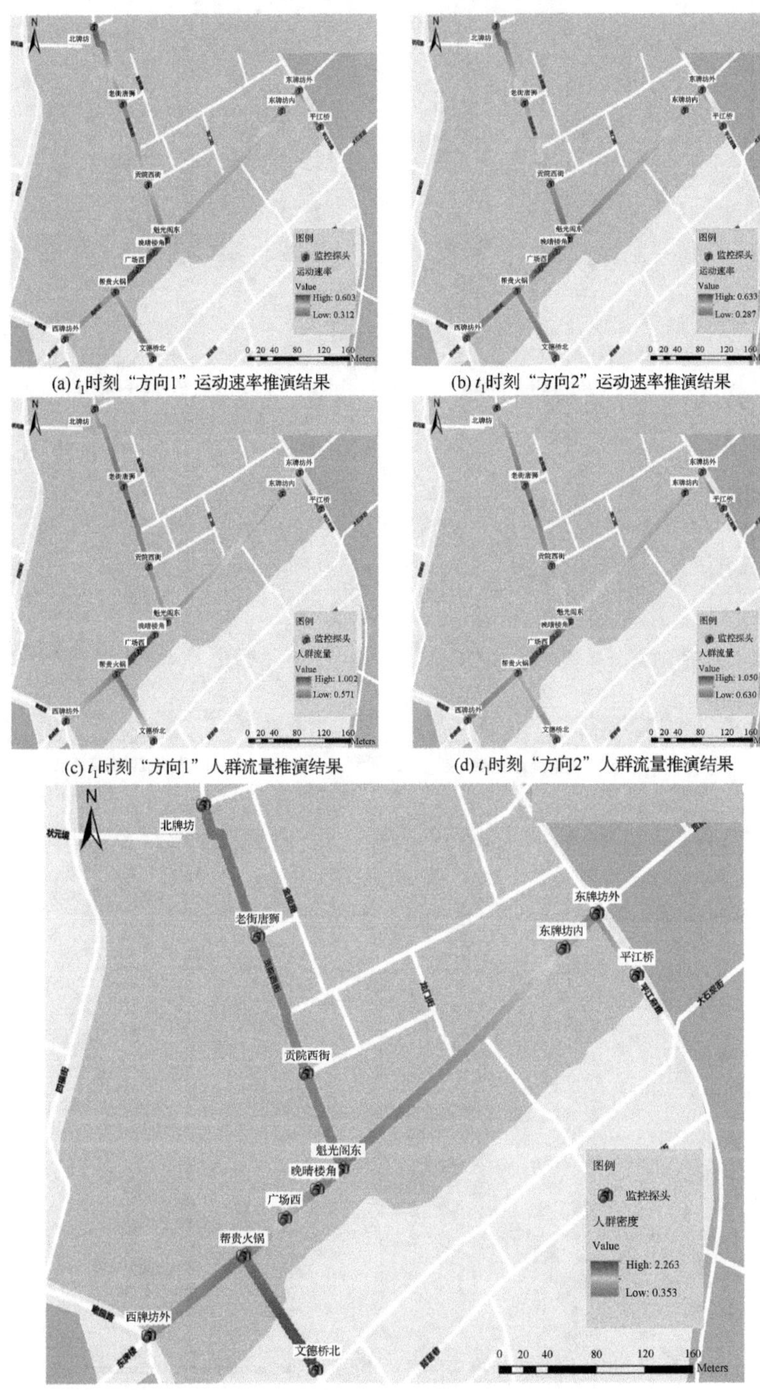

(a) t_1时刻“方向1”运动速率推演结果

(b) t_1时刻“方向2”运动速率推演结果

(c) t_1时刻“方向1”人群流量推演结果

(d) t_1时刻“方向2”人群流量推演结果

(e) t_1时刻人群密度推演结果

图 7.16　t_1 时刻人群状态推演结果

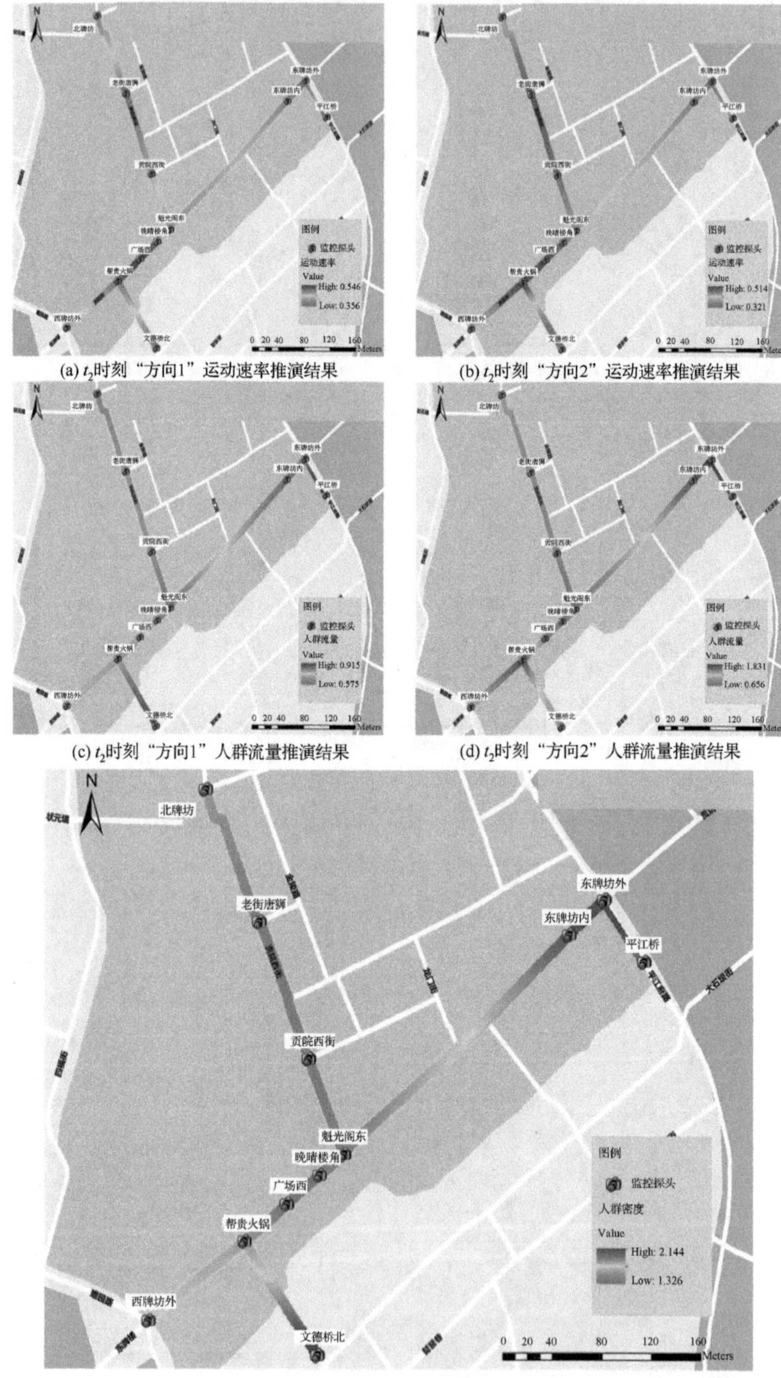

(a) t_2时刻“方向1”运动速率推演结果

(b) t_2时刻“方向2”运动速率推演结果

(c) t_2时刻“方向1”人群流量推演结果

(d) t_2时刻“方向2”人群流量推演结果

(e) t_2时刻人群密度推演结果

图 7.17　t_2 时刻人群状态推演结果

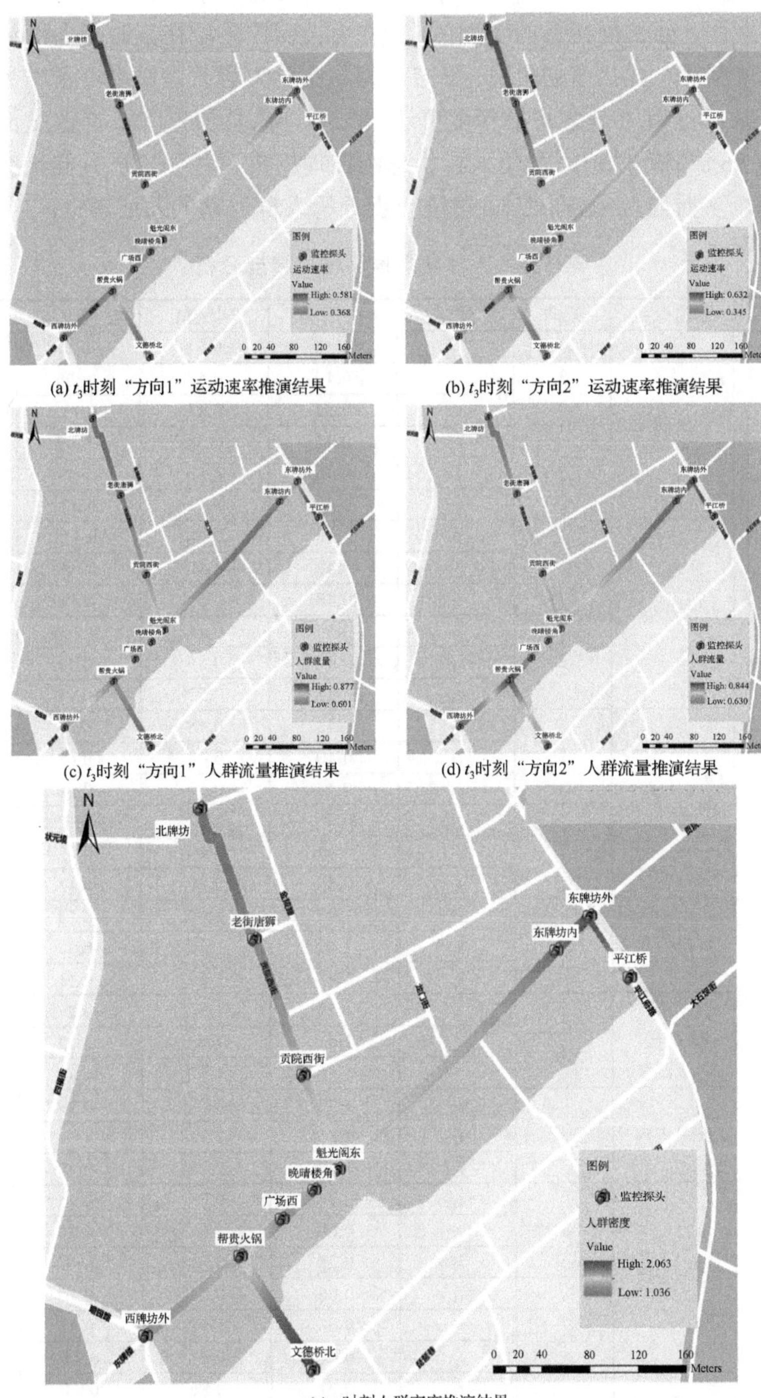

(a) t_3时刻“方向1”运动速率推演结果　(b) t_3时刻“方向2”运动速率推演结果

(c) t_3时刻“方向1”人群流量推演结果　(d) t_3时刻“方向2”人群流量推演结果

(e) t_3时刻人群密度推演结果

图 7.18　t_3 时刻人群状态推演结果

其中，$y(i)$ 为某时刻人群状态的实测值，$s(i)$ 为某监控区域在某时刻人群状态估计值的平均值，n 为某人群状态的个数。表 7.4 为本实验人群状态精度评价结果，从表中可以看出，运动速率推理结果的精度可达 81.5%，人群流量和人群密度推理结果的精度分别为 85.8%和 77.8%。利用人群状态的推理结果可直观表达人群状态在某时刻的空间格局，实时监控人群状态，可进一步分析人群运动的发展态势。

表 7.4　人群状态推演结果精度分析

人群状态	监控探头	方向	时刻	估计值	实测值	差值	精度
运动速率 /(m/s)	贡院西街	3	t_1	0.50	0.61	−0.11	81.5%
			t_2	0.49	0.57	−0.09	
			t_3	0.52	0.41	0.11	
		7	t_1	0.45	0.54	−0.09	
			t_2	0.45	0.55	−0.11	
			t_3	0.48	0.41	0.07	
	晚晴楼	1	t_1	0.58	0.48	0.11	
			t_2	0.48	0.40	0.08	
			t_3	0.48	0.51	−0.04	
		5	t_1	0.53	0.41	0.12	
			t_2	0.47	0.59	−0.12	
			t_3	0.45	0.57	−0.11	
	东牌坊内	1	t_1	0.43	0.48	−0.06	
			t_2	0.40	0.48	−0.08	
			t_3	0.43	0.50	−0.06	
		5	t_1	0.45	0.57	−0.12	
			t_2	0.41	0.49	−0.08	
			t_3	0.46	0.59	−0.13	
人群密度 /(人/m^2)	贡院西街		t_1	1.47	1.61	−0.14	85.8%
			t_2	1.40	1.77	−0.37	
			t_3	1.43	1.54	−0.11	
	晚晴楼		t_1	1.54	1.81	−0.27	
			t_2	1.41	1.58	−0.17	
			t_3	1.58	1.42	0.16	
	东牌坊内		t_1	1.73	2.02	−0.29	
			t_2	1.95	2.36	−0.41	
			t_3	1.74	2.22	−0.48	
人群流量 /(人/(m•s))	贡院西街	3	t_1	0.74	0.99	−0.25	77.8%
			t_2	0.68	1.01	−0.34	
			t_3	0.75	0.64	0.11	
		7	t_1	0.66	0.87	−0.20	
			t_2	0.63	0.98	−0.35	
			t_3	0.69	0.64	0.05	
	晚晴楼	1	t_1	0.91	0.86	0.04	
			t_2	0.69	0.63	0.05	
			t_3	0.75	0.73	0.03	

续表

人群状态	监控探头	方向	时刻	估计值	实测值	差值	精度
人群流量/(人/(m•s))	晚晴楼	5	t_1	0.82	0.75	0.07	77.8%
			t_2	0.65	0.93	−0.28	
			t_3	0.71	0.80	−0.09	
	东牌坊内	1	t_1	0.74	0.98	−0.24	
			t_2	0.77	1.13	−0.36	
			t_3	0.75	1.10	−0.35	
		5	t_1	0.78	1.16	−0.38	
			t_2	0.80	1.15	−0.35	
			t_3	0.81	1.31	−0.50	

基于推演得到的人群密度空间格局，可对任意区域进行人群数量统计，图 7.19 为 t_3 时刻的人群密度分布，选取图中所示区域进行人群数量估计，根据人群密度值及其面积可计算所选区域的人群数量，经计算得所选区域在 t_3 时刻的人群数量约为 1160 人。

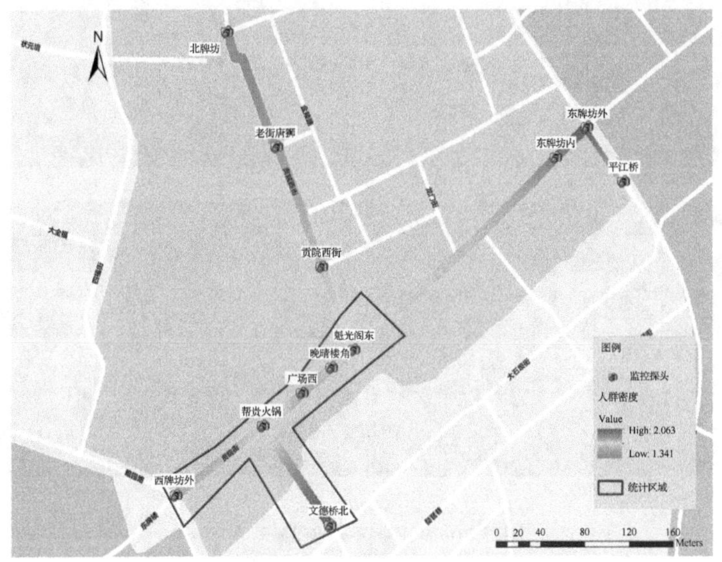

图 7.19　分区人群数量统计示意

7.4　人群状态的时空格局演化特征实验

7.4.1　实验数据来源

利用人群状态的时空格局，可分析该区域人群状态的时空演化过程。为分析试验区人群状态的时空格局演化特征，针对实验区 12 个高清监控探头，选取了

2013年1月13日(星期日)和2013年1月14日(星期一)两天的视频监控数据，用于推演实验区的人群状态，其中每天分别选取9:00、13:00和17:00三个时刻，图7.20为某监控场景各时刻的人群图像示例。

图7.20　实验区示例场景数据

7.4.2 时空演化分析

图7.21为实验区各时刻的人群密度空间格局，基于此可分析该区域人群状态的时空演化过程，如两天中同一时刻人群状态空间格局的异同，同一天不同时刻人群状态空间格局的变化，利用人群状态的时空演化特征，可进一步分析形成此过程的原因。

从图7.21所示的人群状态演化结果可以看出：①2013年1月13日9:00的人群空

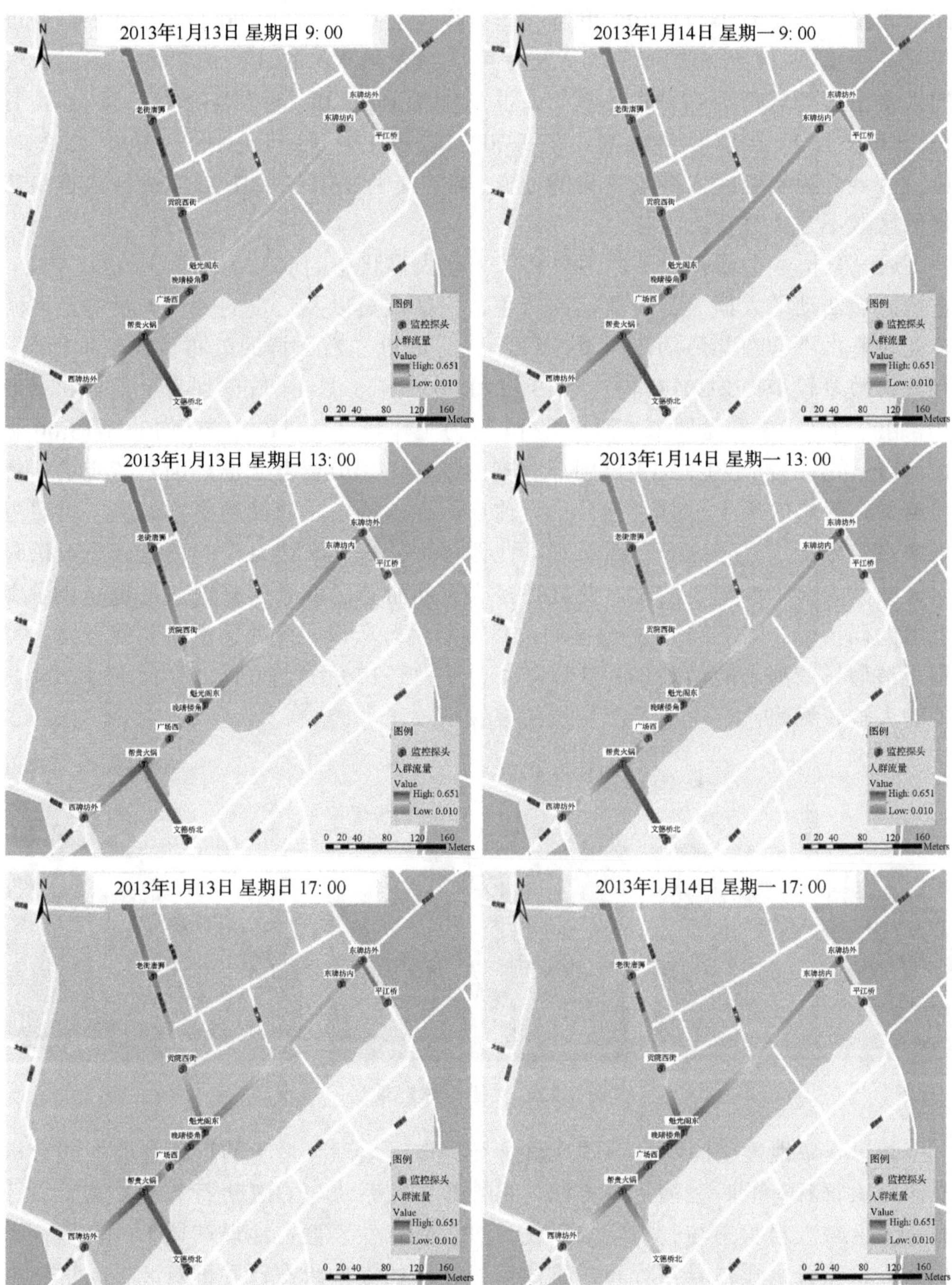

图 7.21　人群状态时空演化结果

间分布格局与 1 月 14 日 9:00 相当；②实验区 1 月 13 日 13:00 与 17:00 人群密度明显高于 1 月 14 日相同时刻的人群密度；③在同一天的 3 个时刻中，早上 9:00 的人群密度均较低，17:00 时刻的人群密度高于 13:00 的人群密度；④在 1 月 13 日和 1 月 14 日早上 9:00 与中午 13:00，以及 1 月 13 日的下午 17:00，文德桥监控区域均为实验区人群最密集的地方，而在 1 月 14 日的 17:00 实验区人群最密集的区域不是文德桥。

通过分析，主要有以下原因导致了上述人群状态的演变：①早上 9:00 左右，在该区域活动的人群大都为商铺的店主、保洁人员以及送货的工作人员等，而游客此时基本不会在此活动，所以，每日早上 9:00 左右人群的分布模式基本相当，且人群数量较少；②2013 年 1 月 13 日和 2013 年 1 月 14 日分别为星期日和星期一，由于 1 月 13 日为周末，而 1 月 14 日为工作日，所以，在 1 月 13 日 13:00 和 17:00 的游客远高于 1 月 14 日同一时刻的游客；③历史上文德桥因其特定的位置与结构，每年农历十一月十五日午夜前后，在该桥东、西侧的秦淮河上，可看见水中左右各半边月亮这一自然奇观，此即“文德桥上半边月”的出处，至今仍吸引无数游人前来游览。同时，此处还是夫子庙游览区取景的好地点，也是夜游秦淮河的码头旁，图 7.22 为文德桥周边景观示例，所以，此处的游客相对较多，特别是节假日或周末的傍晚(如 2013 年 1 月 13 日 17:00)，而在 1 月 14 日 17:00 此处的人群较稀疏，也说明了工作日游客较少。

图 7.22　文德桥周边景观

基于本章地理空间约束下的人群特征提取、地理环境下的群体行为模式分析及区域人群状态的时空演化等方法，将视频监控系统与 GIS 进行有机集成，设计开发了区域人群状态与行为感知系统，可实时感知人群在地理环境下的群体行为模式，检测分析群体异常行为，推演监控盲区的人群状态，并可对区域人群状态进行时空演化分析，为人群管理部门提供实时的人群状态信息。

7.5　区域人群状态智能感知系统

7.5.1　系统总体设计

系统总体设计遵循面向服务的软件体系结构，系统的总体框架自下而上可以划分为桌面系统功能层、数据层、服务层、业务层和表示层(图 7.23)。

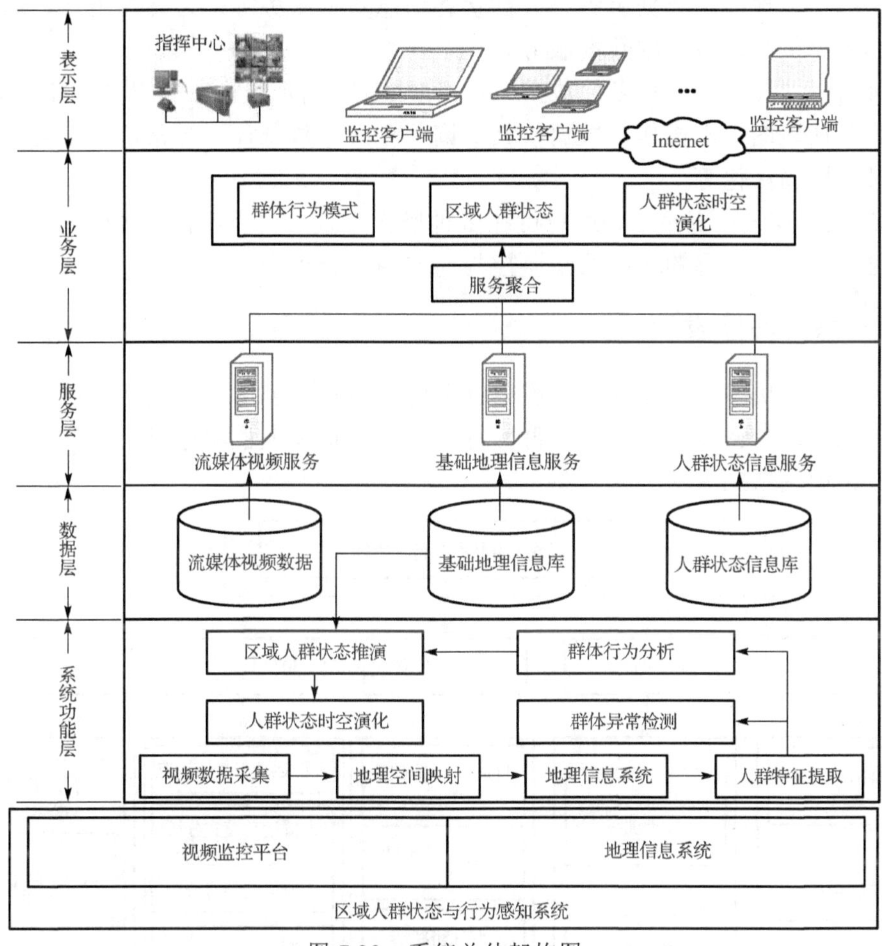

图 7.23　系统总体架构图

(1)系统功能层。系统功能层是本系统的核心，包括视频数据采集、视频数据的地理空间映射处理、地理空间约束下的人群特征提取、地理环境下的群体行为模式分析、群体异常行为检测、区域人群状态推演及人群状态的时空演化等功能模块，构成具有数据处理与分析功能的服务器端。在服务器端可实时获取视频流数据，并对视频数据进行实时处理，在地理参考下完成监控区域内人群特征提取、分析、推演等操作，并将处理、分析与推演结果保存在相应数据库中，为人群状态信息的实时发布提供基础的数据支撑。

(2)数据层。以数据库为支撑的数据层，主要用来对空间数据、视频流媒体数据与人群状态数据等进行存储、访问和管理，并为客户端提供数据服务。

(3)服务层。服务层用于发布系统底层数据库数据服务，包括视频流媒体数据服务、基础地理信息数据服务、人群状态信息数据服务等，为终端用户、远程指挥中心等提供实时多源的数据服务。

(4)业务层。业务层将多种数据聚合，完成对区域人群状态的实时感知与监控，其功能包括地图基本操作、数据检索查询、分区人数统计、异常情况报警、人群状态时空格局演化等。

(5)表示层。在表示层，用户可在多种操作系统平台下，利用普通浏览器即可实现对区域人群状态的实时感知监控与动态演化分析。

7.5.2　系统功能设计

区域人群状态与行为感知监控系统主要由视频监控场景设置、人群密度估计模型训练、人群密度实时监控、群体行为模式分析及人群状态时空演化等功能模块组成，如图 7.24 所示。

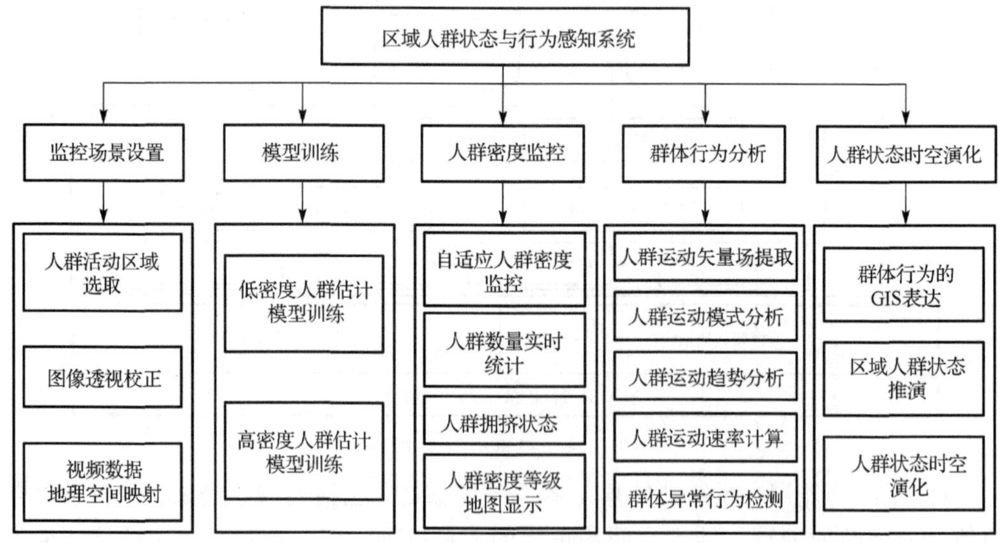

图 7.24　系统功能模块图

(1)监控场景设置模块：主要用于对监控相机获取的监控图像进行设置，以完成视频数据的地理空间映射处理，实现人群活动区域图像与地理参考的统一。此功能模块主要包括人群活动区域选取、人群活动区域图像的透视校正及视频数据的地理空间映射等功能。

(2) 人群密度估计模型训练模块：在地理空间分别对低密度和高密度人群样本图像进行训练，得到低密度人群数量线性估计模型和高密度人群等级分类器，用于对各类人群的密度估计。

(3) 人群密度实时监控模块：用于对人群拥挤状态的实时监控，包括各监控相机的人群密度自适应估计、人群数量实时统计、人群拥挤状态提示及人群密度等级地图显示等功能，对人群密度处于极高状态的监控场景进行报警处理，提示人群管理部门采取措施疏散人群。

(4) 群体行为模式分析模块：主要用于对群体行为的实时感知监控，包括地理空间下人群运动矢量场提取、群体运动模式分析、群体运动趋势分析、群体运动速率计算及群体异常行为检测等功能。此模块利用地理空间的人群运动矢量场，通过分析可得到各监控场景的人群运动模式、人群运动趋势、人群运动速率等人群运动状态，并检测与分析骤聚/骤散等群体异常行为。

(5) 人群状态时空演化模块：此模块利用群体行为模式的 GIS 表达模型描述已有群体行为等人群状态数据，基于此构建监控盲区人群状态推演模型，推演区域人群状态的空间格局，并可对多时刻的区域人群状态进行时空演化分析。

7.5.3 开发运行环境

系统的开发运动环境如表 7.5 所示。

表 7.5　系统开发运行环境

项目	描述
体系结构	B/S 架构
开发平台	.NET
开发工具	Microsoft Visual Studio 2010
开发语言	C#
运行环境	Microsoft Windows 2000、XP pro、7、Server，IE6.0/7.0
数据库	ArcGIS Personal Geodatabase + Microsoft Access
其他	空间数据服务：ArcGIS Server 10

7.5.4 系统工作流程

服务器端系统采用插件式设计模式，各功能模块遵循统一的访问接口，系统可对各功能模块插件进行装载与卸载等操作。系统的工作流程如图 7.25 所示。根据系统平台统一的访问接口，分别设计监控场景设置功能插件、模型训练功能插件、人群密度监控功能插件、群体行为分析功能插件及人群状态时空演化功能插件。系统运行时，加载各功能插件，各功能插件之间的工作流程为：①利用监控场景设置插件，对监控场景中选取的人群活动区域进行地理空间映射处理；②选取低密度与高密度人群样本图像，在地理空间利用模型训练模块训练人群密度估计模型；③基于人群密度估计模型，利用人群密度监控插件完成对人群密度的实时监控；④利用群体行为分析插件，在地理参考下，对空间映射处理后的人群图像进行人群运动矢量场提取、群体运动模式分析、群体运动趋势分析、群体运动速率计算、群体异常检测等群体行为的监控；⑤人群状态时空演化插件则在群体行为模式分析的基础上，构建监控盲区人群状态推演模型，推演整个区域的人群状态，并对多个时刻的人群状态空间格局进行时空演化分析。

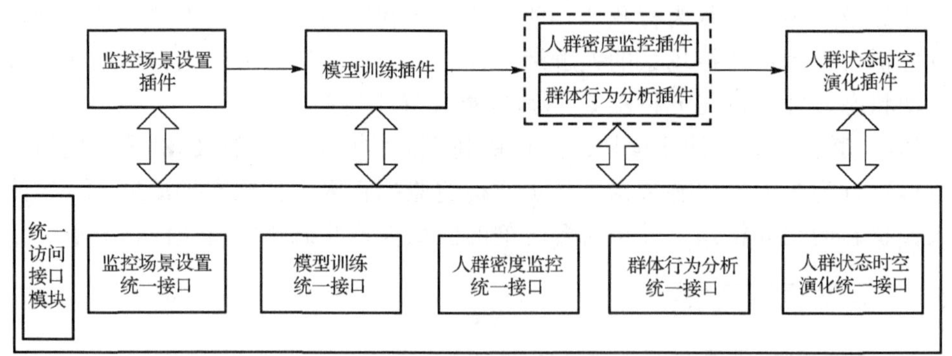

图 7.25　系统工作流程

7.5.5　系统实现

图 7.26 为系统主界面，分为地图图层窗口、人群状态与行为窗口、地图窗口和人群数量统计窗口。在地图窗口中可实时显示各监控场景的人群密度等级与人群主体运动方向，对区域人群状态的推演与时空演化结果进行可视化表达。人群状态与行为窗口用于实时显示各监控场景的人群状态，当人群密度大于设定的安全阈值时，系统将报警提示人群密度过高，易导致拥挤踩踏事故，此时，用户可查看报警的视频场景，可根据具体情况对该区域进行人群疏导，以避免突发事件的发生。另外，在人群状态与行为窗口可查看任意监控场景的群体运动模式、群体运动趋势、群体运动速率及异常行为检测结果。人群数量统计窗口用于实时监测重点监控场景的人群数量实时统计图，用户可按需设置重点监控场景，以实现对特定监控场景人群数量变化的实时监测。

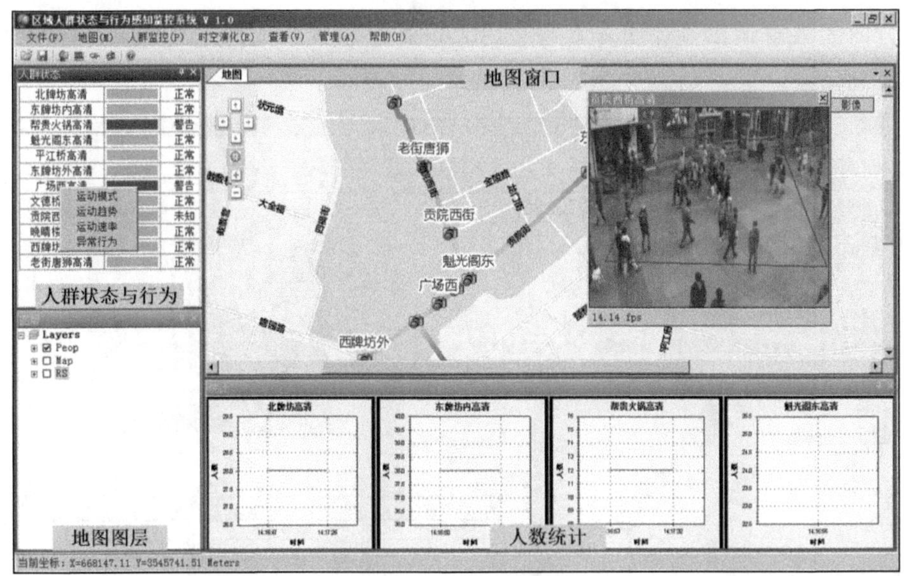

图 7.26　系统主界面

图 7.27 为某监控场景的群体运动模式分析结果，可知该场景中的人群运动为“东南-西北”方向的双向运动模式。

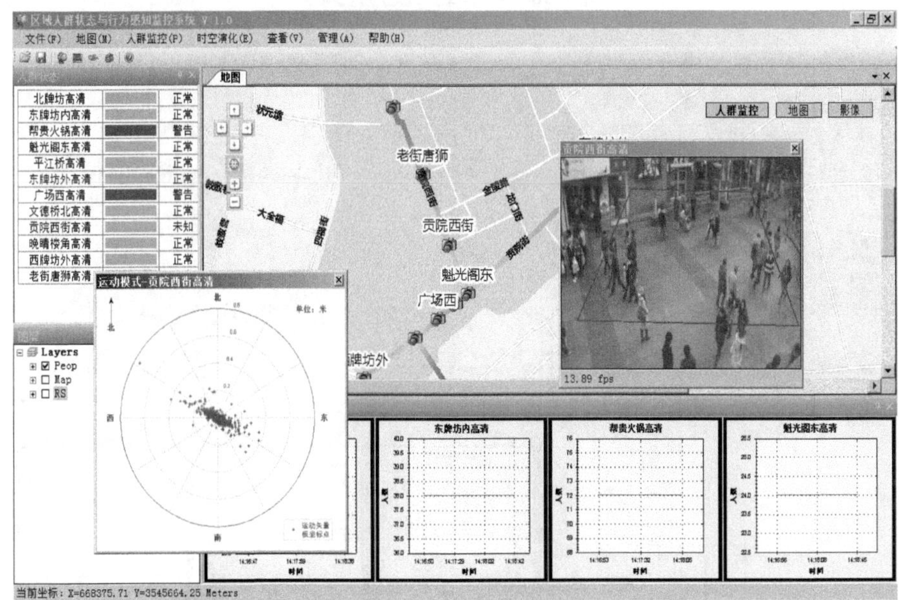

图 7.27　人群运动模式分析

图 7.28 为该监控场景中群体运动趋势的分析结果，图 7.29 表示该场景某时刻

在各方向的人群运动速率分布。图 7.30 是对该场景中人群运动骤聚/骤散异常行为的检测结果，此时场景中未发生异常。

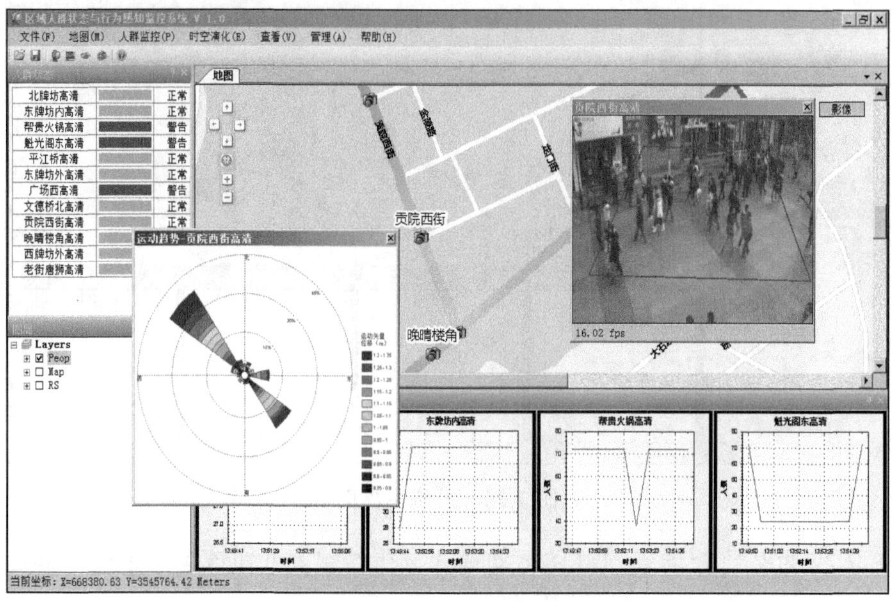

图 7.28　群体运动趋势分析

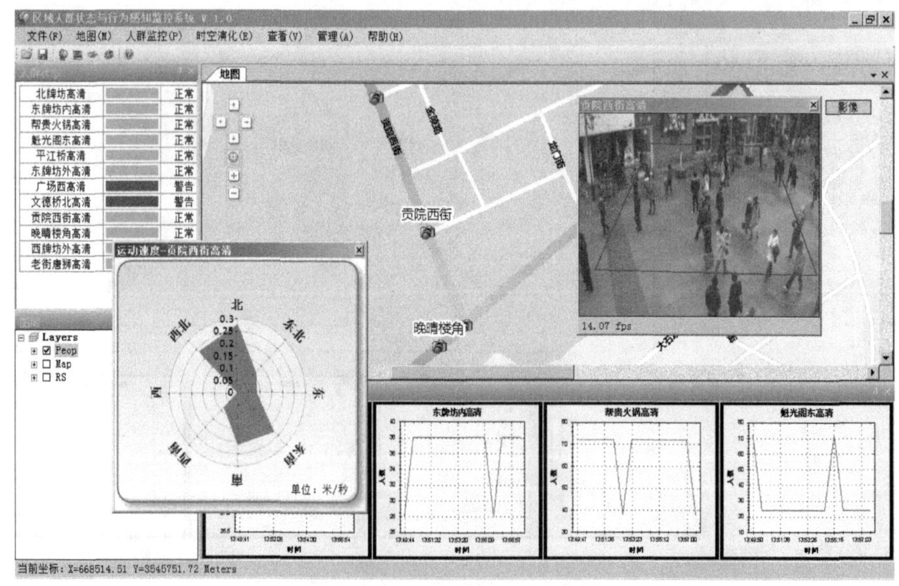

图 7.29　群体运动速率计算结果

另外，系统可实现对监控盲区人群状态的推演，图 7.31 为某时刻人群状态的推演结果，可利用多个时刻的区域人群状态数据，进行区域人群状态的时空演化分析，以便从时空的视角掌握该区域的人群流动规律，分析形成相应人群状态时空模式的原因，为安保人员的配置与布控、设施规划、人群疏导等提供可靠依据。

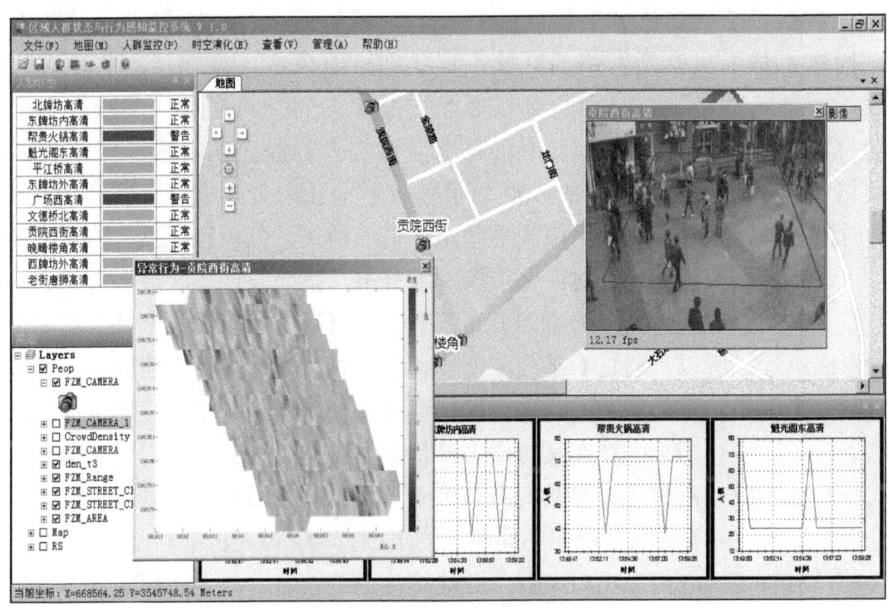

图 7.30　群体异常行为检测

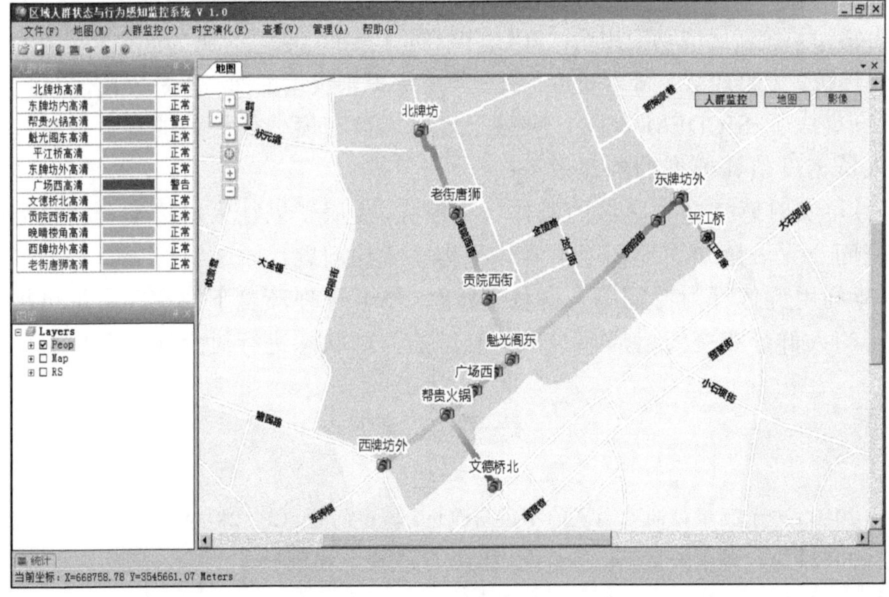

图 7.31　区域人群状态的时空演化

监控区域的相机布设大都离散、无重叠，无法感知盲区的人群状态。对于密集人群来讲，在一定区域内因人群的自组织现象而形成具有一定规律的人群流动系统，本章针对步行街类型的公众聚集场所，利用各监控场景已有的人群特征与群体行为数据，结合群体行为模式的GIS表达模型，在道路路网等空间数据的辅助下，构建了基于贝叶斯网络的区域人群状态推演模型，推理预测监控盲区的人群密度等人群状态数据，进而得到该区域人群状态的空间格局。实验表明，本章提出的推演模型精度可达75%以上，可满足现实人群监控的需求。基于人群状态的空间格局，可进行任意区域的人群数量估计等分析，为人群管理提供有力数据。

实时监控人群状态，利用区域人群状态的推演结果，分析该区域人群状态的时空格局，可进行分区人数统计、时空热点探测等分析，进而发现该区域人群分布的时空模式，结合时间、时段、商户的空间分布等数据，可进一步研究该区域人群时空分布模式的形成机理。所以，通过对某区域人群状态的时空演化分析，研究该区域人群状态的时空分布模式，可为警力的动态部署、商业选址、产品营销等提供依据。本章通过对南京夫子庙步行街某区域在某时段人群状态的时空演化分析，得到了人群时空分布模式与所处时段、商户分布等具有密切关联。可见，利用提出的区域人群状态时空演化分析，可探索在某区域人群在不同时段的出行行为，为人群的科学管理提供依据。

目前，对特定区域内进出口人群总数的统计系统较多，技术相对成熟。而无法获得区域内人群空间分布状况及运动趋势，不能为大型集会活动的人群疏导、应急响应提供决策依据。利用提出的区域人群状态与行为感知方法，研制开发了区域人群状态与行为感知系统，已成功应用于“2012年江苏•秦淮灯会”，可为大型集会活动的突发事件预防、人群疏导、警力布控、商业策略等提供决策依据。该系统具有以下特点：

(1)集成了SICDEM算法，突破了现有人群密度估计模型的场景依赖性，提高了人群密度估计模型的构建效率；

(2)可实时感知整个区域的群体行为模式，克服了以往人群运动分析只局限于图像空间、无法感知地理环境下群体行为模式的问题；

(3)利用群体行为特征等人群状态数据，结合地理环境下的空间数据可推演监控盲区的人群分布空间格局，对多个时刻的人群状态进行时空演化分析。

参考文献

季建乐. 2010. 夫子庙步行商业街区的不足与改进. 城市问题, (2): 28-34

谢树艺. 2012. 工程数学矢量分析与场论. 北京: 高等教育出版社

Pearl J. 1988. Probabilistic Reasoning in Intelligent Systems: Networks of Plausible Inference. Burlington: Morgan Kaufmann Publishers, Inc.

第 8 章 视频 GIS 在交通与环境领域的应用示例

本书详细介绍了视频GIS在区域人群状态智能感知中的应用，验证了视频GIS能够实现对地理环境中动态目标的实时智能化感知与监控。视频 GIS 具有广泛的应用前景，作者尝试将视频 GIS 技术应用于交通、环境等不同领域，本章简要介绍视频 GIS 在交通状态智能感知与城市街道尺度空气质量模拟中的应用。

8.1 交通状态智能感知

实时道路交通状态信息是智能交通系统实现有效的交通控制、管理决策与信息服务的基础。实时交通信息的获取目前大多采用道路上布设的环形感应线圈、雷达、红外传感器等交通流检测设备，这些设备具有成本高、需人工维护等限制。为此，我们尝试利用监控相机来实现对监控视频数据中的实时交通状态信息进行智能获取。

基于地理视频与视频 GIS 技术，结合智能视频分析技术，设计了道路交通状态信息(包括车辆类型、交通流量、车辆行驶速度等)的智能化感知检测方案，技术流程如图 8.1 所示。具体为：①利用 GPS 或定位设备记录监控相机的空间位置，利用电子罗盘或云台获取监控相机的俯仰角、方位角和横滚角等姿态参数；②将监控相机的空间位置与姿态参数输入视频数据地理空间化模型(2D 互映射模型)，实现对监控视频数据的地理空间化处理，生成地理视频；③基于 Fast R-CNN 区域卷积神经网络目标检测算法，跟踪检测车流量，分析计算车辆行驶速度，对车辆类型进行分类，实现对实时道路交通状态信息的智能化感知获取。

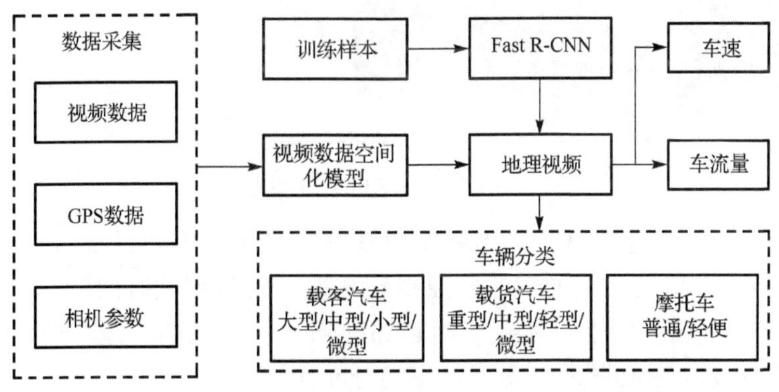

图 8.1 基于地理视频的机动车活动水平智能检测流程

其中，Fast R-CNN (Girshick，2015)是一种用于目标检测的区域卷积神经网络深度学习算法。Fast R-CNN 算法训练和测试速度较快、检测精度较高，该算法简化了基于卷积神经网络的对象检测器的训练过程，是一种单阶段联合学习的目标建议分类和空间定位的训练算法。

Fast R-CNN 针对 R-CNN 算法进行了诸多改进。首先是提高了测试和训练速度，R-CNN 中采用 CNN 对每一个候选区域进行反复特征提取，在一张图片候选区域中有诸多重叠部分，因此反复提取特征操作造成了大量的重复计算。而 Fast R-CNN 将整张图片送入 CNN 网络，卷积层不进行特征提取，而是在最后的池化层进行处理，加入候选区坐标信息，进行特征提取的计算。其次，Fast R-CNN 简化了 R-CNN 训练所需要的空间，将先前 R-CNN 两个独立操作的目标分类与候选框的回归统一到 CNN 网络中，因此不需要单独存储特征作为训练样本。

基于上述设计的实验流程，开发了基于地理视频的实时道路交通状态信息智能感知系统，实现了对监控视频中车流量、车辆类型、车速的智能检测与存储，图 8.2 为原型系统的运行界面。

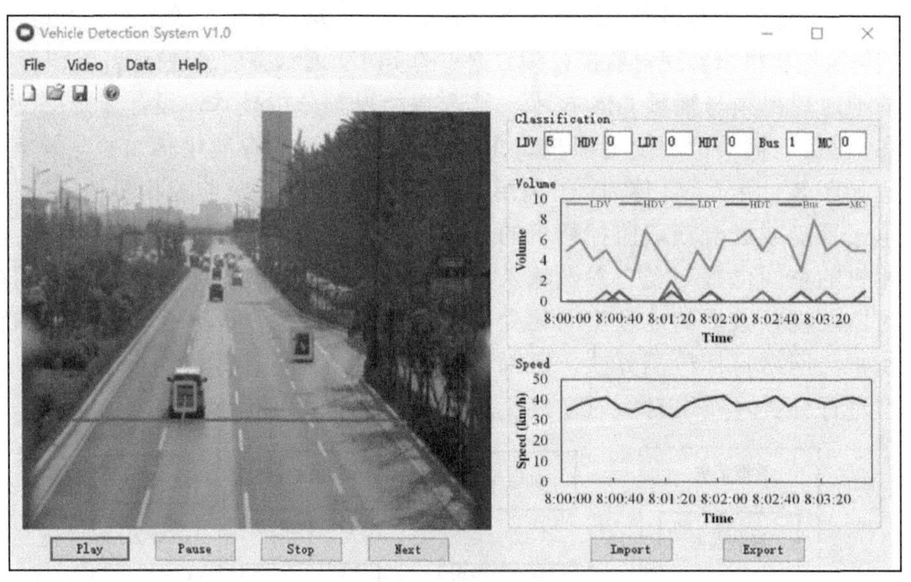

图 8.2　道路交通状态信息智能感知系统

利用研发的基于地理视频的道路交通状态信息智能感知系统，以开封市为例，选取了 11 个监控相机采集的实时监控视频数据，具体测试时间段为 2018 年 7 月 1 日至 7 月 7 日(168 小时)，实现了对道路交通状态信息的智能获取，图 8.3 为开封市道路路网及视频数据采集观测点空间分布图。

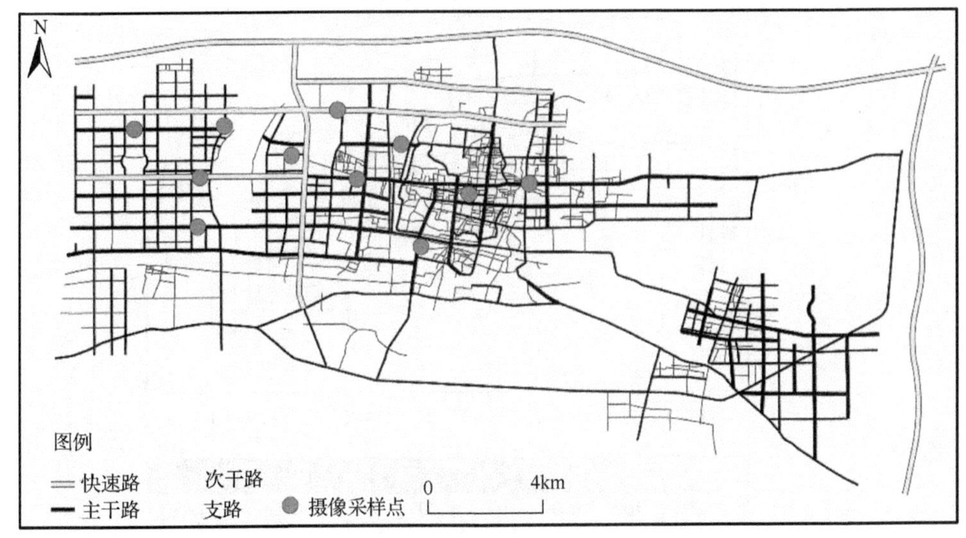

图 8.3　开封市交通视频采样点与道路网分布

按照街道的使用特点、交通功能、服务范围、在城市道路系统中的地位和作用等特征，将开封市的城市道路分为四个等级，依次为：快速路、主干路、次干路和支路（图 8.3）。所选视频数据采集站点涵盖了开封市所有的城市道路级别，包括两条具有代表性的快速路，分别是郑开大道和东京大道，这两条道路是贯通开封市东西新旧城区的主要交通要道，也是外地游客进入开封市的主要通道；主干道共选取了 4 个视频数据采集站点，分别分布在新城区金耀路(六大街至七大街)、宋城路、大梁路和金耀路(西关北街至西环城路段)，这些路段是连接开封市不同分区之间的主要道路，是城市各区域内居民通勤、出行的主要通道；次干路则选择在了一大街、金祥路和公园路 3 个视频采集点，这些道路是服务区域内部居民通行、使用的街道；胡同巷道是开封市老城区的典型代表，选择了 2 个胡同作为支路采样点。

对各采样点进行为期一周(168 小时)的视频数据采集，利用我们开发的道路交通状态智能感知系统，识别视频场景中的机动车类型，分析各采样点小型客车每小时通过数量、重型货车每小时通过数量、各路段高峰时间最大车速、各路段车辆自由行驶时车辆速度、各路段每小时通过的汽车数量，以及汽车通过各路段的平均时间。根据各观测站点对应的道路类型，进一步推演了道路交通状态的时空分布。图 8.4 为开封市各路段平均每小时小型客车通行量的空间分布，可以看出开封市交通量分布具有明显的空间差异，位于城市西侧的新城区有较多的城市快速路，老城区主干道的交通流量较高，交通流量高于 1600 辆每小时，而在城市内部支路的交通流量则低于 600 辆每小时。

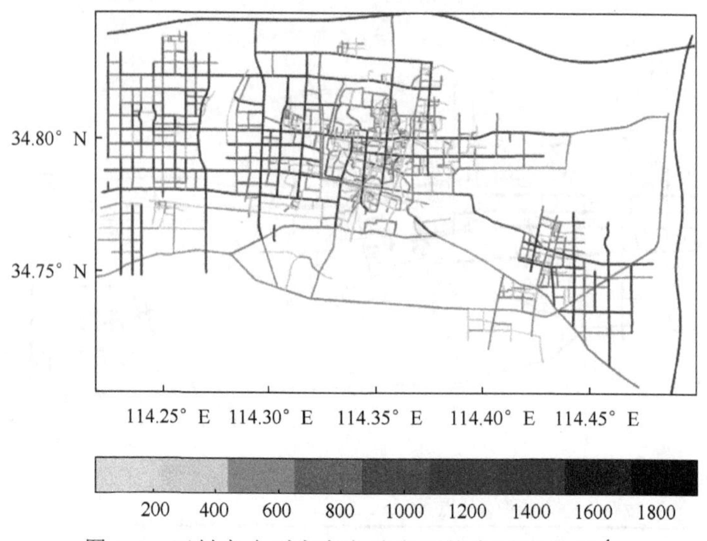

图 8.4　开封市小型客车各路段平均交通流量(h^{-1})

图 8.5 表示开封市星期一至星期日各时刻的交通流量变化。从图中可以明显看出，星期一至星期五的交通流量具有早晚双高峰的特点，且星期一早高峰时间出现在早 7:00 之前，而其他工作日的早高峰时间晚于星期一，一般出现在早 8:00。工作日的晚高峰大多出现在 19:00，星期一的晚高峰出现在晚 18:00，星期五晚高峰则为 19:00～21:00。周末不存在明显的晚高峰时刻，星期日的早高峰时间出现在 10:00，晚于一周内其他时间，并且周末 11:00～17:00 的交通流量明显高于其他时刻，表明周末具有更大的道路机动车流量，这主要是因为人们在周末的外出时间更为随机，与开封市限行措施以及外来游客集中在双休时间有关。

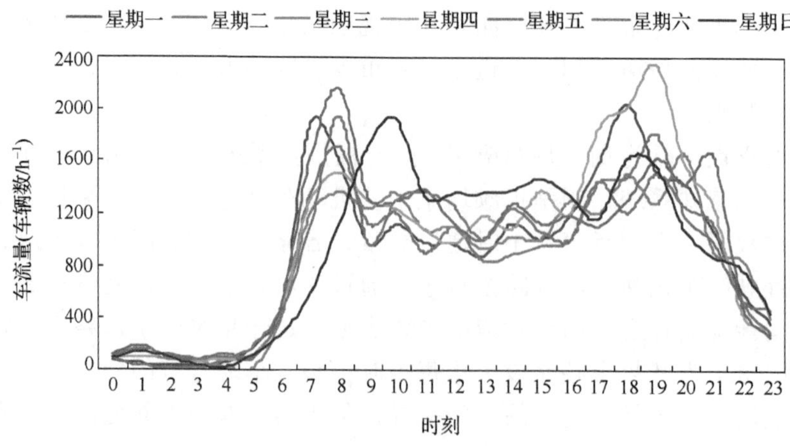

图 8.5　开封市不同时刻交通流量变化

8.2　高时空分辨率机动车排放清单编制

高时空分辨率机动车排放清单是进行城市尺度空气质量精细化模拟的基础。交通状态信息是用于估算机动车污染物排放的重要参数，现有机动车排放清单大多基于统计年鉴、交通规划等交通数据，结合机动车排放因子来估算得到的，存在着时空分辨率低、精度不足、更新滞后等特点，直接制约了城市尺度空气质量的精细化模拟。为解决此问题，基于 8.1 节感知获取的实时交通状态信息，结合机动车排放模型 VEIN(vehicular emissions inventories)，估算并编制了高时空分辨率开封市机动车排放清单，图 8.6 为高时空分辨率机动车排放清单的编制流程。

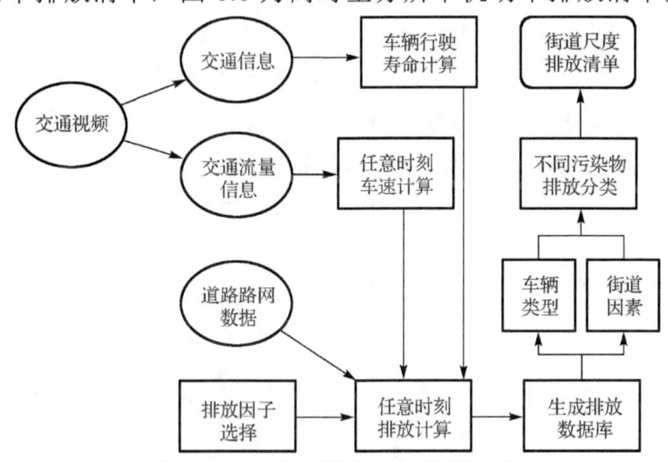

图 8.6　机动车排放清单编制流程

编制得到的开封市机动车排放清单呈现明显的时空变化特征，表 8.1 展示了开封市机动车污染物排放量一周内的变化情况，可以看出，开封市机动车产生的一氧化碳(CO)、碳氢化合物(HC)和氮氧化物(NO_X)等污染物排放量，明显高于其产生的一次颗粒物(PM2.5 和 PM10)排放量。

表 8.1　机动车污染物日排放量

时间	CO/t	HC/t	NO_X/t	$PM_{2.5}$/kg	PM_{10}/kg
星期一	84.83	8.81	3.53	64.31	68.74
星期二	72.10	7.40	3.21	59.24	63.32
星期三	69.53	7.06	3.29	61.32	65.54
星期四	77.13	7.79	3.73	69.67	74.47
星期五	81.27	8.31	3.70	68.46	73.18
星期六	72.36	7.35	3.43	63.76	68.14
星期日	78.16	7.98	3.58	66.36	70.93

工作日的CO和HC日均排放量分别为76.97t和7.88t，高于周末日均排放量75.26t和7.66t；NO_x、PM2.5和PM10工作日均排放为3.49t、64.6kg和69.05kg，略低于周末日均排放3.5t、65.06kg和69.54kg。CO和HC的污染物排放最高值出现在星期一，分别达到了84.83t和8.81t，占一周总排放量的15.8%和16.1%；NO_x、PM2.5和PM10排放量最高出现在星期四，排放量达3.73t、69.67kg和74.47kg，分别约占周总排放量的15.2%、15.4%和15.4%。CO和HC日排放量最低值出现在星期三，分别为69.53t和7.06t；NO_x、PM2.5和PM10污染物日排放最低值均出现在星期二，分别为3.21t、59.24kg和63.32kg。

图8.7展示了开封市星期一至星期日不同时刻机动车造成CO排放的变化趋势($g \cdot h^{-1}$)，可以明显地看出CO在工作日的排放呈现出明显的早晚双高峰现象，CO排放较高的时间出现在星期一早晚高峰、星期四晚高峰以及星期五早高峰，排放量均超过了7.5t。星期三的CO排放量在一周内最低，其最大值出现在晚高峰时刻；星期三早高峰CO排放峰值不足5t，远低于其他日期早高峰排放量。CO早高峰排放量最大值出现在星期五，晚高峰排放峰值出现在星期一。

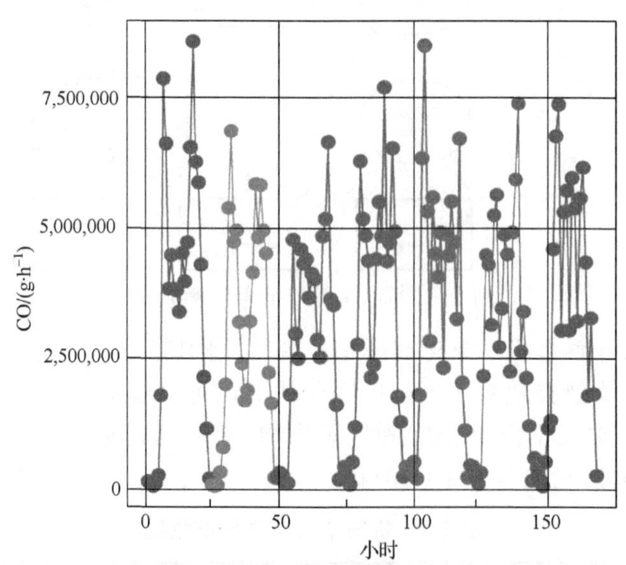

图8.7　机动车CO排放时间变化特征

图8.8为开封市机动车HC污染物排放的时间变化趋势，可知HC排放时间特征与CO排放规律相似，星期一早晚高峰、星期四晚高峰以及星期五早高峰均为HC污染物排放量较大的时刻，其中星期一晚高峰和星期五早高峰的HC排放均超过了0.875t。星期三的HC排放量较低值，其最大值低于其他工作日的排放峰值，早高峰

排放最低值也出现在星期三，为 0.5t；晚高峰最低值则出现在星期二，约 0.625t。HC 排放与 CO 的排放特征相似，其在早高峰时刻的排放最大值出现在星期五，晚高峰排放最大值出现在星期一。周末 HC 排放较为平均，高峰时间排放量略高于 0.75t。

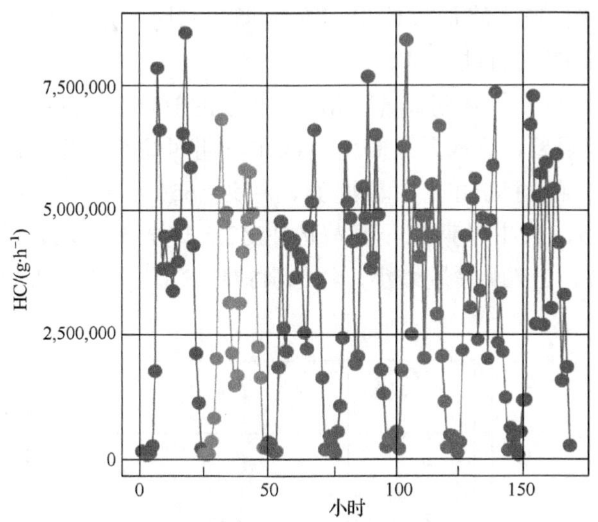

图 8.8　机动车 HC 排放时间特征

图 8.9 为开封市一周内机动车 NO_x 排放量的时间变化特征。与 CO 和 HC 排放相似，NO_x 排放也呈现出明显的早晚双高峰特征。星期一、星期四与星期五是

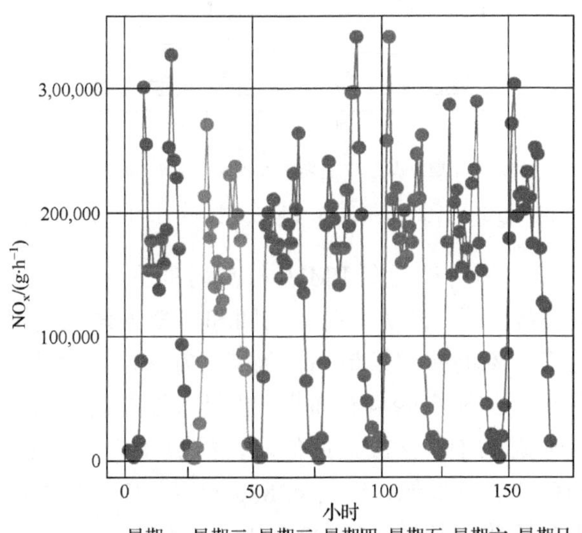

图 8.9　机动车 NO_x 排放时间特征

NO_x 排放较为明显的几个时刻。其中，NO_x 的排放量最大值出现在星期五早高峰时刻，排放量超过了 0.35t。与 CO 和 HC 不同，晚高峰时刻的 NO_x 排放量最大值出现在星期四，同样超过了 0.35t。星期二和星期三的 NO_x 排放量较低，早高峰最低值出现在星期三，晚高峰最低值出现在星期二，均不足 0.25t。周末的 NO_x 排放量高于星期二与星期三的排放量。

图 8.10 为开封市一周内机动车 PM2.5 排放的时间变化趋势。PM2.5 排放呈现较为明显的双高峰现象，排放量最高值出现在星期四的晚高峰，超过了 $7000g \cdot h^{-1}$；早高峰排放量最大的时间出现在星期五，接近 $6500g \cdot h^{-1}$。星期二和星期三的 PM2.5 排放量最小，其中星期三早高峰的 PM2.5 排放量最低，约为 $4105g \cdot h^{-1}$；星期二晚高峰的 PM2.5 排放量最小，约为 $4371g \cdot h^{-1}$。周末 PM2.5 的排放峰值约为近 $6000g \cdot h^{-1}$。

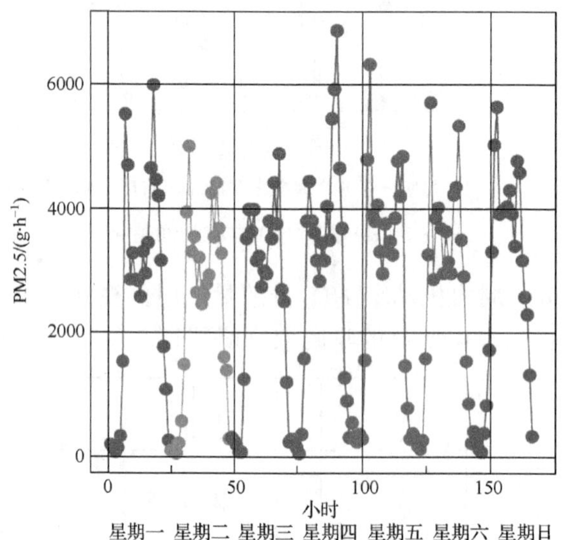

图 8.10　开封市机动车 PM2.5 排放时间变化趋势

图 8.11 为开封市一周内机动车 PM10 排放时间变化特征。PM10 同样呈现出较为明显的早晚双高峰现象。机动车在星期四和星期五两天的 PM10 排放量较高，其中在星期四晚高峰时刻的排放量最高，为 $7537g \cdot h^{-1}$；而星期五在早高峰时刻的 PM10 排放量最大，达到了 $6944g \cdot h^{-1}$。星期二与星期三的 PM10 排放量较低，其中星期二晚高峰时刻 PM10 排放量最低，其排放量为 $4852g \cdot h^{-1}$，而星期三在早高峰时刻的 PM10 排放量最低，约为 $4388g \cdot h^{-1}$。周末的 PM10 排放较为明显，在早高峰时刻 PM10 排放量超过了 $6000g \cdot h^{-1}$，且周末的 PM10 排放超过了大多数工作日(星期一至星期三)的排放量。

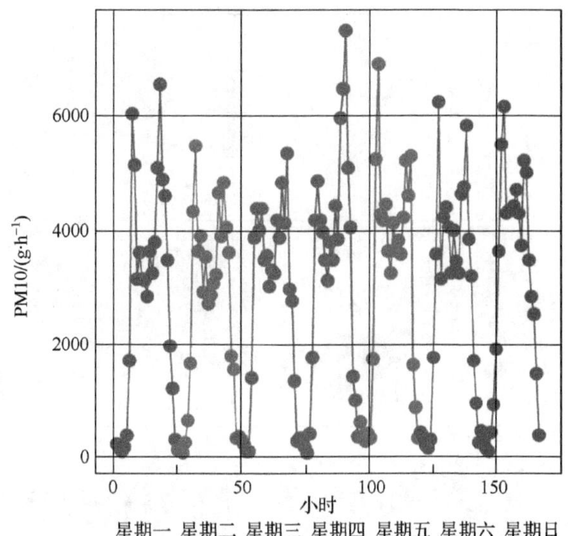

图 8.11　机动车 PM10 排放时间特征

开封市机动车污染物排放具有明显的时空变化特征。图 8.12 为选取的 2018 年 7 月 2 日典型时刻开封市机动车排放 CO 空间分布，可以明显看出 CO 排放具有明显的时空差异，在特定时刻具有较强的空间集聚性，且具有明显的双高峰现象。凌晨 0:00 各街道的 CO 排放差别不明显，仅有个别路段排放超过 500g • h^{-1}，主要分布在老城区内部和祥符区个别街道。早高峰时段开封市的机动车 CO 排放均有较为明显的峰值出现，大多数街道的 CO 排放量超过了 15,000g • h^{-1}，且排放高值区域主要集中在人口分布较为集中的城市核心区域。中午 12:00 的 CO 排放量较早高峰下降明显，随着车流量的增加，15:00 的 CO 排放量较 12:00 有所上升。晚高峰时刻 18:00 左右的 CO 排放高值区增加较为明显，市内大部分街道的 CO 排放量达到了 8000g • h^{-1} 以上，略低于早高峰时刻的 CO 排放高值区。晚间 21:00 的 CO 排放量与 18:00 的 CO 排放空间分布相似，但略低于 18:00 的 CO 排放量。

图 8.13 为开封市典型时刻机动车 HC 排放的空间分布，可以看出，凌晨 0:00 各路段的 HC 排放量相差不大，均未超过 300g • h^{-1}，随着早高峰的出现，8:00 的机动车 HC 排放明显增加，高值区主要集中在城市主干道，排放值超过了 1500g • h^{-1}。HC 与 CO 排放具有相似时空变化特征，中午 12:00 机动车产生的 HC 排放明显低于 15:00 的排放量，且 15:00 的 HC 排放空间集聚性更强。随着晚高峰的出现，大部分街道在 18:00 产生的机动车 HC 排放量超过了 1000g • h^{-1}，但南部道路的 HC 排放较低，可能与该区域较低的人口密度与交通活动有关，到夜晚 21:00 机动车的 HC 排放量减少较为明显，此时的高值区主要集中在居民生活区。

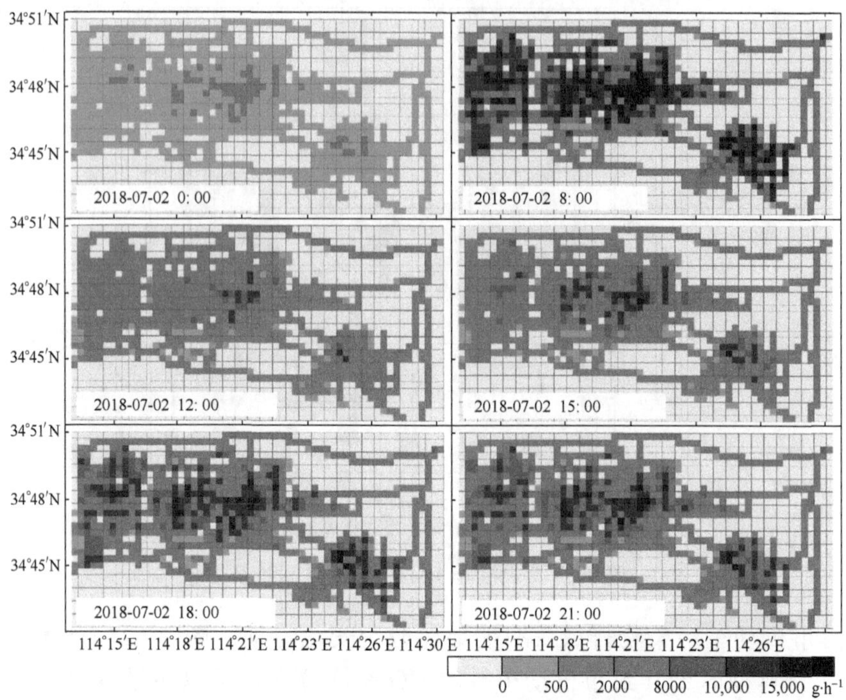

图 8.12　开封市典型时刻机动车 CO 排放空间分布

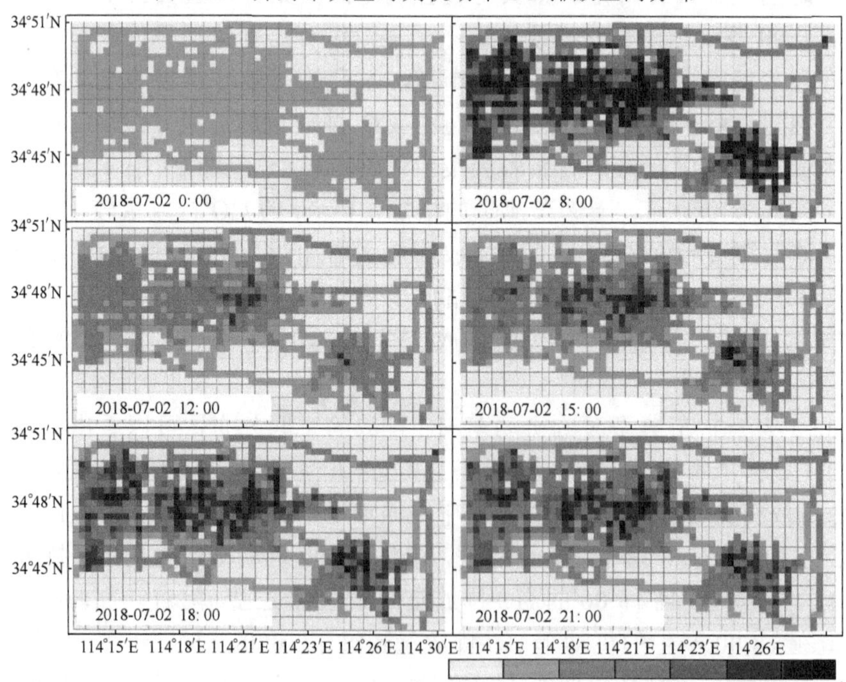

图 8.13　开封市典型时刻机动车 HC 排放空间分布